《模拟电子技术》编委会

主　编　周　洁

副主编　王昱婷　张榆进

参　编　车　博　施　佳　杨　熹　尹自永

晋崇英　张　雷　陆学聪　七林农布

蔡宇镭　雷　钧

理实一体化教材

模拟电子技术

MONI DIANZI JISHU

周洁　主编

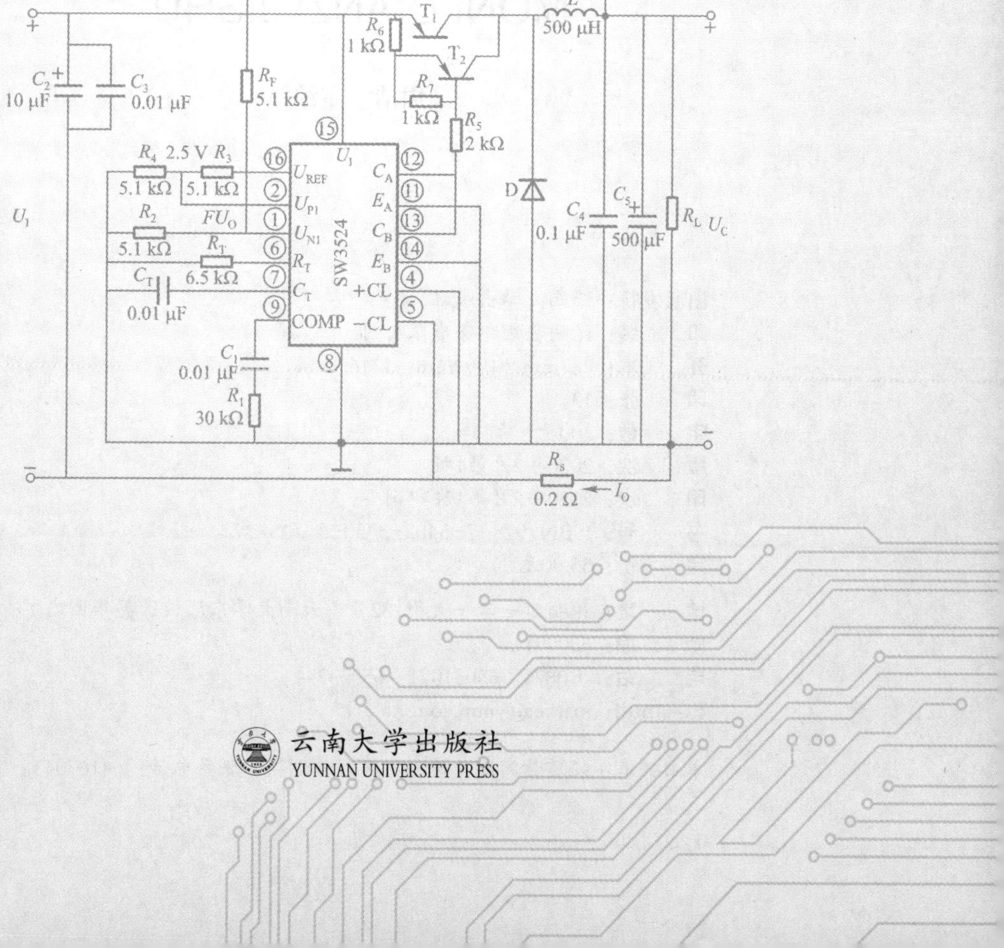

云南大学出版社
YUNNAN UNIVERSITY PRESS

图书在版编目（CIP）数据

模拟电子技术 / 周洁主编. -- 昆明 : 云南大学出版社, 2020

理实一体化教材

ISBN 978-7-5482-3730-3

Ⅰ. ①模… Ⅱ. ①周… Ⅲ. ①模拟电路—电子技术—教材 Ⅳ. ①TN710.4

中国版本图书馆CIP数据核字(2019)第137016号

特约编辑：韩 雪
责任编辑：蔡小旭
策　　划：孙吟峰 朱 军
封面设计：王婳一

理实一体化教材

模拟电子技术

MONI DIANZI JISHU

周洁 主编

出版发行：云南大学出版社
印　　装：昆明理煜印务有限公司
开　　本：787mm × 1092mm　1/16
印　　张：13
字　　数：300千
版　　次：2020年2月第1版
印　　次：2020年2月第1次印刷
书　　号：ISBN 978-7-5482-3730-3
定　　价：55.00元

地　　址：昆明市一二一大街182号（云南大学东陆校区英华园内）
邮　　编：650091
电　　话：（0871）65031071　65033244
E－mail：market@ynup.com

总　序

根据《国家职业教育改革实施方案》中对职业教育改革提出的服务“1 + X”的有机衔接，按照职业岗位(群)的能力要求，重构基于职业工作过程的课程体系，及时将新技术、新工艺、新规范纳入课程标准和教学内容，将职业技能等级标准等有关内容融入专业课程教学，遵循育训结合、长短结合、内外结合的要求，提供满足于服务全体社会学习者的技术技能培训要求，我们编写了这套系列教材。教材将理论和实训合二为一，以“必需”与“够用”为度，将知识点作了较为精密的整合，内容深入浅出，通俗易懂。既有利于教学，也有利于自学。在结构的组织方面大胆打破常规，以工作过程为教学主线，通过设计不同的工程项目，将知识点和技能训练融于各个项目之中，各个项目按照知识点与技能要求循序渐进编排，突出技能的提高，符合职业教育的工学结合，真正突出了职业教育的特色。

本系列教材可作为高职高专学校电气自动化、供用电技术，应用电子技术、电子信息工程技术、机电一体化等相关专业的教材和短期培训的教材，也可供广大工程技术人员学习和参考。

目　录

项目一　半导体器件

任务一　半导体二极管

【任务描述】

(1)理解半导体的基本知识。

(2)理解二极管的单向导电性。

(3)熟悉二极管的实际应用。

(4)了解其他类型的二极管。

【知识学习】

一、本征半导体

物质按导电性能可分为导体、绝缘体和半导体。物质的导电性能取决于原子结构。导体一般为低价元素，绝缘体一般为高价元素和高分子物质，半导体一般为 4 价元素的物质，其导电性能介于导体和绝缘体之间，所以称为半导体。

本征半导体：纯净的晶体结构的半导体称为本征半导体。常用的半导体材料是硅和锗，它们都是 4 价元素，在原子结构中最外层轨道上有 4 个价电子。在晶体中，每个原子都和周围的 4 个原子用共价键的形式互相紧密地联系起来。共价键中的价电子由于热运动而获得一定的能量，其中少数能够摆脱共价键的束缚而成为自由电子，同时必然在共价键中留下空位，称为空穴，这种由于热运动而激发自由电荷的过程称为本征激发。空穴带正电，电子带负电。如图 1.1.1 所示。

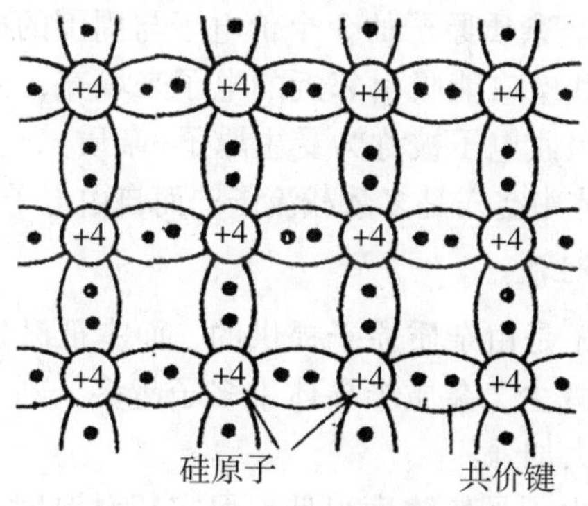

图 1.1.1　硅和锗原子结构图

半导体的导电性：在外电场作用下，半导体中的自由电子产生定向移动，形成电子电流；另一方面，自由电子也按一定方向依次填补空穴，即空穴产生了定向移动，形成所谓的空穴电流。由此可见，半导体中存在着两种载流子，即带负电的自由电子和带正电的空穴。在本征激发中自由电子与空穴是同时成对产生的，因此，它们的浓度是相等的。价电子在热运动中获得能量摆脱共价键的束缚，产生电子－空穴对。同时自由电子在运动过程中失去能量，与空穴相遇，使电子－空穴对消失，这种现象称为复合。在一定的温度下，载流子的产生与复合过程是相对平衡的，即载流的浓度是一定的。本征半导体中的载流子浓度，除了与半导体材料本身的性质有关以外，还与温度有关，而且随着温度的升高，基本上按指数规律增加。所以半导体载流子的浓度对温度十分敏感。半导体的导电性能与载流子的浓度有关，但因本征载流子在常温下的浓度很低，所以它们的导电能力很差。

二、杂质半导体

在本征半导体中虽然存在两种载流子，但因本征载流子的浓度很低，所以它们的导电能力很差。当我们人为地、有控制地掺入少量的特定杂质时，其导电性将产生质的变化。掺入杂质的半导体称为杂质半导体。

1. N 型半导体

在本征半导体中掺入微量 5 价元素，如磷、锑、砷等，原来晶格中的某些硅(锗)原子会被杂质原子代替。由于杂质原子的最外层有 5 个价电子，因此它与周围4 个硅(锗)原子组成共价键时，还多余 1 个价电子。它只受自身原子核的束缚，因此，它只要得到较少的能量就能成为自由电子，并留下带正电的杂质离子，杂质离子不能参与导电。由于杂质原子可以提供自由电子，故称为施主原子(杂质)，这种杂质半导体中电子浓度比同一温度下的本征半导体中的电子浓度大好多倍，这就大大加强了半导体的导电能力，我们把这种掺杂的半导体称为 N 型半导体。在 N 型半导体中电子浓度远远大于空穴的浓度，主要靠电子导电，所以称自由电子为多数载流子(多子)；空穴为少数载流子(少子)。

2. P 型半导体

在本征半导体中，掺入微量 3 价元素，如硼、铝、镓、铟等，则原来晶格中的某些硅(锗)原子被杂质代替。杂质原子的 3 个价电子与周围的硅原子形成共价键时，会出现空穴，在室温下，这些空穴能吸引邻近的电子来填充，使杂质原子变成带负电荷的离子。这种杂质因能够吸收电子被称为受主原子(杂质)，我们称这种掺杂的半导体为 P 型半导体。P 型半导体中空穴是多数载流子，而自由电子是少数载流子。

3. 杂质半导体的导电性能

在杂质半导体中，多子是由杂质原子提供的，而本征激发产生的少子浓度则因与多子复合机会增多而大为减少。杂质半导体中多子越多，则少子越少。微量的掺杂可以使半导体的导电能力大大加强。

另外，杂质半导体中少子虽然浓度很低，但它却对温度非常敏感，会影响半导体器件的性能。至于多子，因其浓度基本上等于杂质原子的浓度，所以受温度影响不大。

三、PN 结

在一块本征半导体上，用工艺使其一边形成 N 型半导体，另一边形成 P 型半导体，则在两种半导体的交界处形成了 PN 结。PN 结是构成半导体器件的基础。

1. PN 结的形成

PN 结的形成如图 1. 1. 2 所示

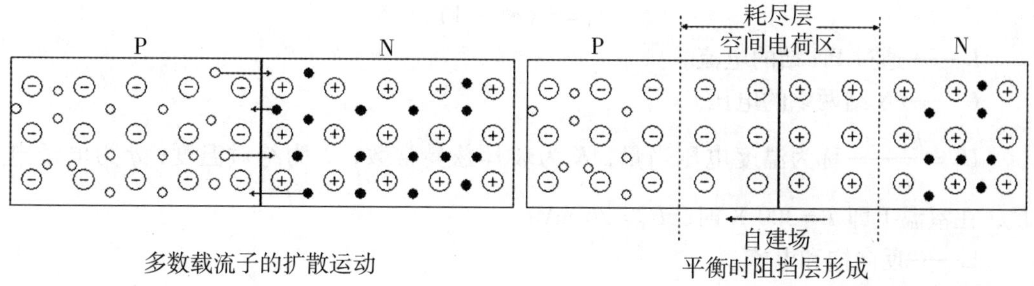

图 1. 1. 2 PN 结的形成

(1)扩散运动：多子由于浓度不同产生的运动，称为扩散运动。随着扩散的进行就在 P、N 的交界面处产生了空间电荷区，称耗尽层或者阻挡层，同时也会产生电场(自建电场，也称内电场)。

(2)漂移运动：在自建电场的作用下，少子在电场力作用下的运动称为漂移运动。

(3)动态平衡：当扩散运动和漂移运动的速度相同时，就达到了动态平衡，此时空间电荷区不再扩大，宽度稳定下来，就形成了 PN 结。

2. PN 结的单向导电特性

在 PN 结外加不同方向的电压，就可以破坏原来的平衡，从而呈现出单向导电特性。

(1)PN 结外加正向电压。

若将电源的正极接 P 区，负极接 N 区，则称此为正向接法或正向偏置。此时外加电压在阻挡层内形成的电场与自建电场方向相反，削弱了自建电场，使阻挡层变窄，此时扩散作用大于漂移作用，在电源的作用下，多数载流子向对方区域扩散形成电流，其方向由电源正极通过 P 区、N 区到达电源负极。

由于正向电流很大，此时，PN 结处于导通状态，它所呈现出的电阻为正向电阻，其阻值很小，正向电压愈大，正向电流就愈大。其电压和电流呈指数关系。

(2)PN 结外加反向电压。

若将电源的正极接 N 区，负极接 P 区，则称此为反向接法或反向偏置。此时外加电压在阻挡层内形成的电场与自建电场方向相同，增强了自建电场，使阻挡层变宽。此时漂移作用大于扩散作用，少数载流子在电场作用下作漂移运动，由于电流方向与加正向电压时相反，故称为反向电流。由于反向电流是由少数载流子所形成的，故反向电流很小，而且当外加电压超过零点几伏时，少数载流子基本全被电场拉过去形成漂移电流，此时反向电压再增加，载流子数也不会增加，因此反向电流也不会增加，

故称为反向饱和电流，即 $I_D = -I_S$

由于反向电流很小，此时，PN 结处于截止状态，呈现出的电阻称为反向电阻，其阻值很大，有几百千欧以上。

可见，PN 结加正向电压，处于导通状态；加反向电压，处于截止状态，即 PN 结具有单向导电特性。

PN 结的电压与电流的关系为

$$I_D = I_S(e^{\frac{U}{U_T}} - 1)$$

I_D——通过 PN 结的电流。

U——PN 结两端的电压。

$U_T = \frac{kT}{q}$——称为温度电压当量，K 为玻耳兹曼常数；T 为绝对温度；q 为电子电量，在室温下即 $T = 300$ K 时，$U_T = 26$ mV；

Is——反向饱和电流。

此方程称为 PN 结的伏安特性方程，用曲线表示此方程，称为伏安特性曲线。

3. PN 结的击穿

PN 结处于反向偏置时，在一定电压范围内，流过 PN 结的电流是很小的反向饱和电流。但是当反向电压超过某一数值(U_B)后，反向电流急剧增加，这种现象称为反向击穿，U_B称为击穿电压。PN 结的击穿分为雪崩击穿和齐纳击穿。

(1)雪崩击穿。

当反向电压足够高时，阻挡层内电场很强，少数载流子在结区内受强烈电场的加速作用，获得很大的能量，在运动中与其他原子发生碰撞时，有可能将价电子打出共价键，形成新的电子－空穴对。这些新的载流子与原先的载流子一起，在强电场作用下碰撞其他原子打出更多的电子－空穴对，如此连锁反应，使反向电流迅速增大，这种击穿称为雪崩击穿。

(2)齐纳击穿。

所谓齐纳击穿，是指当 PN 结两边掺入高浓度杂质时，其阻挡层宽度很小，即使外加不太高的反向电压(一般为几伏)，在 PN 结内部就可形成很强的电场(可达到 2×10^6 V/cm)，将共价键的价电子直接拉出来，产生电－空穴对，使反向电流急剧增加，出现击穿(齐纳击穿)现象。

对于硅材料的 PN 结，击穿电压 U_B大于 7 V 时通常是雪崩击穿，U_B 小于 4 V 时通常是齐纳击穿；U_B在 4 ~ 7 V 时两种击穿均有。由于击穿破坏了 PN 结的单向导电性，因此在一般使用时应避免出现击穿现象。

需要指出的是，发生击穿并不意味着 PN 结被损坏。当 PN 结反向击穿时，只要注意控制反向电流的数值(一般通过串接电阻 R 实现)，不使其过大，以免因过热而烧坏 PN 结，当反向电压降低时，PN 结的性能就可以恢复正常。但是发生雪崩击穿后，一般 PN 结就会损坏。稳压二极管正是利用了 PN 结的反向击穿特性来实现的，当流过 PN 结的电流发生变化时，结电压 U_B保持基本不变。

4. PN 结的电容效应

(1)势垒电容 C_T。

势垒电容是由阻挡层内空间电荷引起的。空间电荷区是由不能移动的正负杂质离子所形成的，均具有一定的电荷量，所以在 PN 结储存了一定的电荷。当外加电压使阻挡层变宽时，电荷量增加，反之，外加电压使阻挡层变窄时，电荷量减少。在阻挡层中的电荷量随外加电压变化而改变，形成了电容效应，称为势垒电容，用 C_T表示。势垒电容 C_T不是一个常数，随电压变化而变化。一般 C_T为几皮法 ~200 pF，我们可以利用此电容效应做成变容二极管，作为压控可变电容器。

(2)扩散电容 C_D。

多子在扩散过程中越过 PN 结成为另一方的少子，这种少子的积累也会形成电容效应。外加电压改变时，引起扩散区内积累的电荷量变化就形成了电容效应，其所对应的电容称为扩散电容，用 C_D表示。扩散电容正比于正向电流。

PN 结的电容包括两部分：

$$C_j = C_T + C_D$$

一般来说，PN 结正偏时，扩散电容起主要作用，$C_j \approx C_D$；当 PN 结反偏时，势垒电容起主要作用，$C_j \approx C_T$。

5. 半导体二极管

半导体二极管由 PN 结加上引线和管壳构成。

(1)二极管的种类。

按材料分：硅二极管和锗二极管。

按结构分：点接触二极管[如图 1.1.3(a)所示]和面接触二极管[如图 1.1.3(b)所示]。

点接触二极管的特点是结面积小，因而结电容小，适用于在高频小电流下工作，主要应用于小电流的整流和检波、混频等。

面接触二极管的特点是结面积大，因而能通过较大的电流，但结电容也大，只能工作在较低频率下，可用于整流。

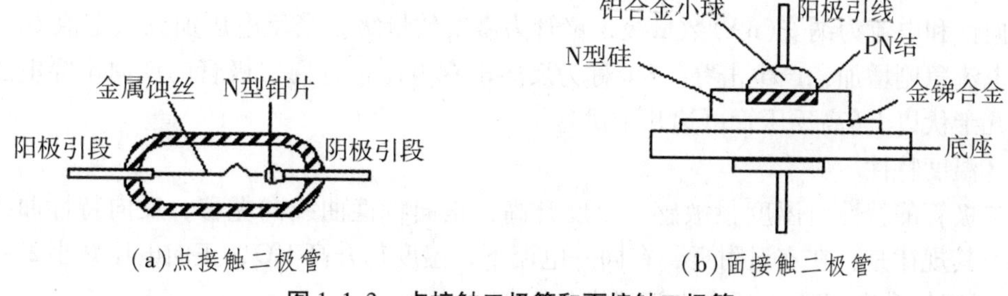

(a)点接触二极管　　(b)面接触二极管

图 1.1.3　点接触二极管和面接触二极管

二极管的符号如图 1.1.4 所示。

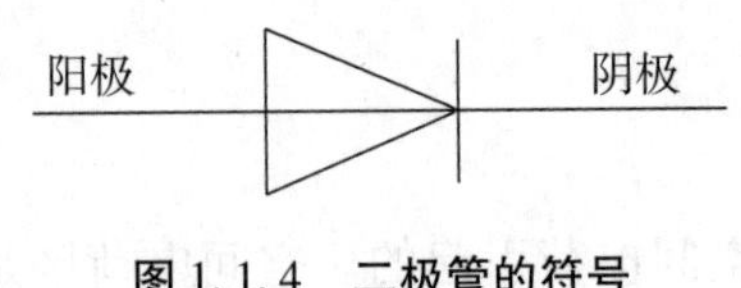

图 1.1.4 二极管的符号

(2)二极管的特性。

二极管本质就是一个 PN 结，但是对于真实的二极管器件，考虑到引线电阻和半导体的体电阻及表面漏电等因素，二极管的特性与 PN 结略有差别。二极管的伏安特性如图 1.1.5 所示。

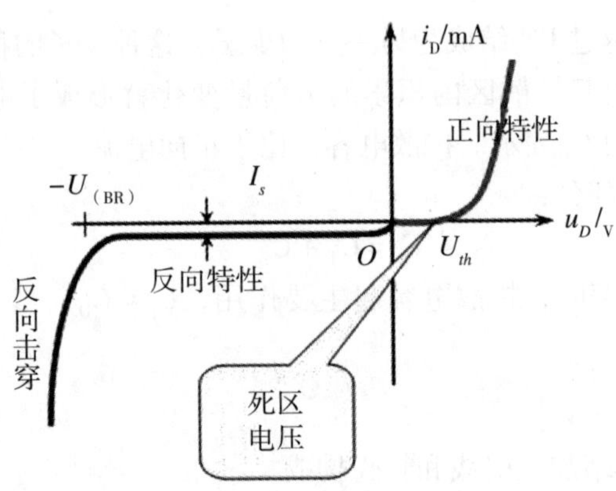

图 1.1.5 二极管伏安特性

①正向特性。

正向电压低于某一数值 U_{th}时，正向电流很小，只有当正向电压高于某一值 U_{th}后，才有明显的正向电流。图 1.1.5 中 U_{th}称为死区电压，硅管约为 0.5 V，锗管约为 0.1 V，导通后电压用 U_{on}表示。在室温下，硅管的 U_{on}为 0.6 ~ 0.8V，锗管的 U_{on}为 0.1 ~ 0.3 V。通常认为，当正向电压 $U < U_{on}$时，二极管截止；$U > U_{on}$时，二极管导通。

②反向特性。

二极管加反向电压，反向电流数值很小，且基本不变，称为反向饱和电流。硅管的反向饱和电流为纳安(nA)数量级，锗管为微安数量级。当反电压加到一定值 U_{BR}时，反向电流急剧增加，产生击穿。U_{BR}称为反向击穿电压，普通二极管的反向击穿电压一般在几十伏以上(高反压管可达几千伏)。

③温度特性。

二极管的特性对温度很敏感，温度升高，正向特性曲线向左移，反向特性曲线向下移。其规律是：在室温附近，在同一电流下，温度每升高 1℃，正向电压减小 2 ~ 2.5 mV；温度每升高 10℃，反向电流增大约 1 倍。

(3)二极管的主要参数。

描述器件的物理量，称为器件的参数。它是器件特性的定量描述，也是选择器件的依据。各种器件的参数可从手册查得。二极管的主要参数有：

①最大整流电流 I_F。

它是二极管允许通过的最大正向平均电流。工作时应使平均工作电流小于 I_F，如超过 I_F，二极管将因过热而烧毁。此值取决于 PN 结的面积、材料和散热情况。

②最大反向工作电压 U_R。

这是二极管允许的最大反向工作电压，当反向电压超过此值时，二极管可能被击穿。为了留有余地，通常取击穿电压的一半作为 U_R。

③反向电流 I_R。

反向电流 I_R 指二极管未击穿时的反向电流值。此值越小，二极管的单向导电性越好，由于反向电流是由少数载流子形成的，所以 I_R 受温度的影响很大。

④最高工作频率 f_M。

f_M 的值主要取决于 PN 结的结电容，结电容越大，则二极管允许的最高频率越低。

⑤二极管的直流电阻 R_D。

加到二极管两端的直流电压与流过二极管的电流之比，称为二极管的直流电阻 R_D，即

$$R_D = \frac{U_F}{I_F}$$

且由图 1.1.5 可看出，R_D 随工作电流加大而减小，故 R_D 呈非线性。用万用表测量出的电阻值为 R_D，用不同量程测量出的 R_D 值显然是不同的。二极管加正、反向电压所呈现的电流也不同。加正向电压时，R_D 为几十至几百欧，加反向电压时 R_D 为几百千欧至几兆欧。一般正反向电阻值相差越大，二极管的性能越好。

⑥二极管的交流电阻 r_d。

在二极管工作点 Q 附近，电压的微变值 ΔU 与相应的微变电流值 ΔI 之比，称为该点的交流电阻 r_d，即

$$r_d = \frac{\Delta U}{\Delta I}$$

从其几何意义上讲，当 $\Delta U \to 0$ 时，

$$r_d = \frac{dU}{dI}$$

r_d 就是工作点 Q 处的切线斜率倒数（斜率为 dI/dU）。显然，r_d 也是非线的，即工作电流越大，r_d 越小。

6. 稳压二极管

(1)稳压二极管的原理。

稳压二极管的工作原理是利用 PN 结的反向击穿特性。稳压二极管除具有普通二极管的特性外，还具有反向击穿后在一定范围内不会损坏而能正常工作的特性。由二极管的特性曲线可知，如果稳压二极管工作在反向击穿区，则当反向电流在较大范围内变化 ΔI 时，管子两端电压相应的变化 ΔU 却很小，这说明它具有很好的稳压特性。电路中的符号为图 1.1.6 中的 V_{DZ} 所示。

(2)用稳压二极管组成稳压电路。

稳压管组成的简单的稳压电路如图 1.1.6 所示。

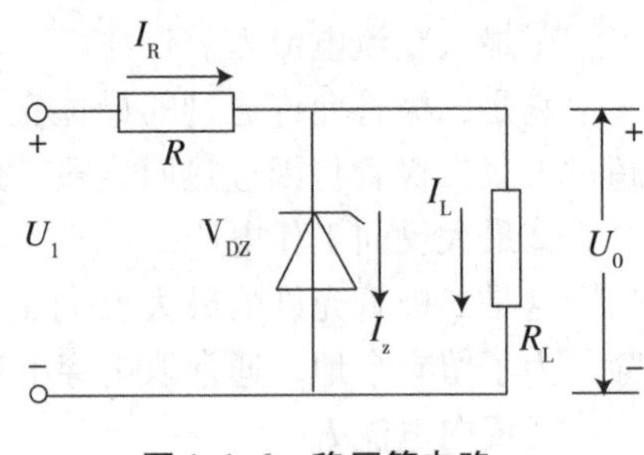

图 1.1.6　稳压管电路

注意以下几个问题：

①稳压二极管正常工作是在反向击穿状态下，外加电源正极接稳压二极管的 N 区(负极)，电源负极接稳压二极管的 P 区(正极)。

②稳压管应与负载并联。

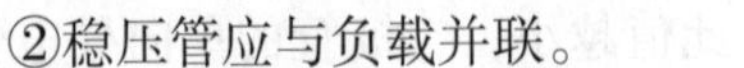

③必须限制流过稳压管的电流 Iz，即电路中必须串联限流电阻 R，使 I_z 不超过规定值。

④还应保证流过稳压管的电流 I_z 大于某一数值(稳定电流)，以确保稳压管有良好的稳压特性。

⑤使用稳压管时限流电阻不可少，它确保③、④项内容。选好限流电阻是保证稳压电路正常工作的前提。

(3)稳压二极管的主要参数。

①稳定电压 U_z。

稳定电压是稳压管工作在反向击穿时的稳定工作电压。由于稳定电压随工作电流的不同而略有变化，因而测试 Uz 时应使稳压管的电流为规定值。

稳定电压 U_z 是根据要求挑选稳压管的主要依据之一。不同型号的稳压管，其稳定电压的值不同。同一型号的稳压管，由于制造工艺的分散性，各个稳压管的 U_z 值也有小的差别。

例如：2DW7C 型号的二极管，其 $U_z=6.1\sim6.5$ V 指的是同一型号的稳压管，有的稳压管的 U_z 可能是 6.1 V，有的可能是 6.5 V。

②稳定电流 I_z。

稳定电流是指使稳压管正常工作时的最小电流，低于此值时稳压效果较差。工作时应使流过稳压管的电流大于此值。一般情况是，工作电流较大时，稳压性能较好，但电流要受二极管的功耗限制，即 $I_{zmax}=Pz/Uz$。工作时 Iz 应小于 I_{zmax}。

③电压温度系数 α。

电压温度系数 α 指稳压管温度变化 1℃时，所引起的稳定电压变化的百分比。

一般情况下，稳定电压大于 7 V 的稳压管，α 为正值。而稳定电压小于 4 V 的稳压管，α 为负值。稳定电压在 4 ~7 V 的稳压管，其 α 较小，即稳定电压值受温度影响较小，性能比较稳定。

④动态电阻 r_z。

$$r_z=\Delta U/\Delta I$$

r_z 越小，则稳压性能越好。

⑤额定功耗 P_z。

$$P_z=UI$$

7. 二极管的应用

二极管的应用基础，就是二极管的单向导电特性，因此，在应用电路中，关键是判断二极管的导通或截止。二极管(硅管)导通时一般用电压源 $U_D = 0.7$ V(如是锗管用 0.3 V)代替，或近似用短路线代替。截止时，一般将二极管断开，即认为二极管反向电阻为无穷大。二极管可用于整流电路、限幅电路等，二极管还可组成门电路，可实现一定的逻辑运算。

8. 其他二极管

(1)发光二极管。

发光二极管简称 LED(light emitting diode)，它是一种将电能转换为光能的半导体器件，由化合物半导体制成。它也是由一个 PN 结组成，当加正向电压时，P 区和 N 区的多数载流子扩散至对方与少子复合，复合过程中产生光辐射而使二极管发光。发光二极管电路符号如图 1.1.7(a)所示。

关于发光二极管作以下说明：

①发光二极管常用作显示器件，如指示灯等。

②发光二极管伏安特性与普通二极管特性相似，发光工作时加正向电压。

③要加限流电阻，工作电流一般为几毫安至几十毫安，典型电流为 10 mA 左右，高亮度的 50 mA 即可。电流越大，发光越强。

④发光二极管导通时管压降为 1.7 V ~ 3.5 V。

(2)光电二极管。

光电二极管是将光能转换为电能的半导体器件。光电二极管被光照射时，产生大量的电子 - 空穴，从而提高了少子的浓度，在反向偏置下，产生漂移电流，从而使反向电流增加。这时外电路的电流随光照的强弱而改变。需要说明一点的是，光电二极管应用时要反向偏置。光电二极管电路符号如图 1.1.7(b)所示。

(3)光电耦合器件。

将光电二极管和发光二极管组合起来可构成二极管光电耦合器。它以光为媒介传递电信号。光电耦合器件如图 1.1.7(c)所示。

(4)变容二极管。

利用 PN 结的势垒电容随外加反向电压的变化特性可制成变容二极管。变容二极管主要用于高频电子线路，如电子调谐器等。在应用时它也是加反向电压。

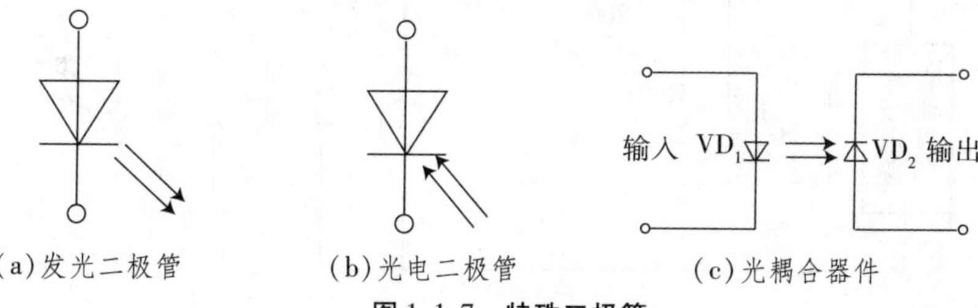

(a)发光二极管　(b)光电二极管　(c)光耦合器件

图 1.1.7　特殊二极管

【任务实施】

实训 1.1.1　常用二极管的性能测试及应用

一、实训目的

(1)会使用指针式万用表测定并判断二极管和三极管的管脚与管子的好坏。

(2)学会测定常用二极管(整流二极管、稳压管和发光二极管)的工作特性。

二、实训电路和工作原理

1. 二极管好坏的判断

指针式万用表的(—)端(黑棒)为电流流出端，在测量电阻时，黑棒极性为正，红棒极性为负(见图 1.1.8)。

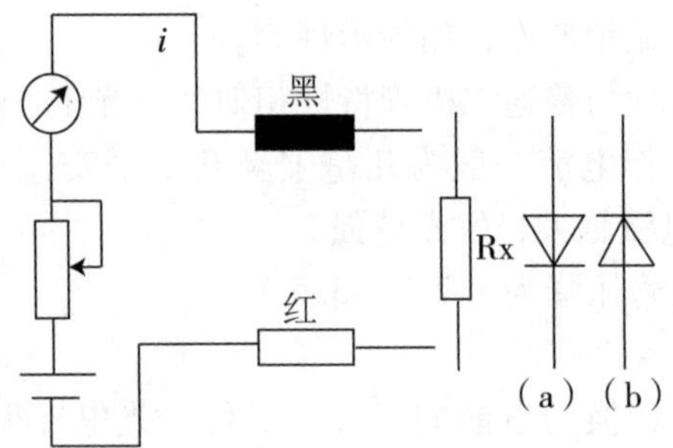

图 1.1.8　二极管质量的判断

用万用表测二极管时，通常将电阻挡拨到 $R\times100$ 或 $R\times1$ k 挡。一般二极管的正向电阻[如图 1.1.8(a)所示]为几百欧，反向电阻为几百千欧。若二极管正反向电阻都很小，表明二极管内部已短路。若正反向电阻都很大，则表明二极管内部已断路。

2. 二极管性能的测定

图 1.1.9 为二极管性能测试电路。图中 R 为限流电阻，$R=200\ \Omega$。

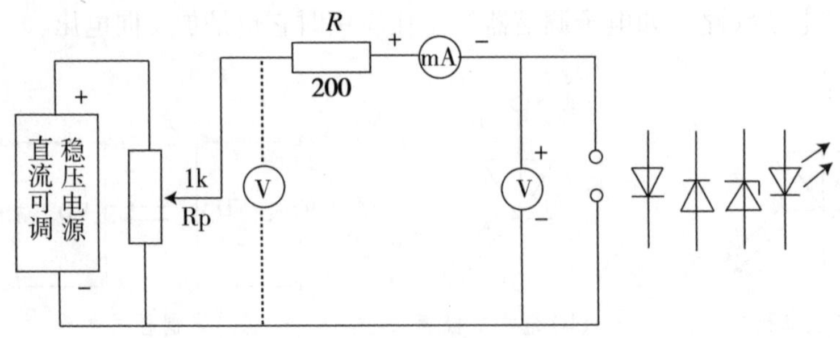

图 1.1.9　二极管性能测试电路

（1）二极管的伏安特性如图 1. 1. 10 所示。这里主要测定它的正向伏安特性 $i_D = f(u_D)$。对反向伏安特性，通常反向转折电压（U_{BR}）很高（如 1N4007 为 1000 V），因而此处仅测量反向漏电流 I_R（又称反向饱和电流）。

（2）对稳压管（单向击穿二极管），则主要测定它的转折特性，理解它的工作区域。稳压管的伏安特性如图 1. 1. 11 所示。图中 I_Z 为工作电流，U_Z 为稳压值。$\triangle U_Z$ 为工作区域。

（3）对发光二极管，则主要看限流电阻的选择。

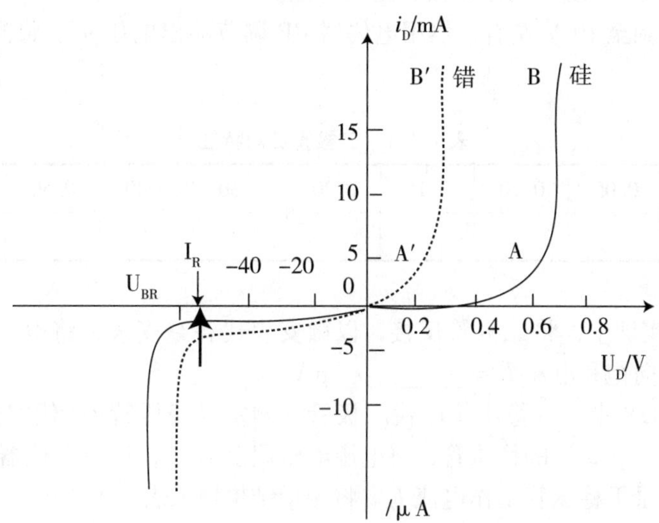

图 1. 1. 10　二极管伏安特性曲线

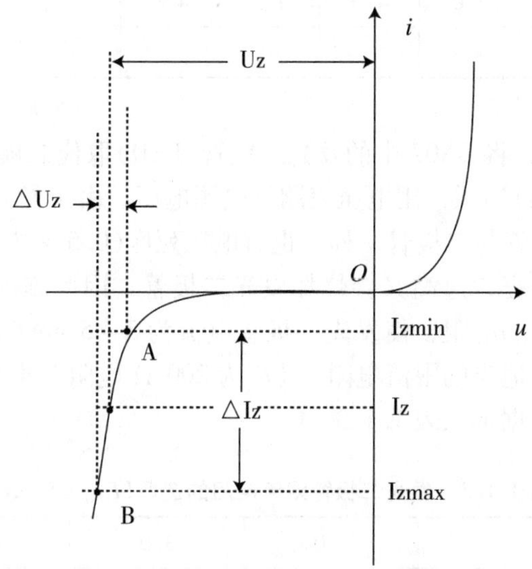

图 1. 1. 11　稳压二极管伏安特性曲线

三、实训设备

(1)装置中的直流可调稳压电源、电压表、毫安表、微安表(或万用表的 μA 挡)。

(2)单元：R_{01}、V_{D1}、V_{S1}(IN4733A)、BX07、RP_3、RP_5。

四、实训内容与实训步骤

(1)由 V_{D1}单元选整流二极管 1N4007，按图 1.1.8 所示测定二极管正反向电阻阻值，记下 $R_{d正}$ = ________Ω，$R_{d反}$ = ________kΩ，并由此判断此二极管是否正常。

(2)按图 1.1.9 接线，测定二极管正向特性。

将电源电压调至 10 V 左右，然用电位器 RP 调节输出电压 u_d。将测量结果填入表 1.1.1 中。

表 1.1.1　二极管正向特性

u_d/V	0	0.05	0.10	0.15	0.20	0.30	0.40	0.50	0.60	0.70
i_d/A										

(3)在上述实训中，将二极管反接，以微安表代替毫安表，将电压 u_d 调至 10 V，测定二极管的反向饱和电流 I_R = ________μA。

(4)在图 1.1.9 中，以稳压管取代二极管，测定其稳压特性(伏安特性)。在单元 VS1 中选稳压值 U_Z = 5 V 的稳压管，将电源电压调至 10 V，调节电位器 RP，逐步加大电压，测定并记录下稳压管工作电流 I_Z。将测量结果填入表 1.1.2 中。

表 1.1.2　稳压管伏安特性

u_z/V	1.0	2.0	3.0	4.0	4.5	4.8	5.0			
i_z/A								5	10	

(5)在图 1.1.9 中，将 BX07 中的发光二极管(LED)取代二极管，将电位器 RP(4.7 kΩ)与限流电阻(200 Ω)串联，用电压表测量电源电压，由于发光二极管工作电流通常为 3 ~5 mA，发光二极管与二极管一样，也有电压死区(0.5 V 左右)，所以施加的电压过低，发光二极管不会亮，过高又会烧坏发光二极管，因此施加电压通常在 3.0 V 以上，并串接一阻值适当的电阻，使发光二极管电流为 3 ~5 mA(正常工作)。下面请根据不同电源电压，选择适当的限流电阻 R'(R'为 200 Ω 电阻与电位器电阻阻值之和)R'应选规范值。将测量数据填入表 1.1.3 中。

表 1.1.3　发光二极管限流电阻的选取(I_{LED} = 5 mA)

电源电压 U/V	1.0	3.0	6.0	12
电位器阻值 RP/Ω				
限流电阻阻值 R'/Ω(规范值)				

五、实训注意事项

(1)二极管及发光二极管正向电阻较小，要注意加限流电阻，以免电流过大，烧坏二极管。

(2)电源电压调节电位器在开始时要调至电压最低点，以免出现过高电压。

六、实训报告要求

(1)说明判断实训二极管完好的依据。

(2)根据表 1.1.1 中的数据，画出二极管的正向特性曲线。

(3)根据表 1.1.2 中的数据，画出稳压管的伏安特性。

(4)根据表 1.1.3 中的数据，说明在不同电压下，发光二极管限流电阻的选取值。

任务二　半导体三极管

【任务描述】

(1)了解三极管的种类、作用及标识方法。

(2)掌握三极管的主要参数。

(3)理解三极管的主要用途。

【知识学习】

一、三极管的结构及类型

半导体三极管又称为晶体管、双极性三极管。它是组成各种电子电路的核心器件。三极管有三个电极：发射极(e)、基极(b)和集电极(c)。晶体管的结构及符号如图 1.2.1 所示。

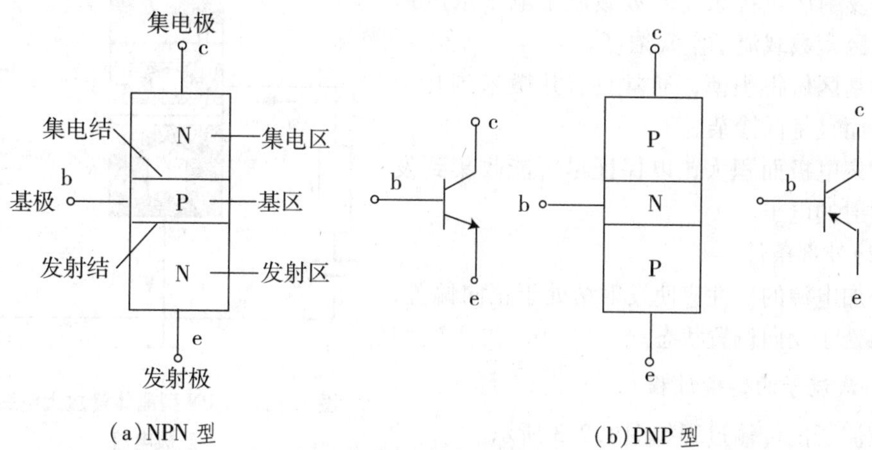

(a)NPN 型　　(b)PNP 型

图 1.2.1　晶体管结构及符号

如图 1.2.1 所示三极管由两个 PN 结组成，按 PN 结的组成方式，三极管有 PNP 型和 NPN 型两种类型。

从结构上看，三极管内部有三个区域，分别称为发射区、基区和集电区，并相应地引出三个电极，即发射极(e)、基极(b)和集电极(c)。三个区形成的两个 PN 结分别称为发射结和集电结。

常用的半导体材料有硅和锗，因此三极管有四种类型。它们对应的系列为：3A(锗 PNP)，3B(锗 NPN)，3C(硅 PNP)，3D(硅 NPN)。

由于硅 NPN 三极管用得最广，在无说明时，三极管即为硅 NPN 三极管。

二、三极管的三种连接方式

放大器一般为 4 端口网络，而三极管只有 3 个电极，所以组成放大电路时，势必要有一个电极作为输入与输出信号的公共端。根据所选公共端电极的不同，有三种连接方式，如图 1.2.2 所示。

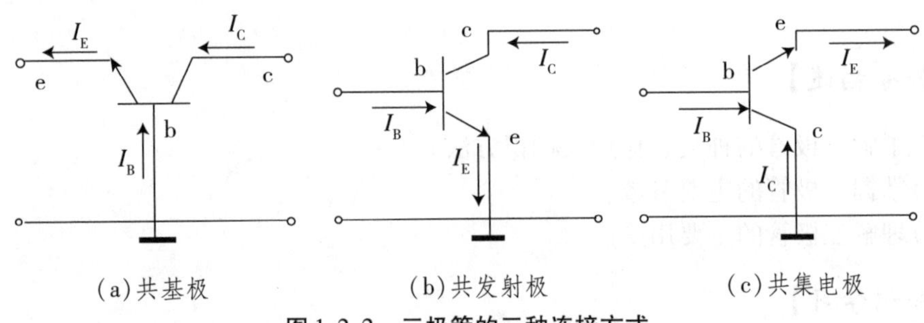

图 1.2.2　三极管的三种连接方式

三、三极管的放大作用

1. 三极管实现放大的结构要求和外部条件

(1)结构要求。

①发射区重掺杂，多数载流子电子浓度远大于基区多数载流子空穴浓度。

②基区做得很薄，通常只有几微米到几十微米，而且是低掺杂。

③集电极面积大，以保证尽可能收集到发射区发射的电子。

(2)外部条件。

外加电源的极性应使发射结处于正向偏置，集电结处于反向偏置状态。

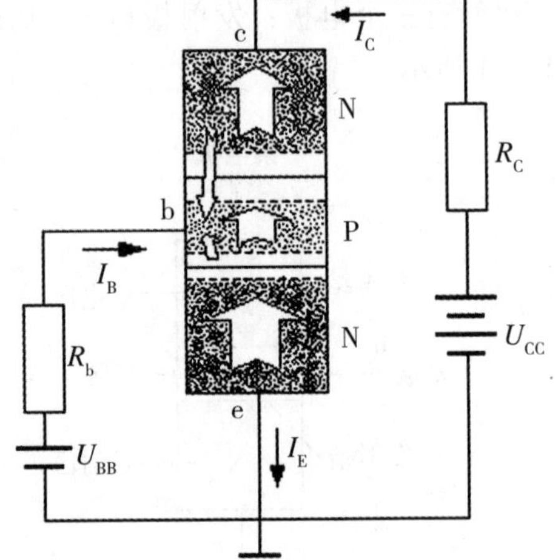

图 1.2.3　NPN 型晶体管放大电路中各极电流

2. 载流子的传输过程

载流子的传输过程如图 1.2.3 所示。

(1)发射。

由于发射结正向偏置，因此发射区的电子大量地扩散注入基区，与此同时，基区的空穴也向发射区扩散。用电流表示为I_{En}、I_{Ep}，可见$I_E=I_{En}+I_{Ep}$；由于发射区是重掺杂，因而注入基区的电子数远大于基区向发射区扩散的空穴数，可以将这部分空穴的作用忽略不计。

(2)扩散与复合。

由于电子的注入使基区靠近发射结处的电子浓度很高而靠近集电结处的电子浓度很低(近似为0)，因此在基区形成电子浓度差。而集电结反向应用，使电子靠扩散作用向集电区运动。

此外，在基区，发射区扩散过来的电子将与空穴相遇产生复合，复合形成的基极电流表示为I_{Bn}。由于基区空穴浓度比较低，且基区做得很薄，因此复合的电子是极少数，绝大多数电子均能扩散到集电结处。

(3)收集。

由于集电结的反向偏置，在结电场的作用下，通过扩散到达集电结的电子将漂移运动到达集电区。因为集电结的面积大，所以扩散过来的电子基本上全部被集电区收集，形成I_{Cn}。

此外，因为集电结的反向偏置，所以集电区的空穴和基区的电子(均为少数载流子)在结电场的作用下作漂移运动(相当于反向饱和电流)形成I_{CBO}

3. 直流电流分配

载流子运动即形成电流，相应的各极电流如图1.2.3和下面各式。

其中，集电极电流为

$$I_C=I_{Cn}+I_{CBO}$$

发射极电流为

$$I_E=I_{En}+I_{Ep}\approx I_{En}=I_{Cn}+I_{Bn}$$

基极电流为

$$I_B=I_{Bn}-I_{CBO}$$

则

$$I_E=I_C+I_B$$

定义共基极直流电流放大系数$\bar{\alpha}$为

$$\bar{\alpha}=\frac{I_C-I_{CBO}}{I_E}\approx\frac{I_C}{I_E}$$

定义共发射极直流电流放大系数$\bar{\beta}$为

$$\bar{\beta}=\frac{\bar{\alpha}}{1-\bar{\alpha}}\text{或者}\bar{\alpha}=\frac{\bar{\beta}}{1+\bar{\beta}}$$

则

$$\bar{\beta}\approx\frac{I_C}{I_B}$$

一般三极管的$\bar{\beta}$为几十至几百。$\bar{\beta}$太小，管子的放大能力就差，$\bar{\beta}$过大，则三极管不够稳定。从实测数据，我们可以看出$I_B<I_C<I_E$计算中，常取$I_C\approx I_E$

4. 交流电流的放大系数α和β

从实测数据中，我们还可以看出，当三极管的基极电流I_B有一个微小的变化时，例如由 0. 02 mA 变为 0. 04 mA($\triangle I_B$ = 0. 02 mA)，相应的集电极电流产生了较大的变化，由 1. 14 mA 变为 2. 33 mA($\triangle I_C$ = 1. 19 mA)，这就说明了三极管的电流放大作用。我们定义这两个变化电流之比为共发射极交流电流放大系数 β。同理，定义 $\triangle I_C$ 与 $\triangle I_E$ 电流之比 α 为共基极交流电流放大系数。

$$\beta = \frac{\Delta L_C}{\Delta I_B}\bigg|_{U_{CE}=\text{常数}}$$

$$\alpha = \frac{\Delta L_C}{\Delta I_E}\bigg|_{U_{CE}=\text{常数}}$$

$$\beta = \frac{\Delta I_C}{\Delta I_B} = \frac{\Delta I_C}{\Delta I_E - \Delta I_C} = \frac{\Delta I_C / \Delta I_E}{1 - \Delta I_C / \Delta I_E} = \frac{\alpha}{1 - \alpha}$$

$$\alpha = \frac{\beta}{1 + \beta}$$

显然，β 和 $\bar{\beta}$ 的含义是不同的，但目前的多数应用中，两者基本相等且为常数，因此在使用时一般可不加区分，都用 β 表示。在手册中，β 有时用 h_{fe} 来代表，其值通常在 20 ~ 200。

四、三极管的特性曲线

三极管外部各极电压电流的相互关系，当用图形描述时称为三极管的特性曲线。它既简单又直观，全面地反映了各极电流与电压之间的关系。特性曲线与参数是选用三极管的主要依据。所以要很好地理解三极管特性曲线。

1. 输入特性

如图 1. 2. 4 三极管输入特性曲线所示，当 U_{CE} 不变时，输入回路中的电流 I_B 与电压 U_{BE} 之间的关系曲线称为输入特性，即

$$I_B = f(U_{BE})\ \big|_{U_{CE}=\text{常数}}$$

U_{CE} =0 V 时，从三极管的输入回路看，相当于两个 PN 结的并联，当 b、e 间加上正电压时，三极管的输入特性就是两个正向二极管的伏安特性。三极管处于饱和导通状态。

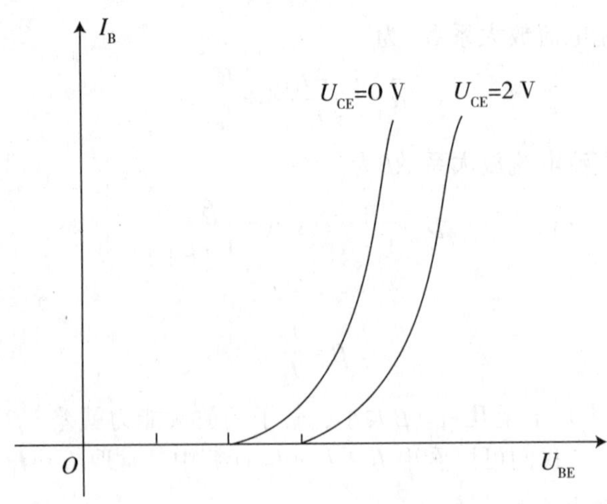

图 1. 2. 4　三极管输入特性曲线

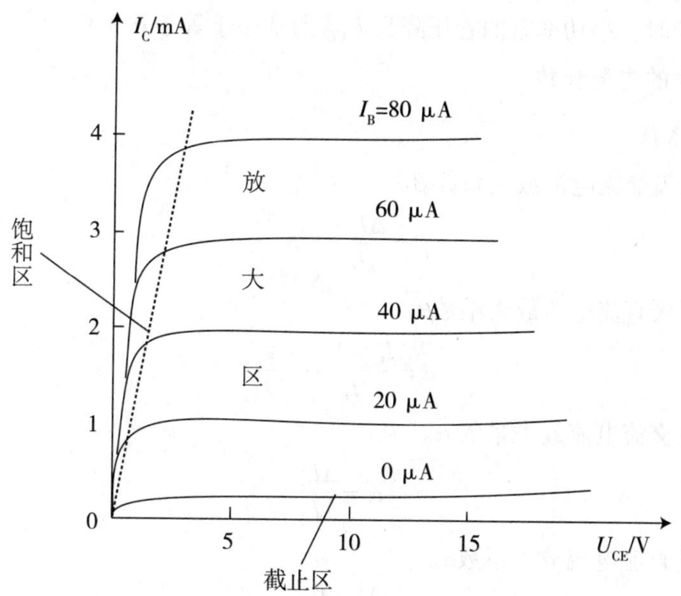

图 1.2.5　三极管输出特性曲线

$U_{CE} \geqslant 1$ V，b、e 间加正电压，此时集电极电位比基极高，集电结为反向偏置，阻挡层变宽，基区变窄，基区电子复合减少，故基极电流 I_B 下降。与 $U_{CE}=0$ V 时相比，在相同条件下，I_B 要小得多，结果输入特性曲线将右移，三极管处于放大状态。

2. 输出特性

如图 1.2.5 三极管输出特性曲线所示，当 I_B 不变时，输出回路中的电流 I_C 与电压 U_{CE} 之间的关系曲线称为输出特性。

$$I_C = f(U_{CE})\ \big|_{I_B=\text{常数}}$$

固定一个 I_B 值，得到一条输出特性曲线，改变 I_B 值，可得一簇输出特性曲线。在输出特性曲线上可以划分为三个区域。

(1)截止区。

$I_B \leqslant 0$ 的区域称为截止区。

在截止区，集电结和发射结均处于反向偏置。即 $U_{BE}<0$、$U_{BC}<0$

(2)放大区。

发射结正向偏置，集电结反向偏置。对于硅 NPN 型三极管，$U_{BE} \geqslant 0.7$，$U_{BC}<0$，$\triangle I_C = \beta \triangle I_B$ 或者 $i_c = \beta i_b$

(3)饱和区。

在靠近纵轴附近，各条输出曲线的上升部分属于饱和区，在这个区域，不同 I_B 值的各条曲线几乎重叠在一起。I_C 不再随 I_B 变化，此时三极管失去了放大作用。发射结和集电结都处于正向偏置状态。对 NPN 型三极管，$U_{BE}>0$，$U_{BC}>0$

临界饱和：$U_{CE}=U_{BE}$ 即 $U_{CB}=0$。

过饱和：$U_{CE}<U_{BE}$。

在深度饱和时，小功率管的管压降为 U_{CES} 通常小于等于 0.3 V

五、三极管的主要参数

1. 电流大系数

(1)共发射极交流电流放大系数 β。

$$\beta = \frac{\Delta I_C}{\Delta I_B}\bigg|_{U_{CE}=\text{常数}}$$

(2)共发射极直流电流放大系数 $\bar{\beta}$。

$$\bar{\beta} = \frac{I_C - I_{CEO}}{I_B} \approx \frac{I_C}{I_B}$$

(3)共基极交流电流放大系数 α。

$$\alpha = \frac{\Delta I_C}{\Delta I_E}$$

(4)共基极直流电流放大系数 $\bar{\alpha}$。

$$\bar{\alpha} \approx \frac{I_C}{I_E}$$

2. 极间反向电流

(1)集电极 - 基极反向饱和电流 I_{CBO}。

(2)集电极 - 发射极穿透电流 I_{CEO}。

这两项越小，三极管质量越高。

3. 极限参数

(1)集电极最大允许电流 I_{CM}。

由于三极管的电流放大系数 β 与工作电流有关，工作电流太大，β 就下降，使三极管的性能下降，也使放大的信号产生严重失真。一般定义当 β 值下降为正常值的 1/3 ~ 2/3 时的 I_C 值为 I_{CM}。

(2)集电极最大允许功率损耗 P_{CM}。

$$P_C = I_C U_{CE}$$

$P_C < P_{CM}$ 为安全区，$P_C > P_{CM}$ 为过耗区。

4. 反向击穿电压

BU_{CBO}——发射极开路时，集电极 - 基极间的反向击穿电压。

BU_{CEO}——基极开路时，集电极 - 发射极间的反向击穿电压。

BU_{CER}——基射极间接有电阻 R 时，集电极 - 发射极间的反向击穿电压。

BU_{CES}——基射极间短路时，集电极 - 发射极间的反向击穿电压。

BU_{EBO}——集电极开路时，发射极 - 基极间的反向击穿电压。此电压一般较小，仅有几伏左右。

上述电压一般存在如下关系：

$$BU_{CBO} > BU_{CES} > BU_{CER} > BU_{CEO} > BU_{EBO}$$

三极管应工作在安全工作区，即 $U_{CE} < BU_{CEO}$。

六、温度对三极管参数的影响

由于半导体的载流子浓度受温度影响，因而三极管的参数也会受温度的影响。这将严重影响到三极管电路的热稳定性。通常三极管的如下参数受温度影响比较明显。

1. 温度对 U_{BE} 的影响

输入特性曲线随温度升高向左移动。即 I_B 不变时，U_{BE} 将下降，其变化规律是温度每升高 1℃，U_{BE} 减小 2～2.5 mV

2. 温度对 I_{CBO} 的影响

I_{CBO} 是由少数载流子形成的。当温度上升时，少数载流子增加，故 I_{CBO} 也上升。其变化规律是，温度每上升 10℃，I_{CBO} 约上升 1 倍。I_{CEO} 随温度的变化规律大致与 I_{CBO} 相同。在输出特性曲线上，温度上升，曲线上移。

3. 温度对 β 的影响

β 随温度的升高而增大，变化的规律是：温度每升高 1℃，β 值增大 0.5%～1%。在输出特性曲线上，曲线间的距离随温度升高而增大。

综上所述，温度对 U_{BE}、I_{CBO}、β 的影响，均使 I_C 随温度上升而增加，这将严重影响三极管的工作状态。

【任务实施】

实训 1.2.1　双极晶体管输出特性的测定

一、实训目的

测定双极晶体管的输出特性。

二、实训电路和工作原理

双极晶体管(简称三极管)的 B－E 结为一个 PN 结，所以它的输入特性 $i_B = f(u_{BE})$ 与二极管正向特性相似，所以本项目不再测试。本项目主要测定双极晶体管的输出特性。

双极晶体管的输出特性是指在基极电流 i_B 一定的条件下，$i_C = f(u_{CE})$。其测试电路如图 1.2.6 所示。

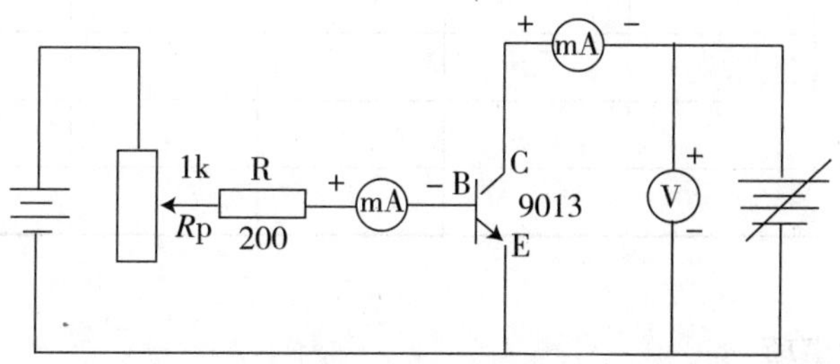

图 1.2.6　双极晶体管输入输出特性测试电路

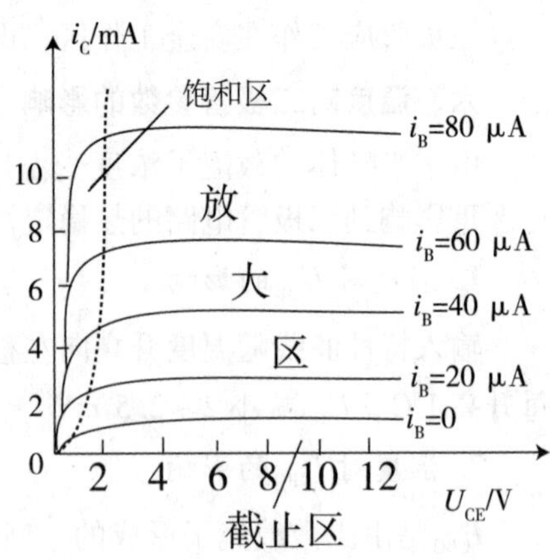

图 1.2.7 三极管输出特性曲线

NPN 双极晶体管 9013 主要参数：

集电极最大功率 $P_{CM}=400\ mW$；

集电极最大电流 $I_{CM}=500\ mA$；

集电极－发射极击穿电压 $U_{(BR)CEO}=25\ V$；

集电极－发射极穿透电流 $I_{CEO}=0.5\ mA$；

集电极－发射极饱和电压 $U_{CE(sat)}=0.6\ V$；

截止频率 $f_T=150\ MHz$；

电流放大倍数 $\beta=64\sim144$；

外型 TO－92。

双极晶体管的输出特性曲线如图 1.2.7 所示。

在此簇曲线中有三个特征区域：

(1)截止区：$i_B=0$，$i_C\leqslant I_{CEO}$，三极管此时相当于开路。

(2)饱和区：其特征是 $U_{CE}\leqslant U_{BE}$，此时集电极与发射极间的电压称为饱和电压 $U_{CES}<0.4$ V，三极管 c－e 之间相当于短路(相当于开关闭合)。

(3)放大区：其特征是 $U_{BE}>U_{ON}$(开启电压)，$U_{CE}>U_{BE}$，此时呈现：①恒流性，i_C 基本与 U_{CE} 无关；②受控性，i_C 仅受 i_B 控制，$i_C=\beta i_B$，呈现放大。

三、实训设备

(1)装置中的直流可调稳压电源、直流电源、电压表、毫安表、微安表、万用表。

(2)单元：RP_1、RP_3、VT_3、VT_5、R_{01}、R_{15}。

四、实训内容与实训步骤

按图 1.2.6 完成接线。其中 E_b 为直流 3 V 电源，E_C 为直流可调稳压电源。微安表也可用万用表代替。

u_{CE}/V i_C/mA $i_B/\mu A$	0	0.20	0.50	1.0	5.0	10
0						
20						
40						
80						
120						

五、实训注意事项

电源电压调节电位器在开始时要调至电压最低点，以免出现过高电压。

六、实训报告要求

由表格所列数据，画出 9013 双极晶体管一簇输出特性，并在曲线图上注明各特征区域（截止区、饱和区和放大区）并求出它的放大倍数 $\beta=\dfrac{\Delta I_C}{\Delta I_B}$。

任务三　场效应管

【任务描述】

（1）了解场效应管的种类、特点与标识方法。

（2）了解场效应管的主要参数。

（3）了解场效应管的主要用途。

【知识学习】

由于半导体三极管工作在放大状态时，必须保证发射结正偏，故输入端始终存在输入电流。改变输入电流就可改变输出电流，所以三极管是电流控制器件，因而由三极管组成的放大器，其输入电阻不高。

场效应管是通过改变输入电压（即利用电场效应）来控制输出电流的，属于电压控制器件，它不吸收信号源电流，不消耗信号源功率，因此输入电阻十分高，可高达上百兆欧。除此之外，场效应管还具有温度稳定性好、抗辐射能力强、噪声低、制造工艺简单、便于集成等优点，所以得到广泛的应用。

场效应管分为结型场效应管（Junction Field-Effect Transistor，JFET）和金属氧化物半导体场效应管（Metal Oxide Semiconductor，MOS），目前最常用的是 MOS 管。

由于半导体三极管参与导电的两种极性的载流子：电子和空穴，所以又称半导体三极管为双极性三极管。场效应管仅依靠一种载流子导电，所以又称为单极性三极管。

一、结型场效应管

1. 结　构

如图 1.3.1 所示，结型场效应管有两种结构形式，N 型沟道结型场效应管和 P 型沟道结型场效应管。以 N 型沟道为例。在一块 N 型硅半导体材料的两边，利用合金法、扩散法或其他工艺做成高浓度的 P^+ 型区，使之形成两个 PN 结，然后将两边的 P^+ 型区连在一起，引出一个电极，称为栅极 G。在 N 型半导体两端各引出一个电极，分别作为源极 S 和漏极 D。夹在两个 PN 结中间的 N 型区是源极与漏极之间的电流通道，称为导电沟道。由于 N 型半导体多数载流子是电子，故此沟道称为 N 型沟道。同理，P 型沟道结型场效应管中，沟道是 P 型区，称为 P 型沟道，栅极与 N 型区相连。电路符号如图 1.3.1（c）、（d）所示，箭头方向可理解为两个 PN 结的正向导电方向。

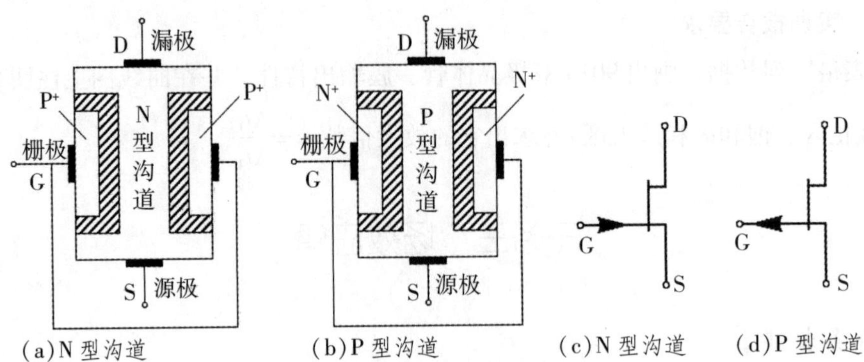

(a)N 型沟道　(b)P 型沟道　(c)N 型沟道　(d)P 型沟道

图 1.3.1　结型场效应管结构与符号

2. 工作原理

从结型场效应管的结构可看出，我们在 D、S 间加上电压 U_{DS}，则在源极和漏极之间形成电流 I_D。我们通过改变栅极和源极的反向电压 U_{GS}，则可以改变两个 PN 结阻挡层(耗尽层)的宽度。由于栅极区是高掺杂区，所以阻挡层主要降在沟道区。故 $|U_{GS}|$ 的改变，会引起沟道宽度的变化，其沟道电阻也随之而变，从而改变了漏极电流 I_D。如 $|U_{GS}|$ 上升，则沟道变窄，电阻增加，I_D 下降。反之亦然。所以改变 U_{GS} 的大小，可以控制漏极电流。这是场效应管工作的基本原理，也是核心部分。下面我们将详细讨论。

(1) U_{GS} 对导电沟道的影响。

为了便于讨论，先假设 $U_{DS}=0$。

① $U_{GS}=0$。

PN 结的阻挡层最薄，沟道宽，电阻小，在 D、S 间加上电压 U_{DS}，则在源极和漏极之间形成电流 I_D。

② $U_{GS}<0$。

当 U_{GS} 由零向负值增大时，PN 结的阻挡层加厚，沟道变窄，电阻增大。

③ $U_{GS}=-U_p$。

若 U_{GS} 的负值再进一步增大，当 $U_{GS}=-U_p$ 时，两个 PN 结的阻挡层相遇，沟道消失，我们称沟道被“夹断”了，U_P 称为夹断电压，此时 $I_D=0$。

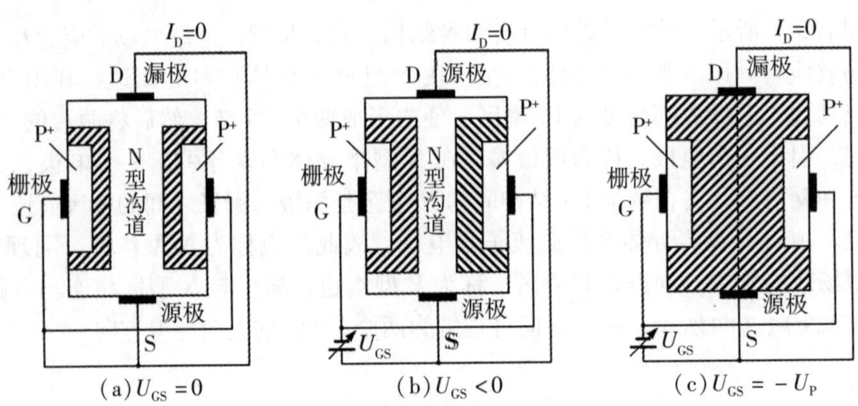

(a) $U_{GS}=0$　(b) $U_{GS}<0$　(c) $U_{GS}=-U_P$

图 1.3.2　U_{GS} 对导电沟道的影响

(2)I_D与 U_{DS}、U_{GS}之间的关系。

①假定：栅极、源极电压 $|U_{GS}| < |U_p|$，如 $U_{GS} = -1$ V，$U_p = -4$ V。

当 $U_{DS} = 2$ V 时，沟道中将有电流 I_D通过。此电流将沿着沟道方向产生一个电压降，这样沟道上各点的电位就不同，沟道内各点与栅极的电位差也就不相等。漏极端与栅极之间的电压最高，如 $U_{DG} = U_{DS} - U_{GS} = 2 - (-1) = 3$ V，沿着沟道向下逐渐降低，源极端为最低，如 $U_{SG} = -U_{GS} = 1$ V，两个 PN 结阻挡层将出现楔形，使得靠近源极端沟道较宽，而靠近漏极端的沟道较窄。如图 1.3.3(a)所示。此时再增大 U_{DS}，由于沟道电阻增长较慢，所以 I_D随之增加。

②预夹断。

当进一步增加 U_{DS}，当栅极、漏极间电压 U_{GD}等于 U_p时，即

$$U_{GD} = U_{GS} - U_{DS} = U_p$$

则在 D 极附近，两个 PN 结的阻挡层相遇，如图 1.3.3(b)所示，我们称为预夹断。如果继续升高 U_{DS}，就会使夹断区向源极端方向发展，沟道电阻增加。由于沟道电阻的增长速率与 U_{DS}的增加速率基本相同，故这一期间 I_D趋于一恒定值，不随 U_{DS}的增大而增大，此时，漏极电流的大小仅取决于 U_{GS}的大小。U_{GS}越小，沟道电阻越大，I_D便越小。

③当 $U_{GS} = U_p$时，沟道被全部夹断，$I_D = 0$，如图 1.3.3(c)所示。

注意：预夹断后还能有电流。不要认为预夹断后就没有电流。

由于结型场效应管工作时，我们总是要栅源之间加一个反向偏置电压，使得 PN 结始终处于反向接法，故 $I_G \approx 0$，所以，场效应管的输入电阻 r_{gs}很高。

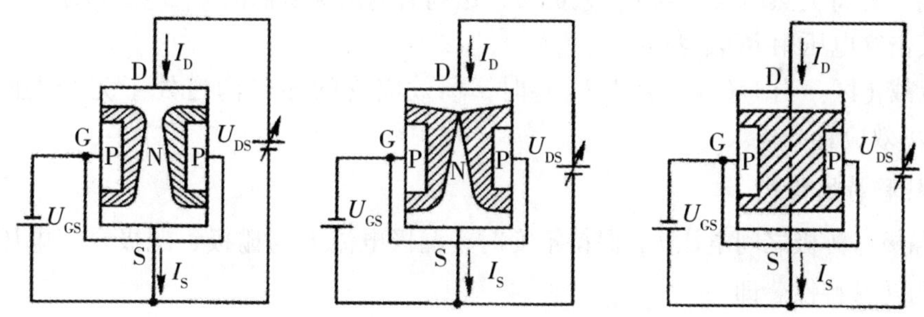

(a) $U_{GS} < 0$，$U_{DG} < |U_P|$　(b) $U_{GS} < 0$，$U_{DG} = |U_P|$预夹断　(c) $U_{GS} \leqslant UP$，$U_{DG} > |U_P|$夹断

图 1.3.3　U_{DG}对导电沟道的影响

3. 输出特性曲线

如图 1.3.4(a)所示，以 U_{GS}为参变量时，漏极电流 I_D与漏、源电压 U_{DS}之间的关系，称为输出特性，即

$$I_D = f(U_{DS})\big|_{U_{GS}=常数}$$

根据工作情况，输出特性可划分为四个区域。

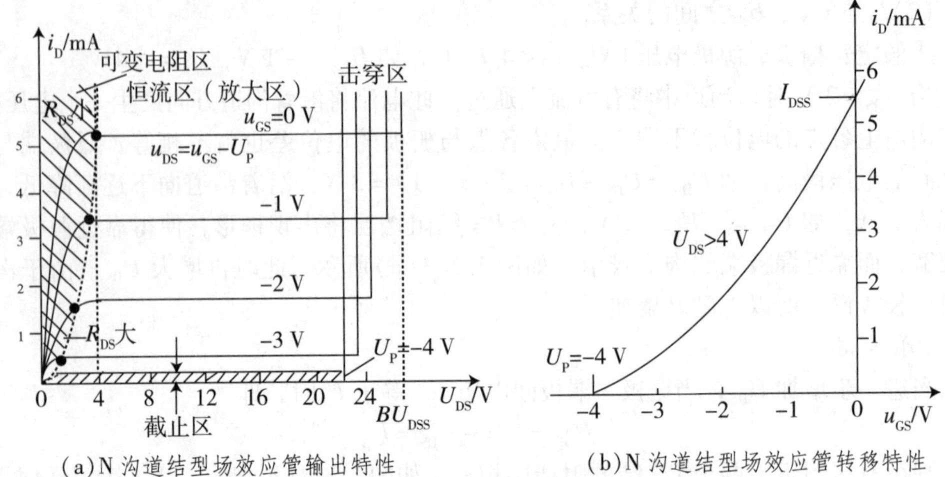

(a)N 沟道结型场效应管输出特性　　(b)N 沟道结型场效应管转移特性

图 1.3.4　沟道结型场效应管输出与转移特性

(1)可变电阻区。可变电阻区位于输出特性曲线的起始部分，此区的特点是：固定 U_{GS}时，I_D随 U_{DS}增大而呈线性上升，相当于线性电阻；改变 U_{GS}时，特性曲线的斜率变化，相当于电阻的阻值不同，U_{GS}增大，相应的电阻也增大。

(2)恒流区。该区的特点是：I_D基本不随 U_{DS}的变化而变化，仅取决于 U_{GS}的值，输出特性曲线趋于水平，故称为恒流区或饱和区。

(3)击穿区。位于特性曲线的最右部分，当 U_{DS}升高到一定程度时，反向偏置的 PN 结被击穿，I_D将突然增大。当 U_{GS}愈负时，达到雪崩击穿所需的 U_{DS}电压愈小。当 $U_{GS}=0$ 时，其击穿电压用 BU_{DSS}表示。

(4)截止区。当 $|U_{GS}| \geqslant |U_P|$ 时，场效应管的导电沟道处于完全夹断状态，$I_D=0$，场效应管截止。

4. 转移特性曲线

当漏极、源极之间电压 U_{DS}保持不变时，漏极电流 I_D与栅极、源极之间电压 U_{GS}的关系称为转移特性。即

$$I_D=f(U_{GS})\big|_{U_{DS}=常数}$$

它描述了栅极、源极之间的电压 U_{GS}对漏极电流 I_D的控制作用。由图 1.3.4(b)可见：

(1)$U_{GS}=0$ 时，$I_D=I_{DSS}$漏极电流最大，称为饱和漏极电流 I_{DSS}。

(2)$|U_{GS}|$ 增大，I_D减小，当 $U_{GS}=-U_p$时，$I_D=0$。U_p称为夹断电压。

结型场效应管的转移特性在 $U_{GS}=0\sim U_p$内可用下面近似公式表示：

$$I_D=I_{DSS}\left(1-\frac{U_{GS}}{U_P}\right)^2$$

根据输出特性曲线可以作出转移特性曲线。

二、绝缘栅场效应管

绝缘栅场效应管通常由金属、氧化物和半导体制成，所以又称为金属－氧化物－

半导体场效应管，简称为 MOS 场效应管。由于这种场效应管的栅极被绝缘层(SiO_2)隔离(所以称为绝缘栅)。因此其输入电阻更高，可达 $10^9\Omega$ 以上。绝缘栅场效应管有 N 沟道、P 型沟道、增强型、耗尽型四种类型。

1. N 沟道增强型 MOS 场效应管

(1)结构。

N 沟道增强型 MOS 场效应管的结构示意图如图 1.3.5 所示。把一块掺杂浓度较低的 P 型半导体作为衬底，然后在其表面上覆盖一层 SiO_2的绝缘层，再在 SiO_2层上刻出两个窗口，通过扩散工艺形成两个高掺杂的 N 型区(用 N^+表示)，并在 N^+区和 S_iO_2的表面各自喷上一层金属铝，分别引出源极、漏极和控制栅极。衬底上也引出一根引线，通常情况下将它和源极在内部相连。

(2)工作原理。

结型场效应管是通过改变 U_{GS}来控制 PN 结的阻挡层宽窄，从而改变导电沟道的宽度，以达到控制漏极电流 I_D的目的。而绝缘栅场效应管则是利用 U_{GS}来控制“感应电荷”的多少，以改变由这些“感应电荷”形成的导电沟道的状况，然后达到控制漏极电流 I_D 的目的。

对 N 沟道增强型的 MOS 场效应管来说，当 $U_{GS}=0$ 时，在漏极和源极的两个 N^+区之间是 P 型衬底，因此漏极、源极之间相当于两个背靠背的 PN 结。所以无论漏极、源极之间加上何种极性的电压，总是不导通的，$I_D=0$。

当 $U_{GS}>0$ 时(为方便假定 $U_{DS}=0$)，则在 SiO_2的绝缘层中，产生了一个垂直半导体表面，由栅极指向 P 型衬底的电场。这个电场排斥空穴吸引电子，当 $U_{GS}>U_T$时，在绝缘栅下的 P 型区中形成了一层以电子为主的 N 型层。由于源极和漏极均为 N^+型，故此 N 型层在漏极、源极间形成电子导电的沟道，称为 N 型沟道。U_T称为开启电压，此时在漏极、源极间加 U_{DS}，则形成电流 I_D。显然，此时改变 U_{GS}则可改变沟道的宽窄，即改变沟道电阻大小，从而控制了漏极电流 I_D的大小。由于这类场效应管在 $U_{GS}=0$ 时，$I_D=0$，只有在 $U_{GS}>U_T$后才出现沟道，形成电流，故称为增强型，如图 1.3.6 所示。

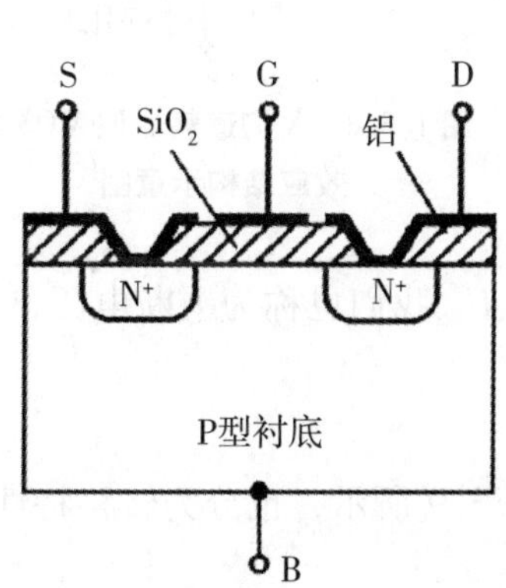

图 1.3.5　N 沟道增强型 MOS 场效应管的结构示意图

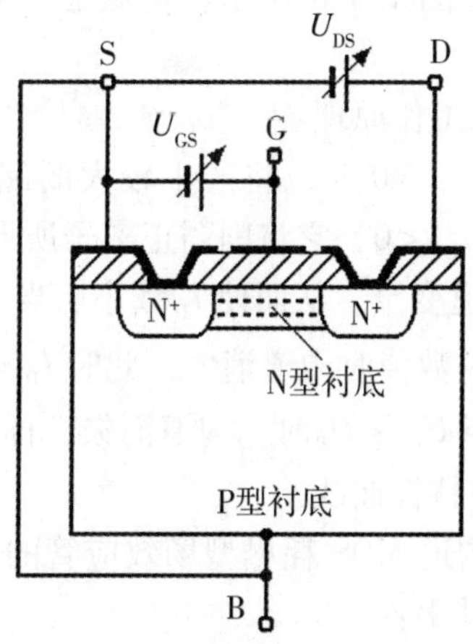

图 1.3.6　$U_{GS}>U_T$时形成导电沟道

(3)特性曲线

N 沟道增强型场效应管，也用转移特性、输出特性表示 I_D、U_{GS}、U_{DS}之间的关系，如图 1.3.7 所示。

转移特性：$U_{GS} < U_T$，$I_D = 0$；$U_{GS} \geqslant U_T$，才有 I_D。U_{GS}增加，I_D增加；$I_D = 10\ \mu A$ 时对应的 U_{GS}定义为开启电压 U_T。

输出特性：也可分为 4 个区，即可变电阻区、恒流区、击穿区和截止区。

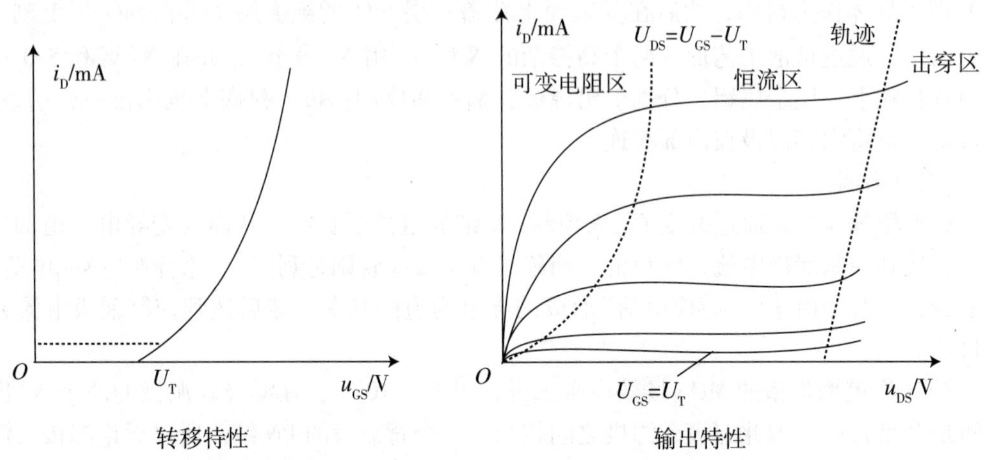

图 1.3.7　N 沟道增强型 MOS 场效应管转移特性和输出特性

2. N 沟道耗尽型 MOS 管

(1)结构。

耗尽型 MOS 场效应管，是在制造过程中，预先在 SiQ_2绝缘层中掺入大量的正离子，因此，在 $U_{GS} = 0$ 时，这些正离子产生的电场也能在 P 型衬底中“感应”出足够的电子，形成 N 型导电沟道，如图 1.3.8 所示。衬底通常在内部与源极相连。

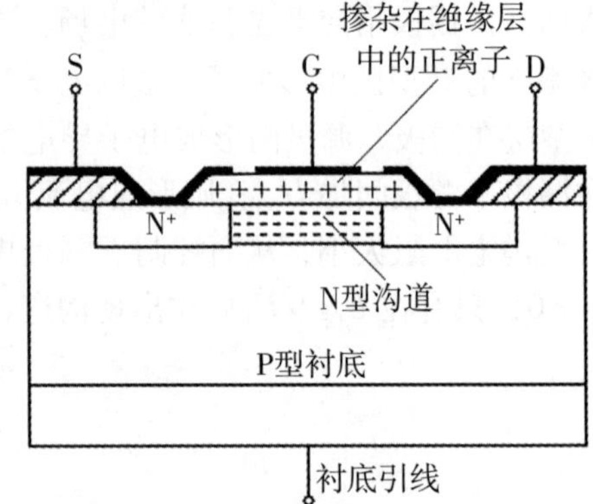

图 1.3.8　N 沟道耗尽型 MOS 场效应结构示意图

(2)工作原理。

当 $U_{DS} > 0$ 时，将产生较大的漏极电流 I_D。如果使 $U_{GS} < 0$，它将削弱正离子所形成的电场，使 N 沟道变窄，从而使 I_D减小。当 U_{GS}更负时，达到某一数值时沟道消失，此时 $I_D = 0$。使 $I_D = 0$ 的 U_{GS}我们也称为夹断电压，仍用 U_P 表示。当 $U_{GS} < U_P$时，沟道消失，称为耗尽型。

(3)特性曲线。

N 沟道 MOS 耗尽型场效应管的特性曲线如图 1.3.9 所示，也分为转移特性和输出特性。其中：

I_{DSS}——$U_{GS} = 0$ 时的漏极电流；

U_P——夹断电压，使 $I_D = 0$ 对应的 U_{GS} 的值。

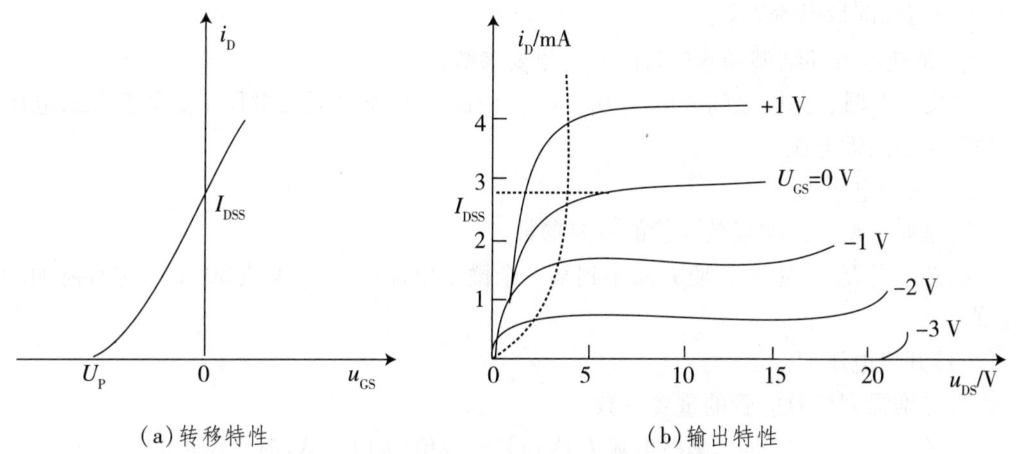

(a) 转移特性　　　　(b) 输出特性

图 1.3.9　N 沟道耗尽型 MOS 场效应管特性曲线

P 沟道场效应管的工作原理与 N 沟道类似。我们不再讨论。下面我们看一下各类绝缘栅场效应管(MOS 场效应管)在电路中的符号，如图 1.3.10 所示。

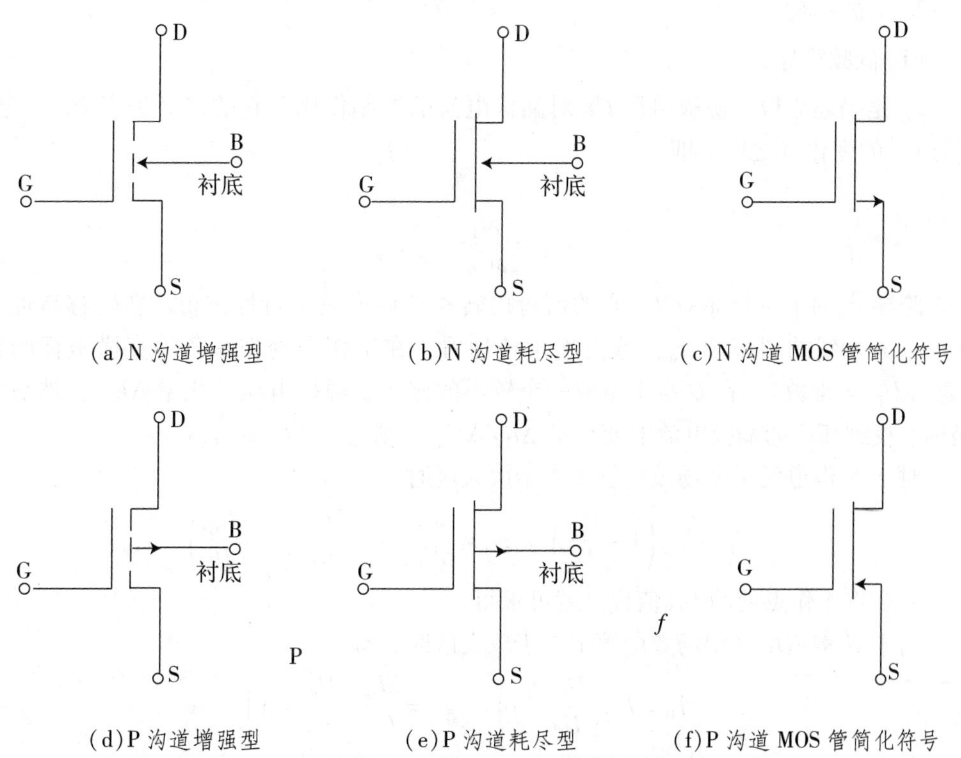

图 1.3.10　各类绝缘栅场效应管(MOS 场效应管)在电路中的符号

三、场效应管的主要参数

场效应管主要参数包括直流参数、交流参数、极限参数三部分。

1. 直流参数

(1)饱和漏极电流 I_{DSS}。

I_{DSS}是耗尽型和结型场效应管的一个重要参数。

定义：当栅、源极之间的电压 $U_{GS}=0$，而漏、源极之间的电压 U_{DS}大于夹断电压 U_P时对应的漏极电流。

(2)夹断电压 U_P。

U_P是耗尽型和结型场效应管的重要参数。

定义：当 U_{DS}一定时，使 I_D减小到某一个微小电流(如 1 μA 或 50 μA)时所需加的 U_{GS}值。

(3)开启电压 U_T。

U_T是增强型场效应管的重要参数。

定义：当 U_{DS}一定时，漏极电流 I_D达到某一数值(如 10μA)时所需加的 U_{GS}值。

(4)直流输入电阻 R_{GS}。

R_{GS}是栅、源之间所加电压与产生的栅极电流之比，由于栅极几乎不索取电流，因此输入电阻很高，结型为 $10^6\Omega$ 以上，MOS 管可达 $10^{10}\Omega$ 以上。

2. 交流参数

(1)低频跨导 g_m。

g_m 是描述栅极、源极电压 U_{GS}对漏极电流的控制作用，它的定义是当 U_{DS}一定时，I_D与 U_{GS}的变化量之比，即

$$g_m=\frac{\partial I_D}{\partial U_{GS}}\bigg|_{U_{DS}=\text{常数}}$$

跨导 g_m的单位是 mA/V。它的值可由转移特性或输出特性求得。在转移特性上工作点 Q 外切线的斜率即 g_m。或由输出特性看，在工作点处作一条垂直横坐标的直线(表示 U_{DS} = 常数)，在 Q 点上下取一个较小的栅极、源极电压变化量 ΔU_{GS}，然后从纵坐标上找到相应的漏极电流的变化量 $\Delta I_D/\Delta U_{GS}$，则 $g_m=\Delta I_D/\Delta U_{GS}$。

对于 N 沟道耗尽型场效应管工作于放大区时，有

$$I_D=I_{DSS}\left(1-\frac{U_{GS}}{U_P}\right)^2,\ g_m=\frac{\partial I_D}{\partial U_{GS}}=-\frac{2I_{DSS}}{U_P}\left(1-\frac{U_{GS}}{U_P}\right)$$

只要将工作点处的 U_{GS}值代入就可求得 g_m。

对于 N 沟道增强型场效应管工作于放大区时，有

$$I_D=I_{DO}\left(\frac{U_{GS}}{U_T}-1\right)^2,\ g_m=\frac{2I_{DO}}{U_{GS}}\left(\frac{U_{GS}}{U_T}-1\right)$$

其中，I_{DO}是 $U_{GS}=2U_T$时的 I_D值。

(2)极间电容。

场效应管三个极间的电容，包括 C_{GS}、C_{GD}和 C_{DS}。这些极间电容愈小，则管子的高频性能愈好，一般为几个皮法。

3. 极限参数

（1）漏极最大允许耗散功率 P_{Dm}。

$$P_{Dm}=I_D U_{DS}$$

（2）漏源间击穿电压 BU_{DS}。

在场效应管输出特性曲线上，当漏极电流 I_D 急剧上升产生雪崩击穿时的 U_{DS}，工作时，外加在漏极、源极之间的电压不得超过此值。

（3）栅源间击穿电压 BU_{GS}。

结型场效应管正常工作时，栅极、源极之间的 PN 结处于反向偏置状态，若 U_{GS} 过高，PN 结将被击穿。

对于 MOS 管，栅源极击穿后不能恢复，因为栅极与沟道间的 SiO_2 被击穿属破坏性击穿。

4. 场效应管的特点

场效应管具有放大作用，可以组成各种放大电路，它与双极性三极管相比，具有以下几个特点：

（1）场效应管是一种电压控制器件。

通过 U_{GS} 来控制 I_D，而双极性三极管是电流控制器件，通过 I_B 来控制 I_C。

（2）场效应管输入端几乎没有电流。

场效应管工作时，栅、源极之间的 PN 结处于高阻状态，输入端几乎没有电流。所以其直流输入电阻和交流输入电阻都非常高。而双极性三极管，发射结始终处于正向偏置，总是存在输入电流，故 b、e 极间的输入电阻较小。

（3）场效应管利用多子导电。

由于场效应管是利用多数载流子导电的，只有一种载流子参与导电，是单极性器件，而双极性三极管有两种载流子参与导电，因此，与双极性三极管相比，具有噪声小、受辐射影响小、热稳定性好而且存在零温度系数工作点等特性。

（4）场效应管的源漏极有时可以互换使用。

由于场效应管的结构对称，有时漏极和源极可以互换使用，而各项指标基本上不受影响。因此使用时比较方便、灵活。对于有些绝缘栅场效应管，在制造时源极已和衬底连在一起，则源极和漏极不能互换。

（5）场效应管的制造工艺简单，便于大规模集成。

每个 MOS 场效应管在硅片上所占的面积只有双极性三极管的 5%，因此集成度更高。

（6）MOS 管输入电阻高，栅源极容易被静电击穿。

MOS 场效应管的输入电阻可高达 $10^{15}\Omega$，因此，由外界静电感应所产生的电荷不易泄漏。而栅极上的 SiO_2 绝缘层很薄，这将在栅极上产生很高的电场强度，以致引起绝缘层击穿而损坏管子。

（7）场效应管的跨导较小。

组成放大电路时，在相同负载电阻下，电压放大倍数比双极性三极管小。

【任务实施】

实训 1.3.1 场效应管输出特性的测定

一、实训目的

测定场效应管的输出特性。

二、实训电路和工作原理

场效应管有多种类型，现以 N 沟道增强型场效应管为例来测定场效应管的输出特性，场效应管输出特性电路如图 1.3.11 所示。

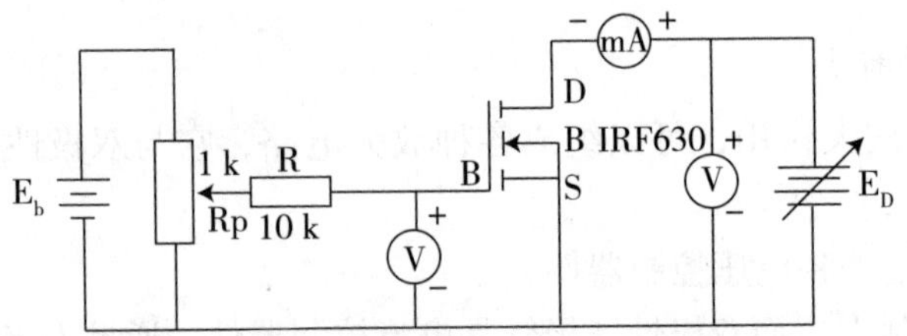

图 1.3.11 场效应管输出特性测试电路

图 1.3.11 中，IRF630 为 N 沟道增强型场效应管，其参数为：

源极最大电流 $I_{D(max)}=9.0\ A(U_{GS}=10)$；

漏源击穿电压 $V_{DS(BR)}=200\ V$；

漏源导通电阻 $R_{DS(ON)}=0.4\ \Omega$；

最大耗散功率 $P_D=80\ W$。

N 沟道增强型场效应管的输出特性如图 1.3.12 所示，它有四个特征区域。

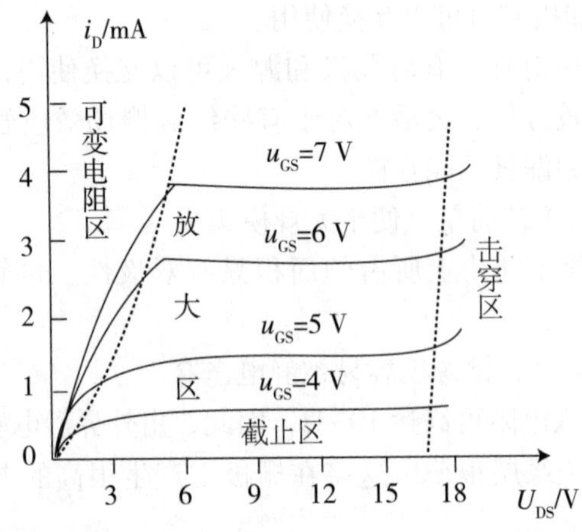

图 1.3.12 N 沟道增强型场效应管的输出特性曲线

(1)截止区：当u_{GS}过小，$u_{GS} \leqslant u_T$时(u_T称为开启电压)，$i_D=0$，场效应管截止。

(2)可变电阻区：当u_{DS}很小时，导电沟道畅通，i_D随u_{DS}的增加而线性增加，这意味着场效应管相当于一个电阻，这个区域被称为可变电阻区，其边缘线称为预夹断轨迹。

(3)恒流区(放大区)：在此区域内，i_D与漏源电压u_{DS}基本无关(恒流)，此时i_D主要取决于栅源电压u_{GS}。当u_{GS}改变时，i_D将产生显著变化，其工作原理与双极晶体管放大区一样，形成放大作用，所以又称为放大区。

(4)击穿区：当$u_{DS} \geqslant u_{DS(BR)}$时($u_{DS(BR)}$称为漏源击穿电压)，$i_D$将迅速增大，场效应管被烧坏。

三、实训设备

(1)装置中的直流可调稳压电源、直流电源、电压表、毫安表、微安表、万用表。

(2)单元：RP_1、RP_3、VT_3、VT_5、R_{01}、R_{15}。

四、实训内容与实训步骤

按图 1. 3. 11 完成接线，其中E_G由分挡直流电源供电，分别取E_G为 4 V、5 V、6 V、7 V。图中E_D由直流可调稳压电源供电，分别取 ED 为 0 V、3 V、6 V、9 V、12 V、15 V、18 V。将结果填入表 1. 3. 1 中。

表 1. 3. 1　场效应管(IRF630)输出特性

u_{DS}/V \ i_D/mA \ u_{GS}/V	0	3	6	9	12	15	18
4							
5							
6							
7							

五、实训注意事项

电源电压调节电位器在开始时要调至电压最低点，以免出现过高电压现象。

六、实训报告要求

由表 1. 3. 1 所列数据，画出 IRF630 场效应管一簇输出特性，并在曲线图上注明各特征区域(截止区、可变电阻区和放大区)，并求出它的跨导$g_m=\dfrac{\Delta i_D}{\Delta u_{GS}}$。

【习题一】

一、填空题

1. 在 PN 结形成过程中，载流子扩散运动是在________作用下产生的，漂移运动是在________作用下产生的。

2. 在本征半导体中掺入________价元素得到N型半导体，掺入________价元素则得到P型半导体。

3. 半导体中有________和________两种载流子参与导电，其中________带正电，而________带负电。

4. 本征半导体掺入微量的5价元素，则形成______型半导体，其多子为________，少子为________。

5. PN结正偏是指P区电位________N区电位。

6. PN结在________时导通，________时截止，这种特性称为________。

7. 二极管按PN结面积大小的不同分为点接触型和面接触型，________型二极管适用于高频、小电流的场合，________型二极管适用于低频、大电流的场合。

8. 半导体稳压管的稳压功能是利用PN结的________特性来实现的。

9. 发光二极管能将________信号转换为________信号，它工作时需加________偏置电压。

10. 普通二极管工作时通常要避免工作于__________，而稳压管通常工作于________。

11. 三极管工作在放大区时，发射结为________偏置，集电结为________偏置。

12. 三极管电流放大系数β反映了放大电路中________极电流对________极电流的控制能力。

13. 场效应管是利用________电压来控制________电流大小的半导体器件。

14. 场效应管是利用________效应来控制漏极电流大小的半导体器件。

15. 场效应管具有输入电阻很________、抗干扰能力________等特点。

二、选择题

1. 杂质半导体中多数载流子的浓度主要取决于(　　)。

A. 温度　　B. 掺杂工艺　　C. 掺杂浓度　　D. 晶体缺陷

2. 在PN结外加正向电压时，扩散电流________漂移电流，当PN结外加反向电压时，扩散电流________漂移电流。(　　)

A. 小于，大于　　B. 大于，小于

C. 大于，大于　　D. 小于，小于

3. PN结形成后，空间电荷区由(　　)构成。

A. 电子和空穴　　B. 施主离子和受主离子

C. 施主离子和电子　　D. 受主离子和空穴

4. 从二极管伏安特性曲线可以看出，二极管两端压降大于(　　)时处于正偏导通状态。

A. 0　　B. 死区电压

C. 反向击穿电压　　D. 正向压降

5. 硅管正偏导通时，其管压降约为(　　)。

A. 0.1 V　　B. 0.2 V　　C. 0.5 V　　D. 0.7 V

6. 稳压二极管工作于正常稳压状态时，其反向电流应满足(　　)。

A. $I_D=0$　　B. $I_D<I_Z$且$I_D>I_{ZM}$

C. $I_Z>I_D>I_{ZM}$　　D. $I_Z<I_D<I_{ZM}$

7. 下列符号中表示发光二极管的为(　　)。

A. 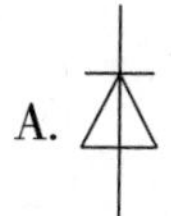　B. 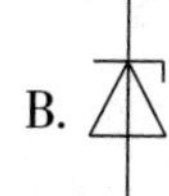　C. 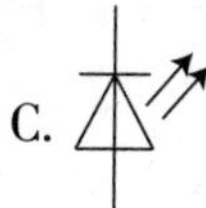　D. 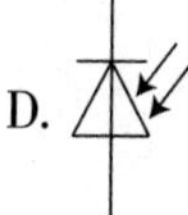

8. 三极管当发射结和集电结都正偏时工作于(　　)状态。

A. 放大　　B. 截止　　C. 饱和　　D. 无法确定

9. 硅三极管放大电路中，静态时测得集－射极之间直流电压 $U_{CE}=0.3$ V，则此时三极管工作于(　　)状态。

A. 饱和　　B. 截止　　C. 放大　　D. 无法确定

10. 下面的电路符号代表(　　)管。

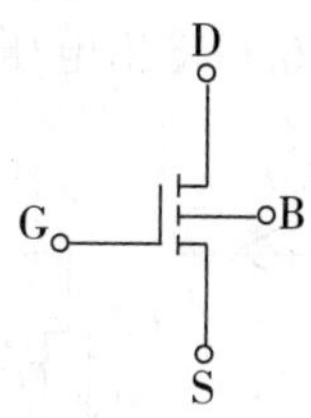

图 1－1　题 10 图

A. 耗尽型 PMOS　　B. 耗尽型 NMOS

C. 增强型 PMOS　　D. 增强型 NMOS

11. 场效应管本质上是一个(　　)。

A. 电流控制电流源器件　　B. 电流控制电压源器件

C. 电压控制电流源器件　　D. 电压控制电压源器件

12. (　　)情况下，可以用 H 参数小信号模型分析放大电路。

A. 正弦小信号　　B. 低频大信号

C. 低频小信号　　D. 高频小信号

三、计算题

1. 电路如图 1.2 所示，设二极管的导通电压 $U_{D(on)}=0.7$ V，试写出各电路的输出电压 U_0值。

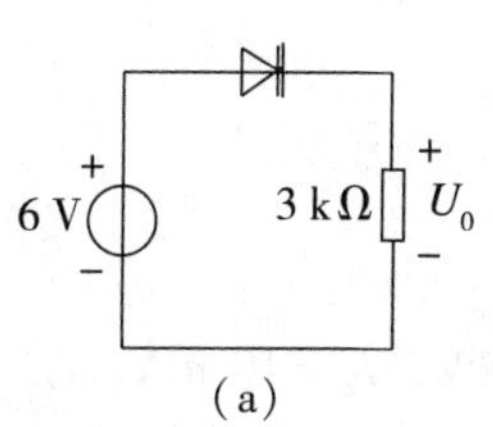

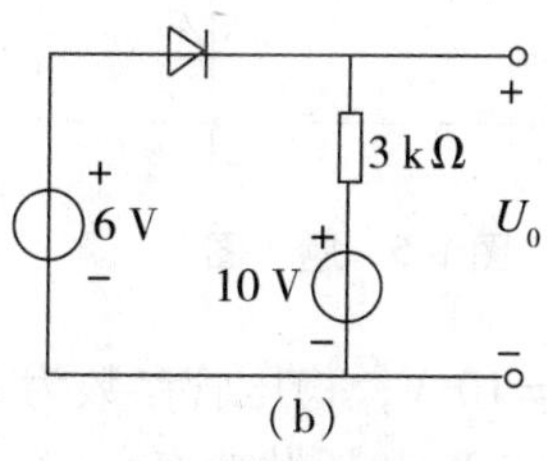

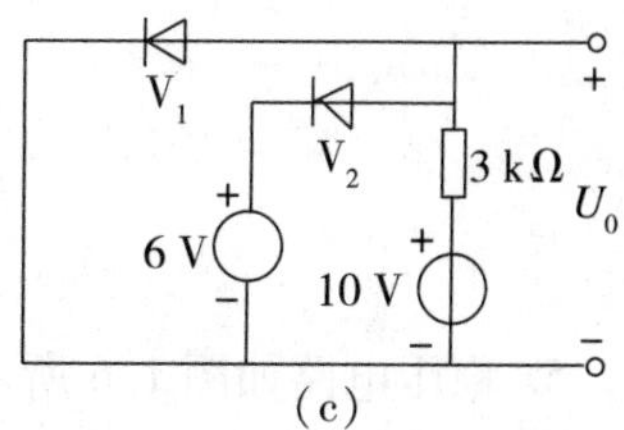

图 1.2　题 1 图

2. 电路如图 1.3 所示，设二极管为理想的，试判断下列情况下电路中的二极管是导通还是截止，并求出 AO 两端电压 U_{AO}。(1) $V_{DD1}=6$ V，$V_{DD2}=12$ V；(2) $V_{DD1}=6$ V，$V_{DD2}=-12$ V；(3) $V_{DD1}=-6$ V，$V_{DD2}=-12$ V。

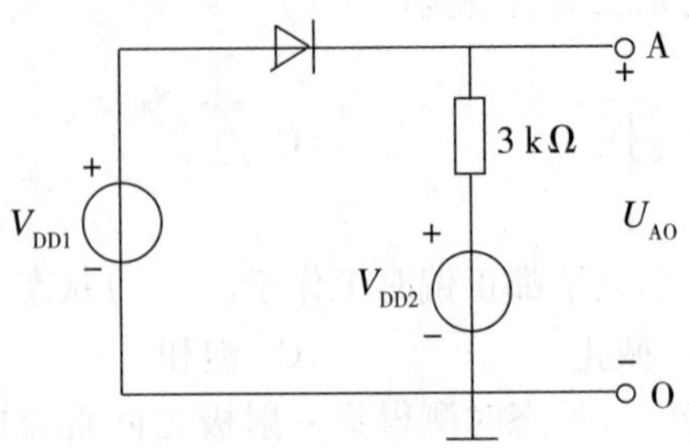

图 1.3　题 2 图

3. 二极管电路如图 1.4 所示，二极管的导通电压 $U_{D(on)}=0.7$ V，试分别求出 R 为 1 kΩ、5 kΩ 时，电路中电流 I_1、I_2、I_O和输出电压 U_O。

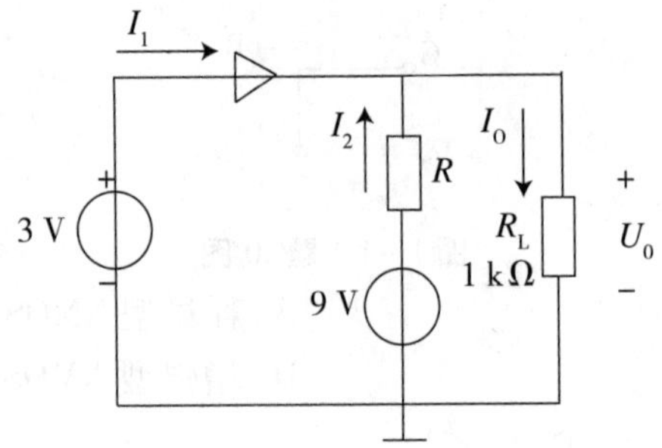

图 1.4　题 3 图

4. 二极管电路如图 1.5 所示，二极管导通电压 $U_{D(on)}=0.7$ V，$U_I=6$ V，试求电路中电流 I_1、I_2、I_O和输出电压 U_O。

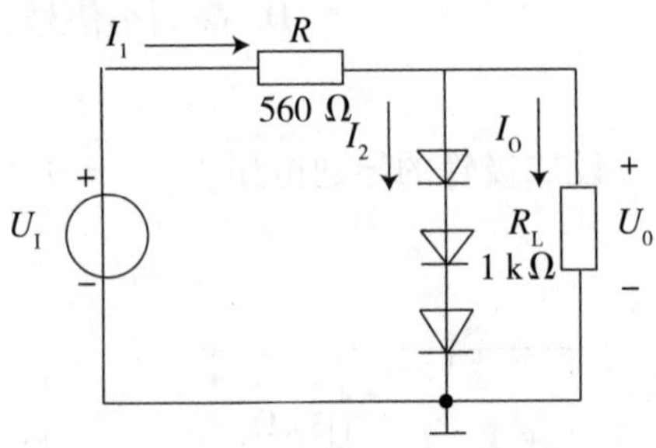

图 1.5　题 4 图

5. 稳压电路如图 1.6 所示，$U_I=10$ V，稳压管参数为 $U_Z=6$ V，$I_Z=10$ mA，$I_{ZM}=30$ mA，试求：(1)稳压管的工作电流 I_{DZ}和耗散功率；(2)限流电阻 R 所消耗的功率。

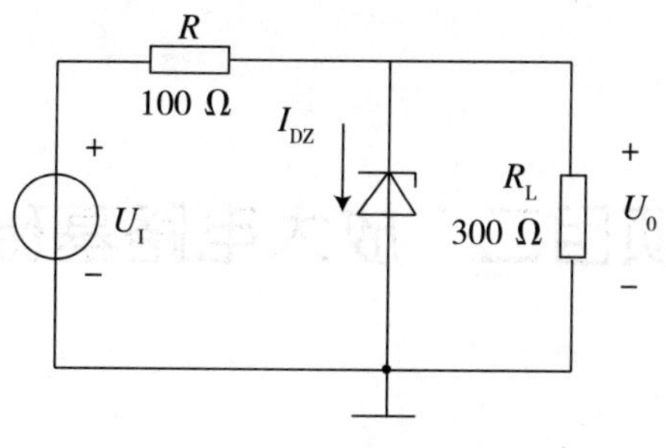

图 1.6　题 5 图

6. 电路如图 1.7 所示，已知发光二极管的导通电压为 1.6 V，正向电流≥5 mA 即可发光，最大正向电流为 20 mA。为使发光二极管发光，试求电路中 R 的取值范围。

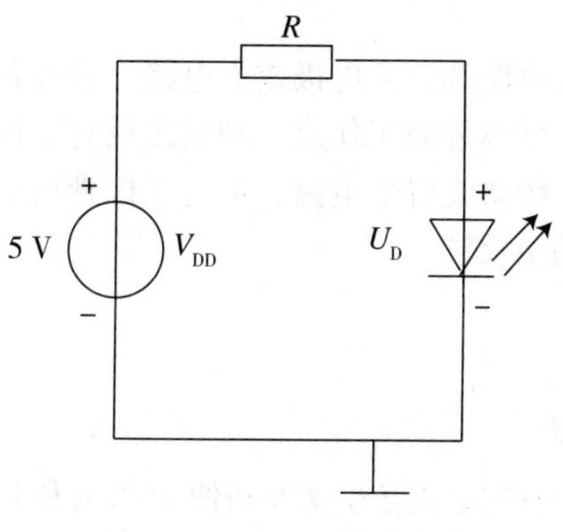

图 1.7　题 6 图

7. 放大电路中某三极管三个管脚①②③测得的对地电位为 −8 V，−3 V，−3.2 V 和 3 V、12 V、3.7 V，试判别此管的三个电极，并说明它是 NPN 管还是 PNP 管，是硅管还是锗管？

8. 对图 1.8 所示的各三极管，试判别其三个电极，并说明它是 NPN 管还是 PNP 管，估算其 β 值。

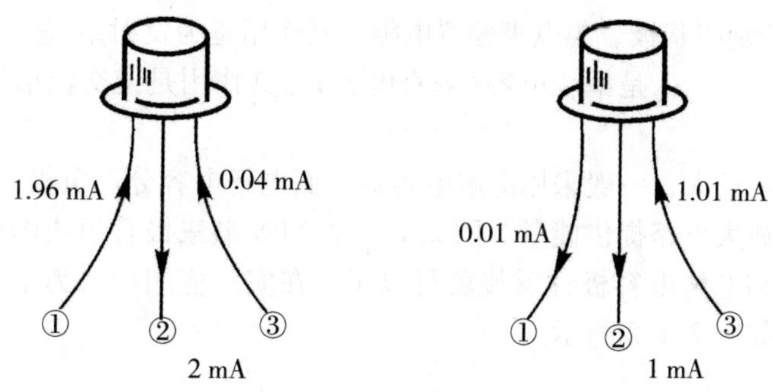

图 1.8　题 8 图

项目二　放大电路基础

任务一　单管放大电路的研究

【任务描述】

(1)认识共发射极放大电路和共集电极放大电路，明确各组成元件的作用。

(2)能绘制直流通路，估算静态工作点，判断三极管工作状态。

(3)能绘制交流通路，画微变等效电路，进行三极管动态分析。

(4)认识放大电路中的负反馈。

【知识学习】

一、放大电路工作原理

在实际中常常需要把一些微弱信号放大到便于测量和利用的程度。例如，从收音机天线接收到的无线电信号，或者从传感器得到的信号，有时只有微伏或毫伏的数量级，必须经过放大才能驱动扬声器或者进行观察、记录和控制。

所谓放大，表面上是将信号的幅度由小增大，但是放大的实质是能量的转换，即由一个较小的输入信号控制直流电源，使之转换成交流能量输出，驱动负载。

1. 放大电路的组成原理

以共发射极放大电路为例，放大电路组成的原则是：

(1)为保证三极管工作在放大区，发射结必须正向偏置，集电结必须反向偏置。

(2)R_b、R_c分别叫基极、集电极偏置电阻，其作用是为发射结提供正向偏置，集电结提供反向偏置。C_1、C_2是耦合电容(隔直电容)，其作用是使交流信号顺利通过，而无直流联系。

耦合电容容量较大，一般采用电解电容器，而电解电容分正负极，接反就会损坏。电源U_{cc}、U_{BB}为放大电路提供能量。图 2. 1. 1 是 NPN 型三极管组成的放大电路，若用 PNP 型，则电源和电解电容极性反接就可以了。在实际应用中，为了方便，常采用单电源，习惯画法如图 2. 1. 2 所示。

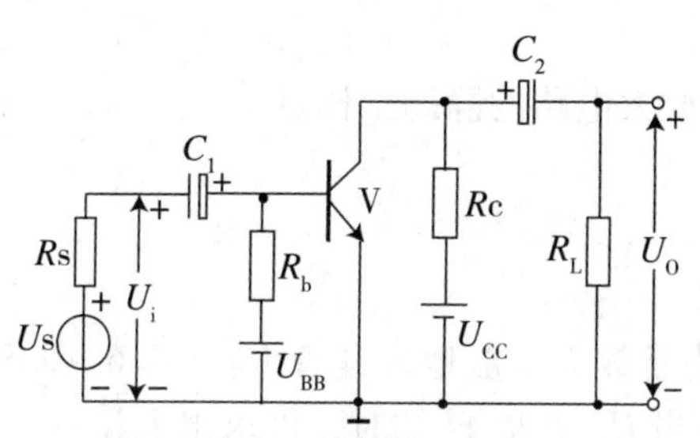

图 2.1.1　共发射极基本放大电路

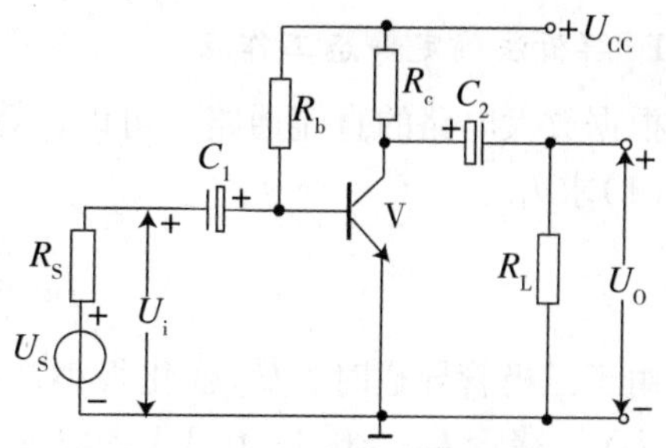

图 2.1.2　单电源共发射极放大电路

放大电路中，为了便于区分各电压、电流量，通常对其符号做如下规定：以发射结电压和基极电流为例，直流量用 U_{BE}、I_B表示，静态量用 U_{BEQ}、I_{BQ}表示，交流量瞬时值用 u_{be}、i_b表示，交流量幅值用 U_{bem}、I_{bm}表示，有效值用 U_{be}、I_b 表示，信号总量用 u_{BE}、i_B表示。

2. 直流通路和交流通路

当输入信号为零时，电路只有直流电流；当考虑信号的放大时，我们应考虑电路的交流通路。所以在分析、计算具体放大电路前，应分清放大电路的交、直流通路。

由于放大电路中存在着电抗元件，所以直流通路和交流通路不相同，如图 2.1.3 所示。

直流通路：电容视为开路，电感视为短路。

交流通路：电容和电感作为电抗元件处理，一般电容按短路处理，电感按开路处理。直流电源因为其两端的电压固定不变，内阻视为零，故在画交流通路时也按短路处理。

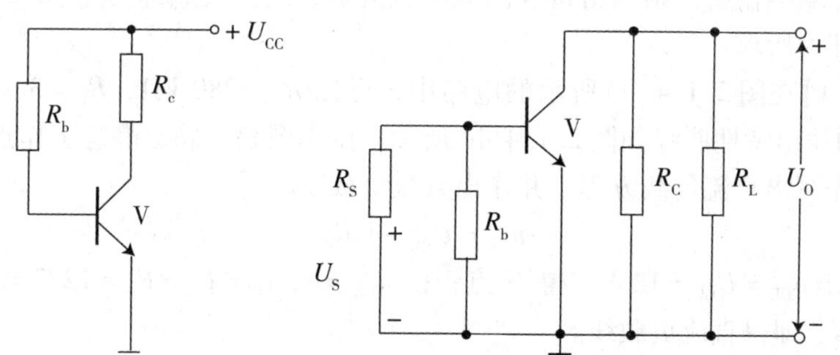

图 2.1.3　共发射极放大电路的直流、交流通路

同样，放大电路的分析也包含两部分：

直流分析：又称为静态分析，用于求出电路的直流工作状态，即基极直流电流 I_B、集电极直流电流 I_C、集电极与发射极间的直流电压 U_{CE}。

交流分析：又称为动态分析，用来求出电压放大倍数、输入电阻和输出电阻。

二、放大电路的直流分析

放大电路核心器件是具有放大能力的三极管，而三极管要保证在放大区，其发射结应正向偏置，集电结应反向偏置，即要求对三极管设置正确的直流工作状态。

直流工作点，又称静态工作点，简称 Q 点，它可通过公式求出，也可以通过作图的方法求出。

1. 解析法确定静态工作点

根据放大电路的直流通路，可以估算出该放大电路的静态工作点。

(1)求 I_{BQ}。

$$I_{BQ}=\frac{U_{CC}-U_{BE}}{R_b}$$

由于三极管导通时，U_{BE}变化很小，可视为常数。一般地，硅管 $U_{BE}=0.6\sim0.8$ V，取0.7 V，锗管 $U_{BE}=0.1\sim0.3$ V，取0.2 V，当 U_{CC}、R_b 已知时，可求出 I_{BQ}。

(2)求 I_C。

$$I_{CQ}=\beta I_{BQ}$$

(3)求 U_{CE}。

$$U_{CEQ}=U_{CC}-I_CR_C$$

2. 图解法确定静态工作点

三极管电流与电压关系可用其输入特性曲线和输出特性曲线表示。我们可以在特性曲线上，直接用作图的方法来确定静态工作点。

图解法求 Q 点的步骤：

(1)在输出特性曲线所在坐标中，按直流负载线方程 $u_{CE}=U_{CC}-i_C\mathrm{R}_C$，作出直流负载线。

(2)由基极回路求出 I_{BQ}。

(3)找出 $i_B=I_{BQ}$这一条输出特性曲线与直流负载线的交点即为 Q 点。读出 Q 点的电流、电压即为所求。

【例2.1.1】在图2.1.4(a)所示的电路中，已知 $R_b=280$ kΩ，$R_c=3$ kΩ，$U_{cc}=12$ V，三极管的输出特性曲线如图2.1.4(b)所示，试用图解法确定静态工作点。

解：首先写出直流负载方程，并作出直流负载线。

$$u_{CE}=U_{CC}-i_CR_c$$

由 $i_C=0$，$u_{CE}=U_{CC}=12$ V，得 M 点；由 $u_{CE}=0$，$i_C=U_{CC}/R_c=12/3=4$ mA，得 N 点；连接 MN，即得直流负载线。

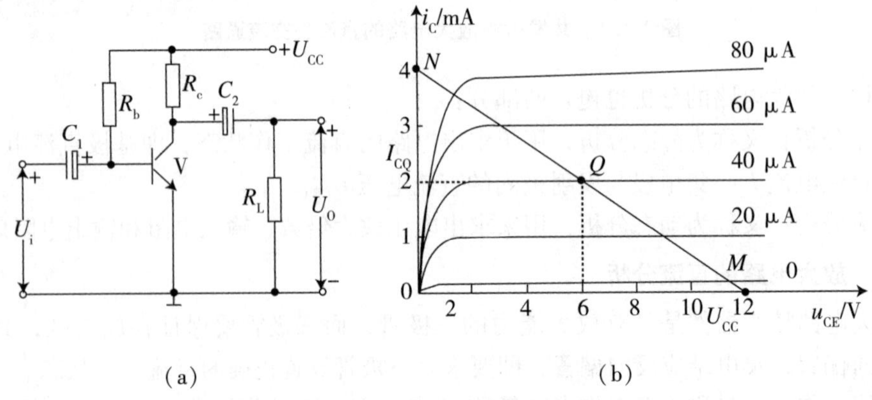

图2.1.4 静态工作的图解法

$$I_{BQ}=\frac{U_{CC}-U_{BE}}{R_b}=\frac{12-0.7}{280\times10^3}\approx0.04\ \text{mA}=40\ \mu\text{A}$$

直流负载线与 $i_B=I_{BQ}=40\ \mu A$ 这一条特性曲线的交点，即为 Q 点，从图上可得 $I_{CQ}=2\ mA$，$U_{CEQ}=6\ V$。

3. 电路参数对静态工作点的影响

在后面的学习中，我们将看到静态工作点的位置十分重要，而静态工作点与电路参数有关。下面将分析电路参数 R_b、R_c、U_{CC}对静态工作点的影响(图 2.1.5)，为调试电路给出理论指导。

(1)R_b对 Q 点的影响。

①$R_b\uparrow\rightarrow I_{BQ}\downarrow\rightarrow$工作点沿直流负载线下移。

②$R_b\downarrow\rightarrow I_{BQ}\uparrow\rightarrow$工作点沿直流负载线上移。

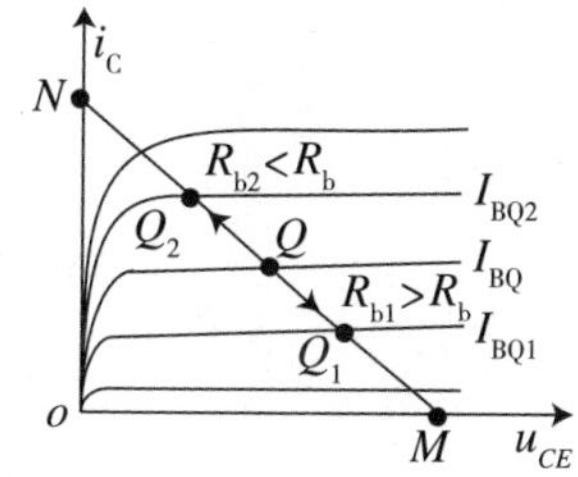

(a)R_b 变化对 Q 点的影响

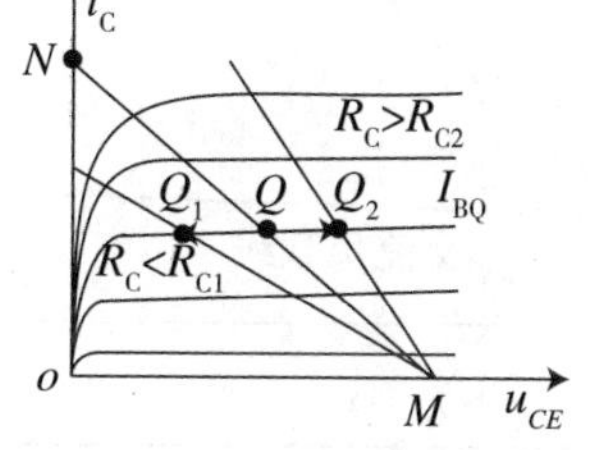

(b)R_c 变化对 Q 点的影响

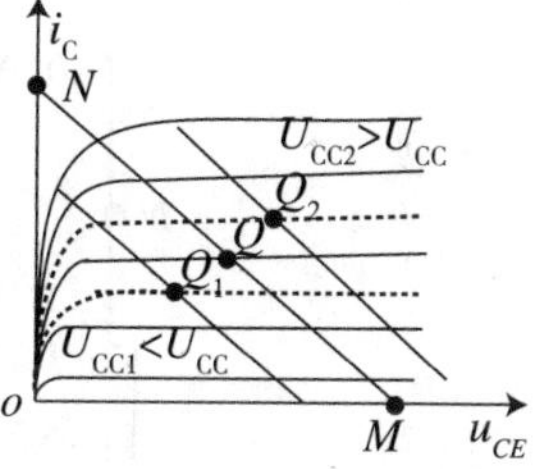

(c)U_{α} 变化对 Q 点的影响

图 2.1.5　电路参数对 Q 点的影响

(2)R_C对 Q 点的影响。

①R_C的变化，仅改变直流负载线的 N 点，即仅改变直流负载线的斜率。

②$R_C\downarrow\rightarrow$N 点上升$\rightarrow$直流负载线变陡$\rightarrow$工作点沿 $i_b=I_{BQ}$这一条特性曲线右移。

③$R_C\uparrow\rightarrow$N 点下降$\rightarrow$直流负载线变平坦$\rightarrow$工作点沿 $i_b=I_{BQ}$这一条特性曲线左移。

(3)U_{CC}对 Q 点的影响。

①U_{CC}的变化不仅影响 I_{BQ}，还影响直流负载线，因此，U_{CC}对 Q 点的影响较复杂。

②$U_{CC}\uparrow\rightarrow I_{BQ}\uparrow\rightarrow M\uparrow\rightarrow N\uparrow\rightarrow$直流负载线平行上移$\rightarrow$工作点向右上方移动。

③$U_{CC}\downarrow\rightarrow I_{BQ}\downarrow\rightarrow M\downarrow\rightarrow N\downarrow\rightarrow$直流负载线平行下移$\rightarrow$工作点向左下方移动。

在实际调试中，主要通过改变电阻 R_b来改变静态工作点，而很少通过改变 U_{CC}来改变工作点。

三、放大电路的动态分析

我们讨论当输入端加入信号 u_i时电路的工作情况。由于加进了输入信号，输入电流 i_B不会静止不动，而是变化的。这样，三极管的工作状态将来回移动，故将加进输入交流信号时的电路状态称为动态。

1. 图解法分析动态特性

通过图解法，我们将画出对应输入波形时的输出电流和输出电压的波形。

由于交流信号的加入，此时应按交流通路来考虑。交流负载 $R'_L=R_C/\!/R_L$。在信号的作用下，三极管的工作状态的移动不再沿直流负载线，而是按交流负载线移动。因此，分析交流信号前，应先画出交流负载线。

(1)画交流负载线。

交流负载线具有如下两个特点：

①交流负载线必通过 Q 点，当输入信号 u_i 的瞬时值为零时，如忽略电容 C_1 和 C_2 的影响，则电路状态和静态相同。

②交流负载线的斜率由 R'_L 决定。因此，按上述特点，可作出交流负载线，即通过 Q 点，作一条斜率为 $-1/R'_L\left(\dfrac{\Delta U}{\Delta I}=\dfrac{U'_{CC}-U_{CEQ}}{0-L_{CQ}}=-R'_L\right)$ 的直线，交横轴于 U'_{CC}（$U'_{CC}=U_{CEQ}+I_{CQ}R'_L$），这就是交流负载线。

由于 $R'_L=R_C/\!/R_L$，所以 $R'_L<R_C$，在一般情况下交流负载线比直流负载线陡。

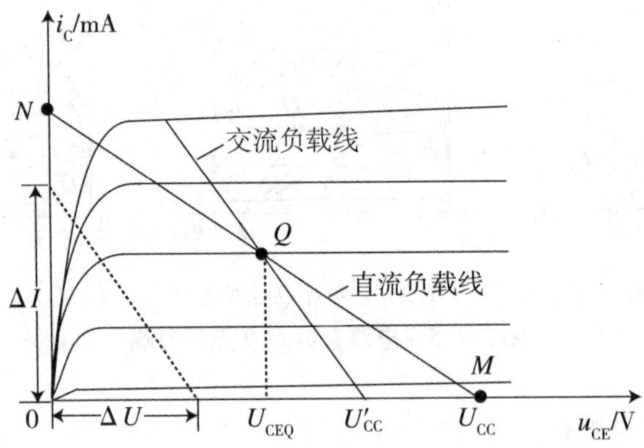

图 2.1.6　交流负载线的画法

【例 2.1.2】在图 2.1.7 所示的电路中，作出其交流负载线。已知 $R_b=280\ \text{k}\Omega$，$R_c=3\ \text{k}\Omega$，$U_{CC}=12\ \text{V}$，$R_L=3\ \text{k}\Omega$。

解：

①首先作出直流负载线，求出 Q 点。

②作出交流负载线的辅助线。

$$R'_L=R_C/\!/R_L=1.5\ \text{k}\Omega$$

$$\frac{\Delta U}{\Delta I}=-R'_L=1.5\ \text{k}\Omega$$

取 $\Delta U=6\ \text{V}$，可得 $\Delta I=4\ \text{mA}$，连接这两点即为交流负载线的辅助线。

③过 Q 点作辅助线的平行线，即为交流负载线。

也可以用：

$$U'_{CC}=U_{CEQ}+I_{CQ}R'_L=6+2\times1.5=9\ \text{V}$$

作出交流负载线。

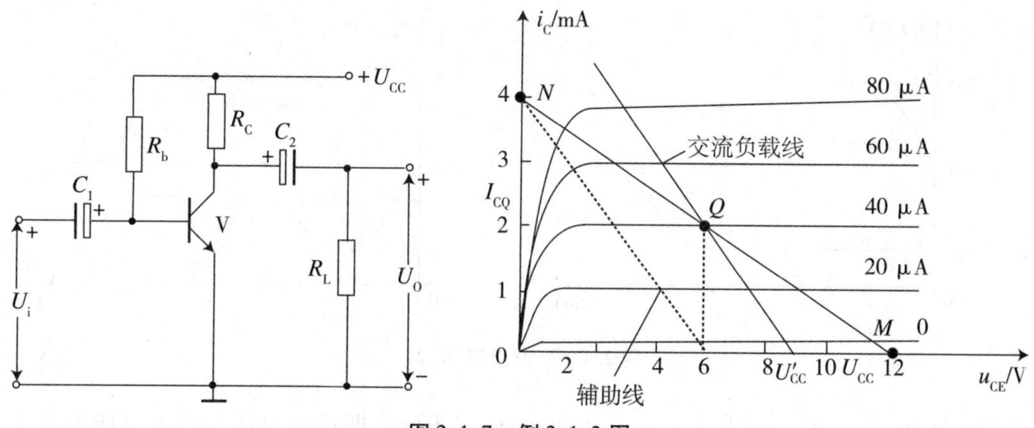

图 2.1.7　例 2.1.2 图

(2)画输入输出的交流波形图。

设:

$$u_i = U_{im}\sin\omega t$$

则

$$u_{BE} = U_{BEQ} + u_i = U_{BEQ} + U_{im}\sin\omega t$$

$$i_B = I_{BQ} + i_b = I_{BQ} + I_{bm}\sin\omega t$$

$$i_C = I_{CQ} + i_c = I_{CQ} + I_{cm}\sin\omega t$$

$$u_{CE} = U_{CEQ} + u_{ce} = U_{CEQ} + U_{cem}\sin(\omega t + \pi)$$

各交流量的波形如图 2.1.8 所示。

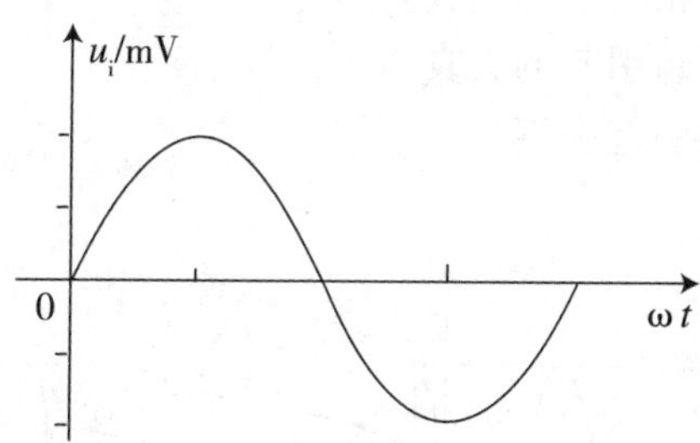

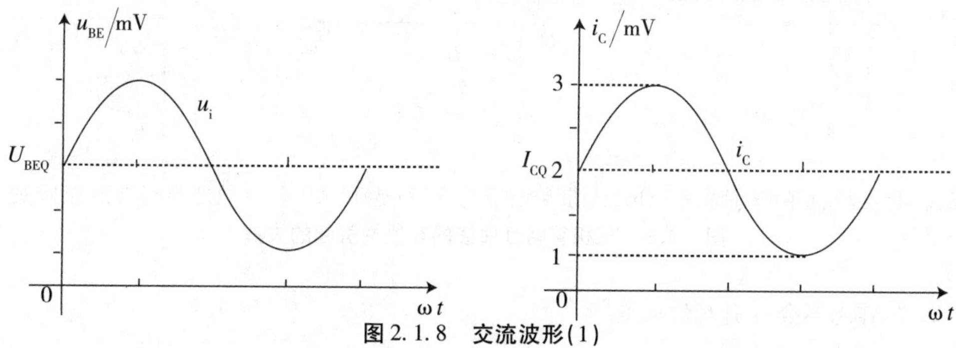

图 2.1.8　交流波形(1)

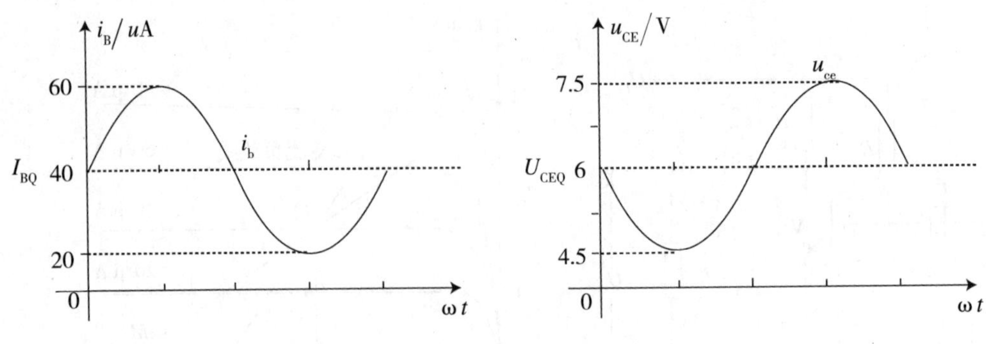

图 2.1.8　交流波形(2)

可见 ic、i_B、u_{BE}三者同相，u_{CE}与它们的相位相反，即输出电压与输入电压相位是相反的，这是共发射极放大电路的特征之一。

四、放大电路的非线性失真

作为对放大电路的要求，应使输出电压尽可能的大，但它受到三极管非线性的限制，当信号过大或工作点选择不合适时，输出电压波形将产生失真。这些失真是由于三极管的非线性(特性曲线的非线性)引起的失真，所以称为非线性失真，如图 2.1.9 所示。

1. 由三极管特性曲线非线性引起的失真

(1)输入特性曲线弯曲引起的失真。

(2)输出曲线簇上疏下密引起的失真。

(3)输出曲线簇上密下疏引起的失真。

(4)输出曲线弯曲也会引起失真。

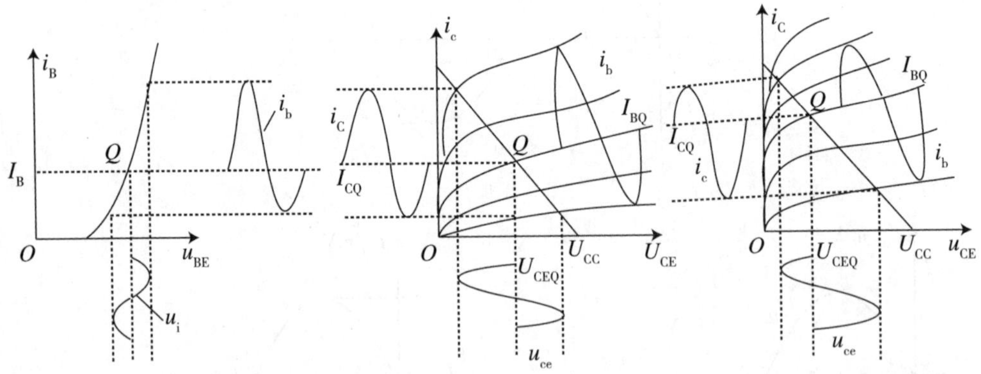

(a)因输入特性曲线弯曲引起的失真　(b)因输出曲线簇上疏下密引起的失真　(c)因输出曲线上密下疏引起的失真

图 2.1.9　三极管特性曲线的非线性引起的失真

2. 工作点不合适引起的失真

(1)截止失真。

当工作点设置过低(I_B过小)时，在输入信号的负半周，三极管的工作状态进入截止区。因而引起 i_B、i_C、u_{CE}的波形失真，称为截止失真。

对于 NPN 型共发射极放大电路，在截止失真时，输出电压 u_{CE}的波形出现顶部失真。对于 PNP 型共发射极放大电路，截止失真时，输出电压 u_{CE}的波形出现底部失真。

(2)饱和失真。

当工作点设置过高(I_B过大)时，在输入信号的正半周，三极管的工作状态进入饱和区。因而引起 i_C、u_{CE}的波形失真，称为饱和失真。

对于 NPN 型共发射极放大电路，在饱和失真时，输出电压 u_{CE}的波形出现底部失真。对于 PNP 型共发射极放大电路，饱和失真时，输出电压 u_{CE}的波形出现顶部失真。

图 2. 1. 10 所示为截止失真与饱和失真。

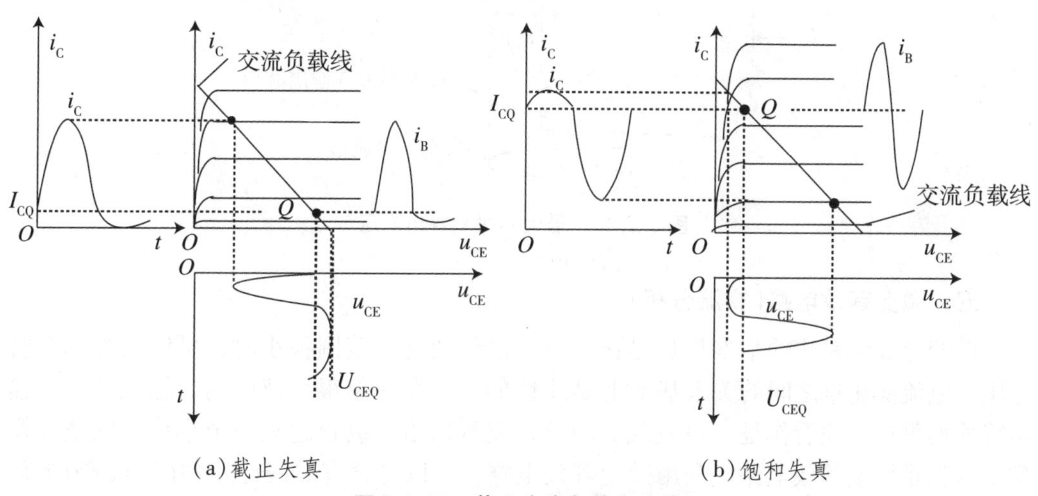

图 2. 1. 10　截止失真与饱和失真

3. 最大不失真输出电压幅值 U_{max}(或最大峰 - 峰 U_{p-p})

由于存在截止失真和饱和失真，放大电路存在最大不失真输出电压幅值 U_{max}(或最大峰 - 峰 U_{p-p})。最大不失真输出电压是指在直流工作状态已定的前提下，逐渐增大输入信号，三极管尚未进入截止或饱和时，输出所能获得的最大不失真电压。

如 u_i增大首先进入饱和区，则最大不失真输出电压受饱和区限制，则

$$U_{cem} = U_{CEQ} - U_{ces}$$

如 u_i增大首先进入截止区，则最大不失真输出电压受截止区限制，则

$$U_{cem} = I_{CQ} \cdot R_L'$$

最大不失真输出电压值，选取其中小的一个。图 2. 1. 11 所示为最大不失真输出电压曲线图。

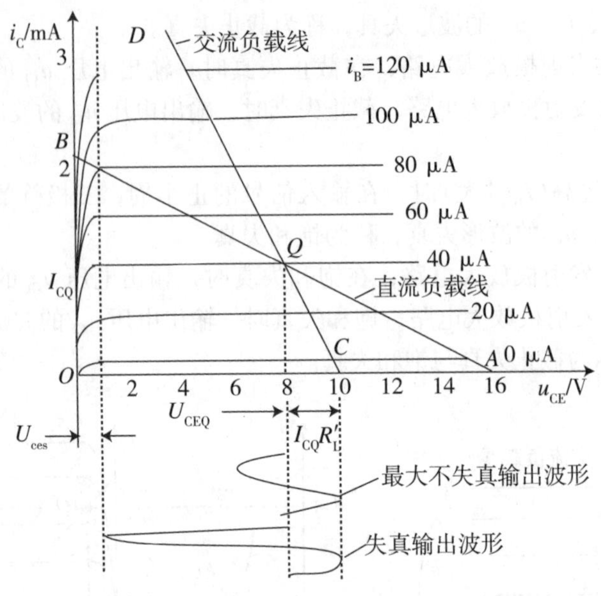

图 2. 1. 11 最大不失真输出电压

五、微变等效电路(交流分析)

微变等效电路法的基本思想是：当输入信号变化的范围很小时，可以认为三极管电压、电流变化量之间的关系基本上是线性的。即在一个很小范围内，输入特性、输出特性均可近似地看作是一段直线。因此，就可以给三极管建立一个小信号的线性模型，这就是微变等效电路。利用微变等效电路，可以将含有非线性元件(三极管)的放大电路转化为我们熟悉的线性电路，然后，就可利用电路分析的有关方法求解。

三极管处于共发射极状态时，输入回路和输出回路各变量之间的关系由以下形式表示。

输入特性：

$$u_{BE}=f(i_B,\ u_{CE})$$

输出特性：

$$i_c=f(j_B,\ u_{CE})$$

式中，i_B、i_C、u_{BE}、u_{CE} 代表各电量的总瞬时值，为直流分量和交流瞬时值之和，即：

$$i_B=I_{BQ}+i_b,\ u_{BE}=U_{BE}+u_{be},\ i_c=I_{CQ}+i_c,\ u_{CE}=U_{CEQ}+u_{ce}$$

根据数学公式推导，当三极管电压、电流变化量之间的关系基本上是线性时，b 极和 e 极之间可以等效为电阻 r_{be}，c 极和 e 极之间可以等效为一个电流控制电流源，则可得三极管的简化等效电路，如图 2. 1. 12 所示。

$$u_{be}=r_{be}\mathrm{i}_b$$

$$i_c=\beta i_b$$

经推导，r_{be} 可近似用式子 $r_{be}=\dfrac{U_{be}}{I_b}=r'_{bb}+(1+\beta)\dfrac{26}{I_{EQ}}(\Omega)$ 计算。

r'_{bb}室温下一般取200欧，I_{EQ}用毫安作单位。

注意：三极管微变等效电路只用于小信号放大电路的交流分析。

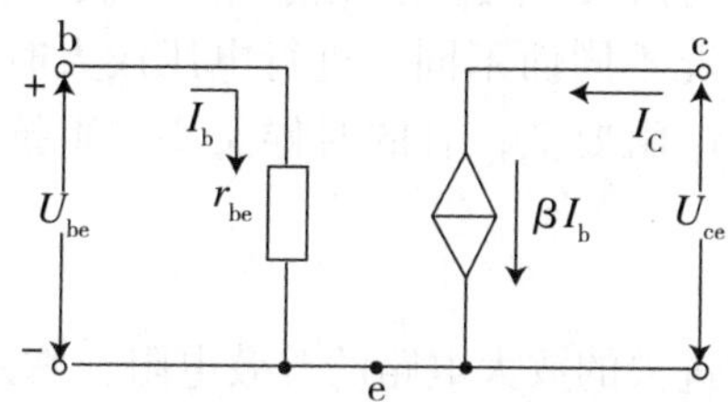

图 2.1.12　三极管微变等效电路

六、三种基本组态放大电路的交流分析

微变等效电路主要用于放大电路动态特性分析，三极管有三种接法，故放大电路也有三种基本组态，各种实际放大电路都是这三种基本放大电路的变型及组合。

1. 放大电路的性能指标

放大电路的性能指标有许多种，我们只介绍几个反映放大器性能的基本性能指标。

(1)电压放大倍数A_u。

电压放大倍数是衡量放大电路的电压放大能力的指标。它的定义为输出电压的幅值或有效值与输入电压幅值或有效值之比，有时也称为增益。

$$A_u = \frac{U_o}{U_i}$$

有时也定义源电压放大倍数A_{us}，它表示输出电压与信号源电压幅值或有效值之比。显然，当信号源内阻$R_s=0$时，$A_{us}=A_u$，A_{us}就是考虑了信号源内阻R_s影响时的电压放大倍数。

$$A_{us} = \frac{U_0}{U_s}$$

(2)电流放大倍数A_i。

电流放大倍数的定义为输出电流与输出电流幅值或有效值之比。

$$A_i = \frac{I_0}{I_i}$$

(3)功率放大倍数A_p。

功率放大倍数的定义为输出功率与输入功率之比。

$$A_p = \frac{P_o}{P_i} = \frac{|U_0 I_0|}{|U_i I_i|} = |A_u A_i|$$

(4)输入电阻r_i。

放大电路由信号源提供输入信号，当放大电路与信号源相连，就要从信号源索取电流。索取电流的大小表明了放大电路对信号源的影响程度。所以定义输入电阻来衡量放大电路对信号源的影响。当信号频率不高时，不考虑电抗效应，则有：

$$r_i = \frac{U_i}{I_i}$$

对多级放大电路，本级的输入电阻又构成前级的负载，表明了本级对前级的影响。对输入电阻的要求视具体情况不同而不同。进行电压放大时，希望输入电阻要高，进行电流放大时，又希望输入电阻要低；有的时候又要求阻抗匹配，希望输入电阻为某一特殊的数值。

(5)输出电阻 r_o。

输出电阻是从输出端看进去的放大电路的等效电阻，称为输出电阻 r_o。

由微变等效电路求输出电阻的方法，一般是将输入信号源 U_s 短路(电流源开路)，注意应保留信号源内阻。然后在输出端外接电源 U_2，并计算出该电压源供给的电流 I_2，则输出电阻由下式算出。

$$r_o = \frac{U_2}{I_2}$$

输出电阻的高低表明放大器所能带动负载的能力。r_o越小，表明带负载能力越强。

2. 共发射极放大电路

如图 2.1.13 所示，根据共发射极放大电路画出微变等效电路，画微变等效电路时，把 C_1、C_2和直流电源 U_{cc}视为短路，三极管用微变等效电路代替。

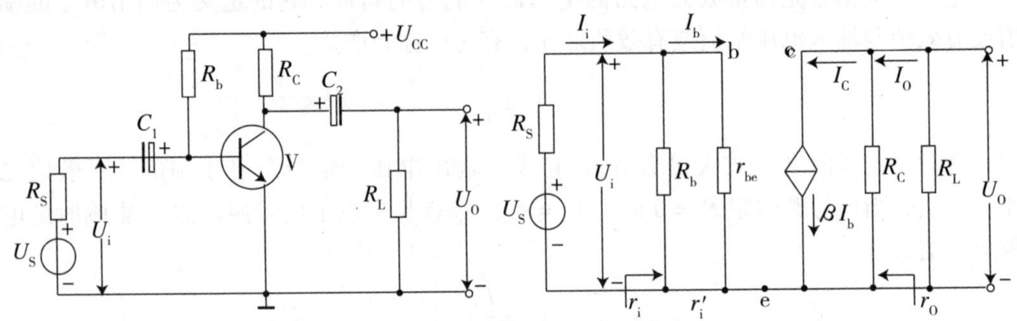

(a)共发射极放大电路　　(b)共发射极放大电路的等效电路

图 2.1.13　共发射极放大电路及其微变等效电路

(1)电压放大倍数。

$$A_u = \frac{U_o}{U_i}$$

$$U_o = -\beta I_b R_L$$

式中，$R_L' = R_c // R_L$

从输入回路得：

$$U_i = I_b r_{be}$$

$$A_u = -\frac{\beta R_L'}{r_{be}}$$

(2)电流放大倍数 A_i。

$$A_i = \frac{I_o}{I_i} \approx \frac{I_c}{I_b} = \frac{\beta I_b}{I_b} = \beta$$

(3)输入电阻 r_i。

$$r_i = R_b /\!/ r_i'$$

$$r_i' = \frac{U_i'}{I_b} = \frac{U_i}{I_b} = \frac{I_b r_{be}}{I_b} = r_{be}$$

当 $R_b >> r_{be}$时，

$$r_i = R_b /\!/ r_{be} \approx r_{be}$$

(4)输出电阻。

由于当 $U_s = 0$ 时，$I_b = 0$，从而受控源 $\beta I_b = 0$，因此可直接得出

$$r_o = R_c$$

注意：因 r_o常用来考虑带负载 R_L的能力，所以求 r_o时不应含 R_L，应将其断开。

(5)源电压放大倍数。

$$A_{us} = \frac{U_o}{U_s} = \frac{U_i \cdot U_o}{U_s \cdot U_i} = \frac{U_i}{U_s} A_u$$

$$\frac{U_i}{U_s} = \frac{r_i}{R_s + r_i}$$

$$A_{us} = \frac{r_i}{R_s + r_i} A_u$$

3. 共集电极放大电路

电路如图 2.1.14 所示，信号从基极输入，发射极输出，故又称为射极输出器。

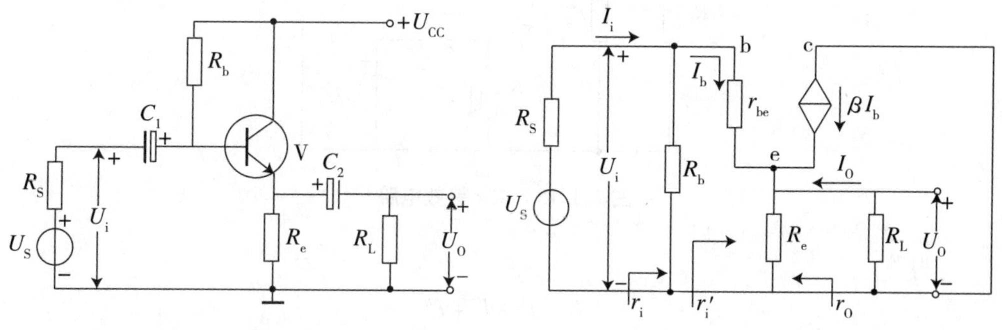

(a)共集电极放大电路　　(b)共集电极放大电路的等效电路

图 2.1.14　共集电极放大电路及其微变等效电路

(1)电压放大倍数。

$$A_u = \frac{U_o}{U_i}$$

$$U_o = (1 + \beta) I_b R_e'$$

式中，$R_e' = R_e /\!/ R_L$

$$U_i = I_b r_{be} + (1+\beta) R_e' \cdot I_b$$

$$A_u = \frac{U_o}{U_i} = \frac{(1+\beta) R_e'}{r_{be} + (1+\beta) R_e'}$$

通常，$(1+\beta) R_e' >> r_{be}$，所以 $A_u < 1$ 且 $A_u \approx 1$。即共集电极放大电路的电压放大倍数小于1而接近于1，且输入电压的输出电压同相位，故又称为射极跟随器。

(2)电流放大倍数 A_i。

$$A_i = \frac{I_o}{I_i} = \frac{-I_e}{I_b} = \frac{-(1+\beta) I_b}{I_b} = -(1+\beta)$$

(3)输入电阻 r_i。

$$r_i = R_b // r_i'$$

$$r_i' = \frac{U_i}{I_b} = r_{be} + (1+\beta) R_e'$$

$$r_i = R_b // [r_{be} + (1+\beta) R_e']$$

共集电极放大电路输入电阻高，这是共集电极电路的特点之一。

(4)输出电阻 r_o。

按输出电阻的计算办法，信号源 U_s 短路，在输出端加入 U_2，求出电流 I_2，则有：

$$r_0 = \frac{U_2}{I_2}$$

其等效电路如图2.1.15所示。

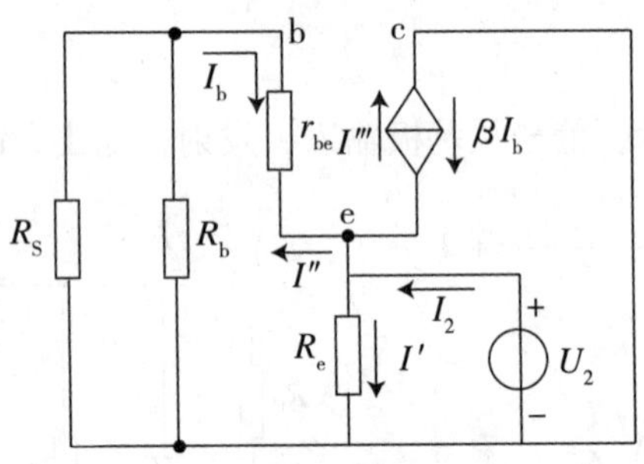

图2.1.15　求 r 等效电路

可得

$$I_2 = I' + I'' + I'''$$

$$I' = \frac{U_2}{R_e}$$

$$I'' = \frac{U_2}{R_s' + r_{be}} = -I_b$$

$$I''' = -\beta I_b = \frac{\beta U_2}{R_s' + r_{be}}$$

$$I_2 = \frac{U_2}{R_e} + \frac{(1+\beta) U_2}{R_s' + r_{be}}$$

$$r_o = \frac{U_2}{I_2} = R_2 // \frac{R_s' + r_{be}}{1+\beta}$$

式中，$R_s' = R_s // R_b$

r_o 是一个很小的值。输出电阻小，这是共集电极电路的又一特点。

4. 共基极放大电路

共基极电路是从发射极输入信号，从集电极输出信号。电路和等效电路如图 2.1.16 所示。注意：共基极是指交流信号(交流通路)共基极。

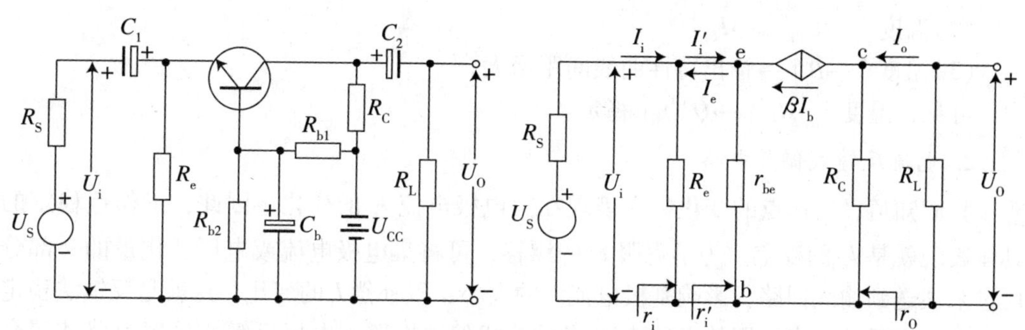

(a)共基极放大电路　　(b)共基极放大电路的等效电路

图 2.1.16　共基极放大电路及其微变等效电路

(1)电压放大倍数 A_u。

$$A_u = \frac{U_o}{U_i}$$

$$U_o = -\beta I_b R_L' \qquad R_L' = R_c // R_L \qquad U_i = -I_b \cdot r_{be}$$

$$A_u = \frac{U_o}{U_i} = \frac{-\beta I_b R_L'}{-I_b r_{be}} = \frac{\beta R_L'}{r_{be}}$$

公式与共发射极相同，但输出与输入同相。

(2)输入电阻 r_i。

$$r_i = R_e // r_i' \qquad r_i' = \frac{U_i}{I_i'}$$

$$U_i = -I_b \cdot r_{be} \qquad I_i' = -I_e = -(1+\beta) I_b$$

$$r_i' = \frac{U_i}{I_i'} = \frac{r_{be}}{1+\beta}$$

$$r_i = R_e // r_i' = R_e // \frac{r_{be}}{1+\beta} \approx \frac{r_{be}}{1+\beta}$$

与共发射极放大电路相比，其输入电阻减小。

(3)输出电阻 r_o。

当 $U_s = 0$ 时，$I_b = 0$，$\beta I_b = 0$，故 $r_o = R_c$。

(4)电流放大倍数 A_i。

$$I_o = I_c \qquad I_i = -I_e$$

$$A_i = \frac{I_o}{I_i} = \frac{I_c}{-I_e} = -\alpha$$

七、电流反馈式偏置放大电路(分压式偏置放大电路)

1. 温度对晶体管的影响

(1)温度↑→I_{CBO}↑→I_{CEO}↑→输出特性曲线上移。

(2)温度↑→U_{BE}↓→I_B↑。

(3)温度↑→β↑→输出特性曲线间距增大。

可见，温度↑→I_C↑→Q 点不稳定。

2. 电流反馈式偏置电路

我们知道，工作点的变化集中表现在集电极电流 I_c 的变化。因此，工作点稳定的具体表现就是 I_c 的稳定。为了克服 I_c 的漂移，可将集电极电流或电压变化量的一部分反过来馈送到输入回路，影响基极电流 I_b的大小，以补偿I_c的变化，这就是反馈法稳定工作点。在反馈法中常用的电路有电流反馈式偏置电路、电压反馈式偏置电路和混合反馈式偏置电路三种，其中最常用的是电流反馈式偏置(分压式偏置放大电路)电路，如图 2. 1. 17 所示。

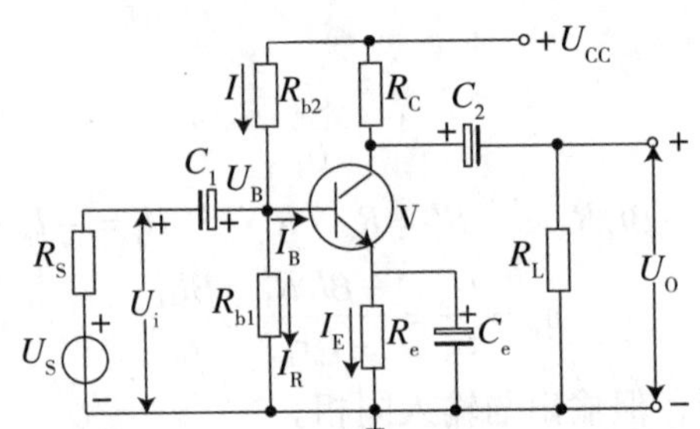

图 2. 1. 17　电流反馈式偏置放大电路

稳定原理：温度↑→I_C↑→U_E↑→U_{BE}↓→I_B↓→I_C↓→Q 点稳定。

为了稳定 Q 点，电路要满足以下条件：

(1)要保持基极电位 U_B恒定，使它与 I_B无关，由于 $U_{CC} = (I_R + I_B)R_{b2} + I_R R_{b1}$，当 $I_R >> I_B$时，

$$I_R \approx \frac{U_{CC}}{R_{b1} + R_{b2}}$$

$$U_B \approx \frac{R_{b1}}{R_{b1} + R_{b2}} U_{CC}$$

说明 U_B与晶体管无关，不随温度而改变，即基极电位 U_B恒定。

(2)由于 $I_E = U_E / R_e$，所以要稳定工作点，应使 U_E恒定，不受 U_{BE}的影响，因此要求满足条件 $U_B >> U_{BE}$。

$$I_E = \frac{U_E}{R_e} = \frac{U_B - U_{BE}}{R_e} \approx \frac{U_B}{R_e}$$

具备上述条件，就可以认为工作点与三极管参数无关，达到稳定工作点的目的。同时，当选用不同β值的三极管时，工作点也近似不变，有利于调试和生产。

稳定工作点的过程可表示如下：

温度↑→I_E↑→$I_E R_e$↑→U_{BE}↓（U_B恒定）→I_E↓

实际公式中应满足如下关系：

$$I_R \geqslant (5 \sim 10) I_B \text{（硅管可以更小）}$$

$$U_B \geqslant (5 \sim 10) U_{BE}$$

对于硅管，$U_B = 3 \sim 5$ V；对于锗管，$U_B = 1 \sim 3$ V。

3. 静态工作点的计算

近似算法如下：

$$U_B = \frac{R_{b1}}{R_{b1} + R_{b2}} U_{CC}$$

$$U_E = U_B - U_{BE}$$

$$I_{EQ} = \frac{U_E}{R_e} \approx I_{CQ}$$

$$I_{BQ} = \frac{I_{EQ}}{1 + \beta}$$

$$U_{CEQ} \approx U_{CC} - I_{CQ}(R_c + R_e)$$

4. 动态分析

首先画出微变等效电路图，如图 2. 1. 18 所示。

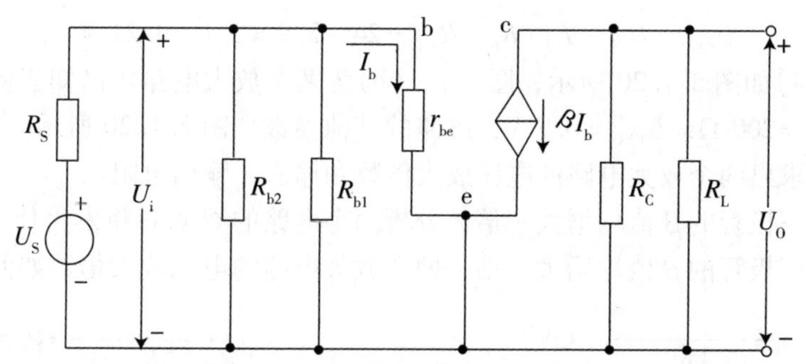

图 2. 1. 18　共发射极电流反馈式偏置电路的微变等效电路

（1）电压放大倍数。

$$A_u = \frac{U_o}{U_i} = \frac{-\beta I_b R_L'}{I_b r_{be}} = -\frac{\beta R_L'}{r_{be}}$$

（2）输入电阻。

$$r_i = R_{b1} /\!/ R_{b2} /\!/ r_{be}$$

(3)输出电阻。

$$r_{\sigma}=R_{c}$$

【例2.1.3】如图2.1.9所示，$U_{CC}=24$ V，$R_{b1}=20$ kΩ，$R_{b2}=60$ kΩ，$Re=1.8$ kΩ，$R_c=3.3$ kΩ，$\beta=50$，$U_{BE}=0.7$ V，求其静态工作点。

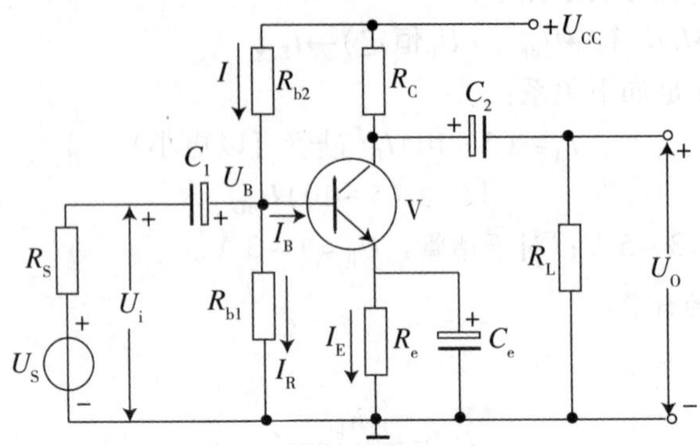

图2.1.19　例2.1.3图

解：

$$U_{B}=\frac{R_{b1}}{R_{b1}+R_{b2}}U_{CC}=\frac{20}{60+20}\times 24=6\ \text{V}$$

$$U_{E}=U_{B}-U_{BE}=6-0.7=5.3\ \text{V}$$

$$I_{EQ}=\frac{U_{E}}{R_{e}}\approx I_{CQ}=\frac{5.3}{1.8}\approx 2.9\ \text{mA}$$

$$I_{BQ}=\frac{I_{EQ}}{1+\beta}\approx 58\ \mu\text{A}$$

$$U_{CEQ}\approx U_{CC}-I_{CQ}(R_{c}+R_{e})=24-2.9\times 5.1=9.21\ \text{V}$$

【例2.1.4】如图2.1.20所示，图(a)、(b)为两个放大电路。已知三极管的参数均为$\beta=50$，$r'_{bb}=200\ \Omega$，$U_{BEQ}=0.7$ V，电路的其他参数如图2.1.20所示。

(1)分别求出两个放大电路的电压放大倍数和输入、输出电阻。

(2)如果三极管的β值均增大一倍，分析两个电路的Q点各将发生什么变化?

(3)如果三极管的β值均增大一倍，两个放大电路的电压放大倍数如何变化?

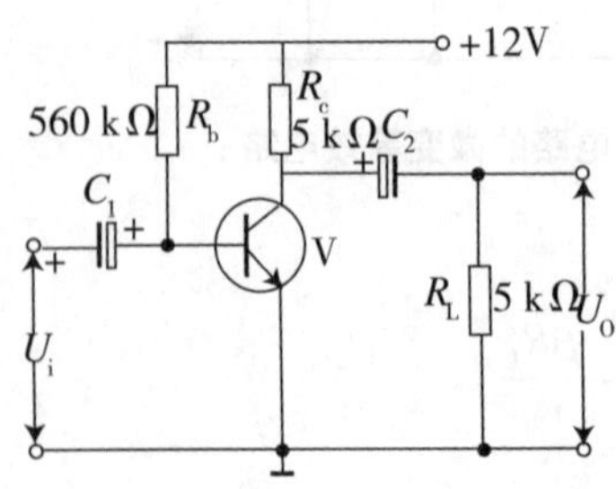

(a)共发射极基本放大电路

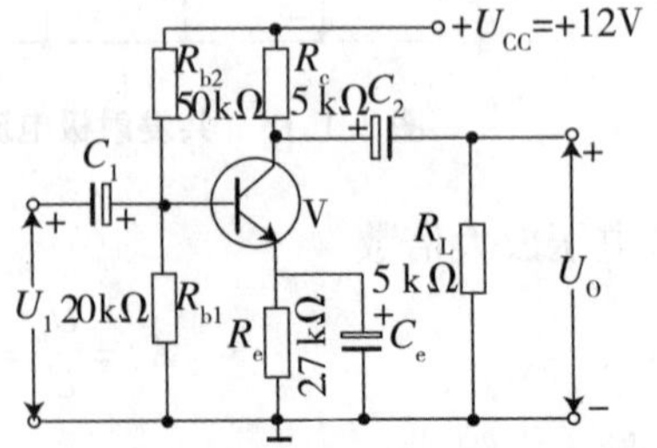

(b)具有电流负反馈的工作点稳定电路

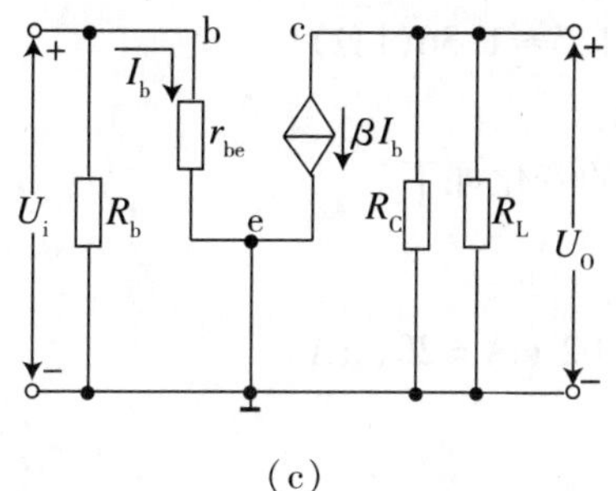

(c)

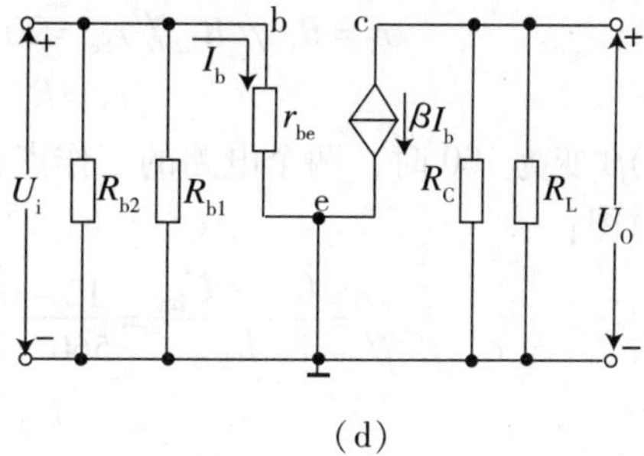

(d)

图 2.1.20　例 2.1.4 图

解：(1)求 A_u，r_i和 r_o

图 2.1.20(a)是共发射极基本放大电路，图(b)是具有电流负反馈的工作点稳定电路。它们的微变等效电路分别如图(c)、(d)所示。为求出动态特性参数，首先要求出它们的静态工作点。

放大电路(a)的静态工作点：

$$I_{BQ}=\frac{U_{CC}-U_{BE}}{R_b}=\frac{12-0.7}{560\times10^3}\approx0.02\ \text{mA}=20(\mu\text{A})$$

$$I_{CQ}=\beta I_{BQ}=50\times0.02=1(\text{mA})$$

$$U_{CEQ}=U_{CC}-I_{CQ}R_c=12-1\times5=7(\text{V})$$

放大电路(b)的静态工作点：

$$U_B=\frac{R_{b1}U_{CC}}{R_{b1}+R_{b2}}=\frac{20\times12}{20+50}\approx3.4(\text{V})$$

$$U_E=U_B-U_{BE}=3.4-0.7=2.7(\text{V})$$

$$I_{CQ}\approx I_{EQ}=\frac{U_E}{R_e}=\frac{2.7}{2.7}=1(\text{mA})$$

$$U_{CEQ}\approx U_{CC}-I_{CQ}(R_c+R_e)=12-1\times7.7=4.3(\text{V})$$

$$I_{BQ}=\frac{I_{CQ}}{\beta}=\frac{1}{50}=0.02(\text{mA})$$

放大电路(a)的动态特性参数：

$$r_{be}=r'_{bb}+(1+\beta)\frac{26}{I_{EQ}}=200+\frac{51\times26}{1}=1.5(\text{k}\Omega)$$

$$A_u=-\frac{\beta R'_L}{r_{be}}=-\frac{50\times(5/\!/5)}{1.5}\approx-83.3$$

$$r_i=R_b/\!/r_{be}=560/\!/1.5\approx1.5(\text{k}\Omega)$$

$$r_o=R_c=5(\text{k}\Omega)$$

放大电路(b)的动态特性参数：

$$r_{be}=r'_{bb}+(1+\beta)\frac{26}{I_{EQ}}=200+\frac{51\times26}{1}=1.5(\text{k}\Omega)$$

$$A_u=-\frac{\beta R'_L}{r_{be}}=-\frac{50\times(5/\!/5)}{1.5}\approx-83.3$$

$$r_i = R_{b1} /\!/ R_{B2} /\!/ r_{be} = 20 /\!/ 50 /\!/ 1.5 \approx 1.36(\text{k}\Omega)$$

$$r_0 = R_c = 5(\text{k}\Omega)$$

(2)β 变为 100 时，两个电路的工作点将发生的变化如下。

(a)图：

$$I_{BQ} = \frac{U_{CC} - U_{BE}}{R_b} = \frac{12 - 0.7}{560 \times 10^3} \approx 0.02 \text{ mA} = 20(\mu\text{A})$$

I_{BQ}不变。

$$I_{CQ} = \beta I_{BQ} = 100 \times 0.02 = 2(\text{mA})$$

$$U_{CEQ} = U_{CC} - I_{CQ}R_c = 12 - 2 \times 5 = 2(\text{V})$$

(b)图：

只有 I_{BQ}改变，其他都没有变。

$$I_{BQ} = \frac{I_{CQ}}{\beta} = \frac{1}{100} = 0.01(\text{mA})$$

(3)β 变为 100 时，两个放大电路的电压放大倍数将发生的变化如下。

$$r_{be} = r'_{bb} + (1 + \beta)\frac{26}{I_{EQ}} = 200 + \frac{101 \times 26}{2} \approx 1.5(\text{k}\Omega)$$

(a)图：

$$A_u = -\frac{\beta R'_L}{r_{be}} = -\frac{100 \times (5 /\!/ 5)}{1.5} = -167$$

(b)图：

$$r_{be} = 200 + \frac{101 \times 26}{1} = 2826\ \Omega \approx 2.8(\text{k}\Omega)$$

$$A_u = -\frac{\beta R'_L}{r_{be}} = -\frac{100 \times (5 /\!/ 5)}{2.8} \approx -89.3$$

八、负反馈放大电路

1. 反馈的定义

所谓反馈就是把放大器的输出量(电压或电流)的一部分或全部，通过一定的方式送到放大器的输入端的过程，可用图 2.1.21 表示。

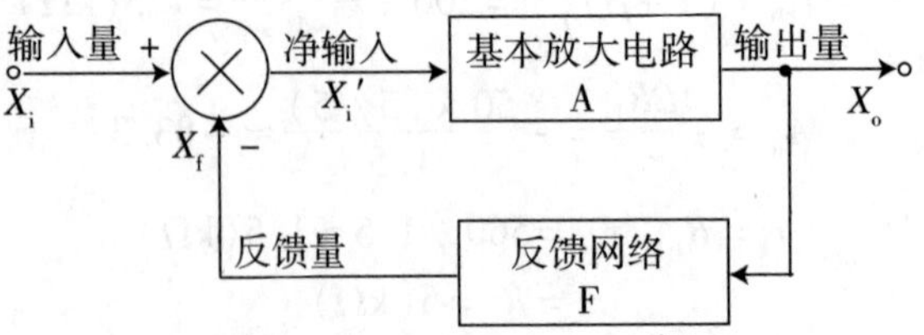

图 2.1.21　反馈放大器的方框图

在图 2.1.21 中，上面的方框表示基本放大器，下面的方框表示能够把输出信号的一部分送回到输入端的电路，称为反馈网络；箭头线表示信号的传输方向；符号⊗表示信号叠加；X_i称为输入信号，它由前级电路提供；X_f称为反馈信号，它是由反馈网络送回到输入端的信号；X_i'称作净输入信号或有效控制信号；“+”和“-”表示 X_i 和 X_f 参与叠加时的规定正方向，即 $X_i - X_f = X_i'$；X_o 称为输出信号。通常把输出信号的一部分取出的过程称作“取样”；把 X_i与 X_f叠加的过程叫作“比较”。引入反馈后，按照信号的传输方向，基本放大器和反馈网络构成一个闭合环路，所以有时把引入负反馈的放大器叫闭环放大器，而未引入反馈的放大器叫开环放大器。

开环放大倍数：

$$A = \frac{X_o}{X_i'}$$

反馈系数：

$$F = \frac{X_f}{X_o}$$

闭环放大倍数：

$$A_f = \frac{X_o}{X_i}$$

因为

$$X_i = X_i' + X_f = X_i' + FAX_i' \text{和} X_o = AX_i'$$

所以

$$A_f = \frac{X_o}{X_i} = \frac{AX_i'}{X_i' + FAX_i'} = \frac{A}{1 + FA}$$

上式是反馈放大器的基本关系式，它是分析反馈问题的基础。其中 1 + AF 叫反馈深度，用其表征反馈的强弱。

2. 反馈类型及判定

(1)按输出端的取样方式划分，反馈可分为电压反馈和电流反馈。如图 2. 1. 22 所示。

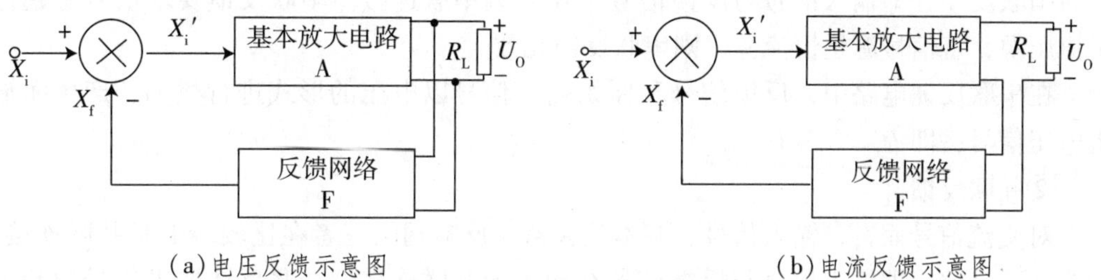

(a)电压反馈示意图　　(b)电流反馈示意图

图 2. 1. 22　电压反馈和电流反馈示意图

①电压反馈。

反馈信号取自输出电压，即 X_f正比于输出电压，X_f反映的是输出电压的变化，所以称之为电压反馈。在这种情况下，基本放大器、反馈网络、负载三者在取样端是并联连接。

②电流反馈。

反馈信号取自输出电流，X_f正比于输出电流，X_f反映的是输出电流的变化，所以称之为电流反馈。在这种情况下，基本放大器、反馈网络、负载三者是串联连接。

③电压反馈和电流反馈的判定。

在确定有反馈的情况下，不是电压反馈就是电流反馈。所以只要判定是电压反馈还是电流反馈即可，通常判定是否为电压反馈较容易。

判定方法一：输出短路法。

将放大器的输出端对交流短路，若其反馈信号随之消失，则为电压反馈，否则为电流反馈。

判定方法二：按电路结构判定，如图 2. 1. 23 所示。

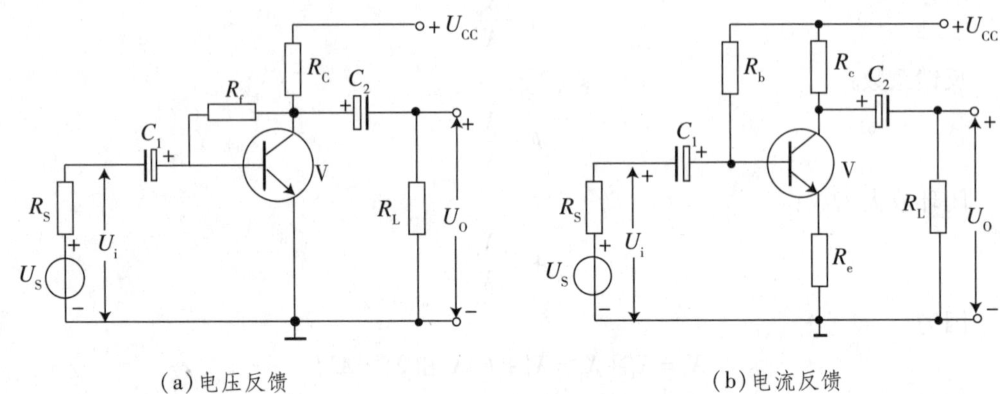

(a) 电压反馈　　(b) 电流反馈

图 2. 1. 23　电压反馈和电流反馈

在交流通路中，若放大器的输出端和反馈网络的取样端处在同一个放大器件的同一个电极上，则为电压反馈；否则为电流反馈。

(2) 按比较输入端的连接方式划分，反馈又可分为串联反馈和并联反馈。

①串联反馈。

对交流信号而言，输入信号、基本放大器、反馈网络三者在比较端上是串联连接，称为串联反馈，即输入信号与反馈信号在输入端串联连接。串联反馈要求信号源趋近于恒压源，若信号源是恒流源，则串联反馈无效。

在串联反馈电路中，反馈信号和原始输入信号以电压的形式进行叠加，产生净输入电压信号，即 $U_i' = U_i - U_f$。

②并联反馈。

对交流信号而言，输入信号、基本放大器、反馈网络三者在比较端上是并联连接，称为并联反馈，即输入信号与反馈信号在输入端并联连接。并联反馈要求信号源趋近于恒流源，若信号源是恒压源，则并联反馈无效。

在并联反馈电路中，反馈信号和原始输入信号以电流的形式进行叠加，产生净输入电流信号，即 $I_i' = I_i - I_f$。

③串联反馈和并联反馈的判定。

判定方法一：

对于交流分量而言，若信号源的输出端和反馈网络的比较端接于同一个放大器件的同一个电极上，则为并联反馈；否则为串联反馈。

判定方法二：

交流短路法，将信号源的交流短路，如果反馈信号依然能加到基本放大器中，则为串联反馈，否则为并联反馈。

3. 直流反馈和交流反馈

按反馈信号的频率还可以分为直流反馈和交流反馈。

(1)直流反馈。

若反馈信号中只含直流成分，则称为直流反馈，即反馈环路中只有直流分量可以流通。直流反馈主要用于稳定静态工作点。

(2)交流反馈。

若反馈信号中只含交流成分，则称为交流反馈，即反馈环路中只有交流分量可通过。交流负反馈主要用来改善放大器的性能；交流正反馈主要用来产生振荡。

若在反馈环路内，直流分量和交流分量均可流通，则该反馈既可以产生直流反馈又可以产生交流反馈。

交流和直流反馈的判定，只要看反馈网络能否通过交流和直流就可判定。

4. 负反馈和正反馈

按反馈极性分，可分为负反馈和正反馈。

若反馈信号使净输入信号减弱，则为负反馈；若反馈信号使净输入信号加强，则为正反馈。负反馈多用于改善放大器的性能，正反馈多用于振荡电路。

反馈极性的判定——瞬时极性法：

①假定放大电路输入的正弦信号处于某一瞬时极性(用 +、- 号表示瞬时极性的正、负或代表该点瞬时信号变化的升高或降低)，按照先放大、后反馈的正向传输顺序，逐级推出电路中有关各点的瞬时极性。

②反馈网络一般为线性电阻网络，其输入、输出端信号的瞬时极性相同。

③最后判断反馈到输入回路信号的瞬时极性是增强还是减弱原输入信号(或净输入信号)，增强为正反馈，减弱则为负反馈。

四种不同组态的反馈放大电路，能够写成 $A_f = A/(1 + FA)$ 形式的闭环放大倍数的含义各不相同，有电压放大倍数、电流放大倍数、互导放大倍数、互阻放大倍数，不能都认为是电压放大倍数。下表列出了四种类型的负反馈综合比较。

表 2.1.1　四种类型的负反馈综合比较表

反馈方式	串联电压型	并联电压型	串联电流型	并联电流型
被取样的输出信号 X_o	U_o	U_o	I_o	I_o
参与比较的输入量 X_i、X_f、X_i'	U_i、U_f、U_i'	I_i、I_f、I'_i	U_i、U_f、U'_i	I_i、I_f、I'_i
开环放大倍数 $A=\dfrac{X_o}{X_i'}$	$A_u=\dfrac{U_o}{U_i'}$	$A_r=\dfrac{U_o}{I_i'}$	$A_g=\dfrac{I_o}{U_i'}$	$A_i=\dfrac{I_o}{I_i'}$

续 表

反馈方式	串联电压型	并联电压型	串联电流型	并联电流型
反馈系数 $F=\frac{X_f}{X_o}$	$F_u=\frac{U_f}{U_o}$	$F_g=\frac{I_f}{U_o}$	$F_r=\frac{U_f}{I_o}$	$F_i=\frac{I_f}{I_o}$
闭环放大倍数 $A_f=\frac{X_o}{X_i}=\frac{A}{1+FA}$	$A_{uf}=\frac{A_u}{1+F_uA_u}$	$A_{rf}=\frac{A_r}{1+F_gA_r}$	$A_{gf}=\frac{A_g}{1+F_rA_g}$	$A_{if}=\frac{A_i}{1+F_iA_i}$
对 Rs 的要求	小	大	小	大
对 R_L 的要求	大	大	小	小

5. 负反馈对放大器性能的影响

(1)使放大器的放大倍数下降。

根据负反馈的定义，负反馈总是使净输入信号减弱，所以对负反馈放大器而言，必有 $X_i>X_i'$，所以$\frac{X_o}{X_i}<\frac{X_0}{X_i'}$，即 $A_f<A$

$$A_f=\frac{A}{1+FA}$$

可见，闭环放大倍数 A_f是开环放大倍数 A 的$(1+FA)$分之一。

(2)稳定被取样的输出信号。

因为反馈信号只与被取样的输出信号成正比，所以反馈信号只能反映被取样的输出信号的变化，因而也只能对被取样的输出信号起到调节作用。

①电压负反馈。

电压反馈中被取样的输出信号是输出电压，所以凡是电压反馈必然能稳定输出电压 U_o。

②电流负反馈。

电流反馈中被取样的输出信号是输出电流，所以凡是电流反馈必然能稳定输出电流 I_o。

(3)使放大倍数的稳定性提高。

放大倍数的稳定性用其相对变化量来表示，用 A_1 和 A_2分别表示开环放大倍数变化前和变化后的值；A_{f1} 和 A_{f2} 表示闭环放大倍数变化前和变化后的值。则$\Delta A/A_1$和$\Delta A_f/A_{f1}$就分别表示开环和闭环放大倍数的稳定程度。

$$\Delta A_f=A_{f2}-A_{f1}=\frac{A_2}{1+FA_2}-\frac{A_1}{1+FA_1}=\frac{A_2-A_1}{(1+FA_2)(1+FA_1)}=\frac{\Delta A}{(1+FA_2)(1+FA_2)}$$

$$\frac{\Delta A_f}{A_{f1}}=\frac{\Delta A(1+FA_1)}{(1+FA_2)(1+FA_1)A_1}=\frac{1}{1+FA_2}\frac{\Delta A}{A_1}$$

当$\Delta A\to 0$时：

$$\frac{\mathrm{d}A_{\mathrm{f}}}{A_{\mathrm{f}}}=\frac{1}{1+FA}\frac{\mathrm{d}A}{A}$$

可见，引入负反馈后，放大倍数的稳定性提高了$(1+FA)$倍。

(4)可以展宽通频带。

由于负反馈可以提高放大倍数的稳定性，所以在低频区和高频区放大倍数的下降程度将减小，从而使通频带展宽。由推导证明，引入负反馈后，可使通频带展宽约$(1+FA)$倍。当然这是以牺牲中频放大倍数为代价的。

(5)对输入电阻的影响。

负反馈对输入电阻的影响，只与比较方式有关，而与取样方式无关。

①串联负反馈使输入电阻提高。

引入串联负反馈后，输入电阻可以提高$(1+FA)$倍。但是，当考虑偏置电阻R_{b}时，闭环电阻应为$r_{\mathrm{if}}//R_{\mathrm{b}}$，故输入电阻的提高，受到偏置电阻的限制。

②并联负反馈使输入电阻减小。

引入并联负反馈后，输入电阻减小为开环输入电阻的$1/(1+FA)$。

(6)对输出电阻的影响

负反馈对输出电阻的影响，只与取样方式有关，而与比较方式无关。

①电压负反馈使输出电阻减小。

引入电压负反馈后可使输出电阻减小$(1+FA)$倍。

②电流负反馈使输出电阻增大。

引入电流负反馈后可使输出电阻增大$(1+FA)$倍。

(7)减小非线性失真和抑制干扰、噪声。

由于电路中存在非线性器件，所以即使输入信号X_{i}为正弦波，输出信号也不是正弦波，而会产生一定的非线性失真。引入负反馈后，非线性失真将会减小，如图2.1.24所示。

负反馈只能减小放大器自身产生的非线性失真。可证明，引入负反馈后，放大电路的非线性失真减小$(1+FA)$倍。

同样的道理，采用负反馈也可以抑制放大电路自身产生的噪声，减小$(1+AF)$倍。

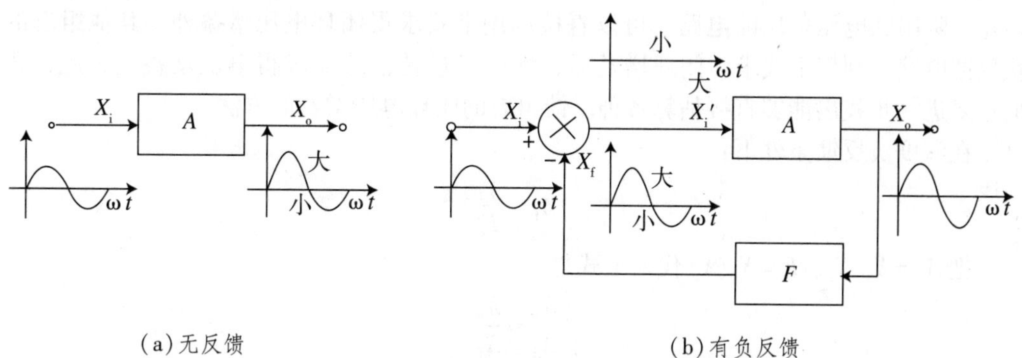

图2.1.24　负反馈减小非线性失真

采用负反馈，也可抑制干扰信号。

综上所述，在放大器中，引入负反馈后，虽然会使放大倍数降低，但是可以在很多方面改善放大器的性能。所以在实际放大器中，几乎无一例外地都引入不同程度的负反馈。

【例 2.1.5】某放大器的 $A_u=1000$，$r_i=10\ \text{k}\Omega$，$r_o=10\ \text{k}\Omega$，$f_h=100\ \text{kHz}$，$f_l=10\ \text{kHz}$，在该电路中引入串联电压负反馈后，当开环放大倍数变化 ±10% 时，闭环放大倍数变化不超过 ±1%，求：A_{uf}，r_{if}，r_{of}，f_{hf}，f_{lf}。

解：

$$\frac{\Delta A_f}{A_f}=\frac{1}{1+FA}\frac{\Delta A}{A}$$

$$1+F_uA_u=\frac{\Delta A_u/A_u}{\Delta A_{uf}/A_{uf}}=\frac{\pm 10}{\pm 1}=10$$

$$A_{uf}=\frac{A_u}{1+F_uA_u}=\frac{1000}{10}=100$$

$$r_{if}=(1+F_uA_u)r_i=10\times 10=100\ \text{k}\Omega$$

$$r_{of}=\frac{r_o}{1+F_uA_u}=\frac{10}{10}=1\ \text{k}\Omega$$

$$f_{hf}=(1+F_uA_u)f_h=10\times 100=1000\ \text{kHz}$$

$$f_{lf}=\frac{f_l}{1+F_uA_u}=\frac{10}{10}=1\ \text{kHz}$$

6. 强负反馈放大器的增益估算法

若 $AF\gg 1$，则称负反馈为深度负反馈。通常情况，只要是多级负反馈放大器，我们就可以认为是深度负反馈电路。因为多级负反馈放大器，其开环增益很高，都能满足 $AF\gg 1$ 的条件。因为 $AF\gg 1$，所以有

$$A_f=\frac{A}{1+FA}\approx\frac{A}{FA}=\frac{1}{F}$$

上式表明，在深度负反馈条件下，只要求出反馈系数，就可求得闭环增益，但是，利用该式求得的闭环增益不一定是电压增益，而在实际工作中，人们最关心的是电压增益。除串联电压负反馈电路，可以直接利用上式求得闭环电压增益外，其他组态的负反馈电路，利用上式求得闭环增益后，均要经过转换才能求得电压增益。为此，我们还要进一步找出能够直接估算各种反馈组态的闭环电压增益的方法。

在深度负反馈条件下：

$$A_f=\frac{1}{F}$$

把 $A_f=X_o/X_i$、$F=X_i/X_o$ 代入上式得

$$\frac{X_o}{X_i}\approx\frac{X_o}{X_f}$$

所以

$$X_i=X_f$$

对于串联负反馈

$$U_i = U_f$$

对于并联负反馈

$$I_i = I_f$$

以上两式，就是估算深度负反馈电路增益的理论依据，利用以上两式，找出输出电压 U_o 与输入电压 U_i 或 U_s 的函数关系，就可以求出闭环电压增益 A_{uf} 或 A_{usf}。

要强调的是，在深度负反馈下，$X_i = X_f$，说明净输入 $X_i' = 0$。即 $U_i' = 0$，$I_i' = 0$。

7. 负反馈放大电路的自激振荡

对于负反馈放大电路，反馈深度愈大，对放大电路性能改善就愈明显，但是，反馈深度过大将会引起放大电路产生自激振荡。也就是说，即使输入端不加信号，其输出端也有一定频率和幅度的输出波形，这就破坏了正常的放大功能。故放大电路应避免产生自激振荡。

对于一个负反馈放大电路而言，消除自激的方法，就是采取措施破坏自激的幅度或相位。通常采用的措施是在放大电路中加入由 RC 元件组成的校正电路，如图 2.1.25 所示。

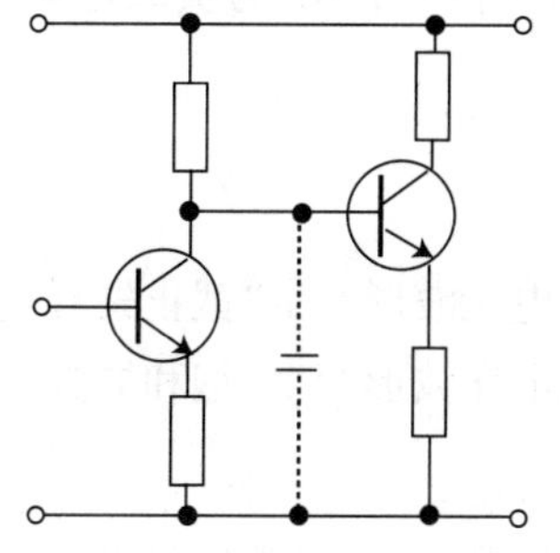
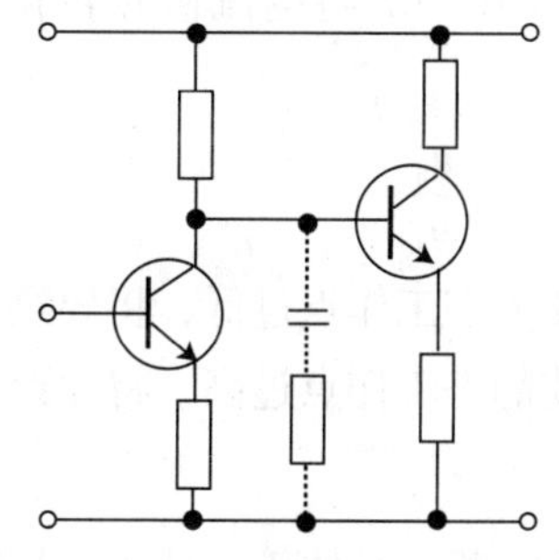
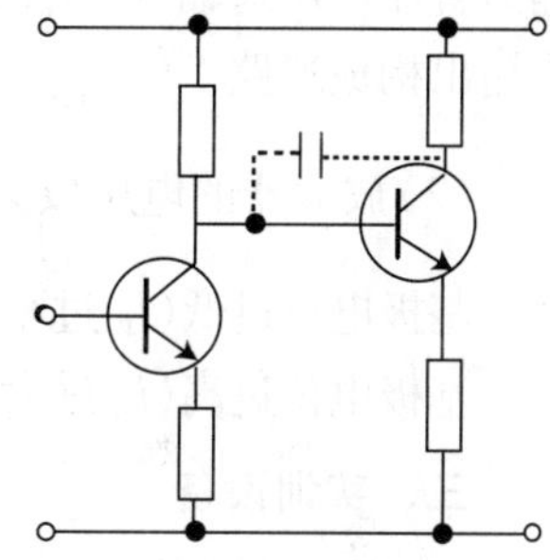

图 2.1.25　消除自激振荡的方法

【任务实施】

实训 2.1.1　单管放大电路的研究

一、实训目的

(1)掌握单管放大电路的配置、接线和工作原理。

(2)掌握放大器电压放大倍数的测定方法。

(3)研究静态工作点设置对波形失真的影响。

(4)掌握信号发生器、晶体管毫伏表(或数字万用表)和示波器的正确使用方法。

二、实训电路与工作原理

(1)单管放大电路如图 2.1.26 所示。

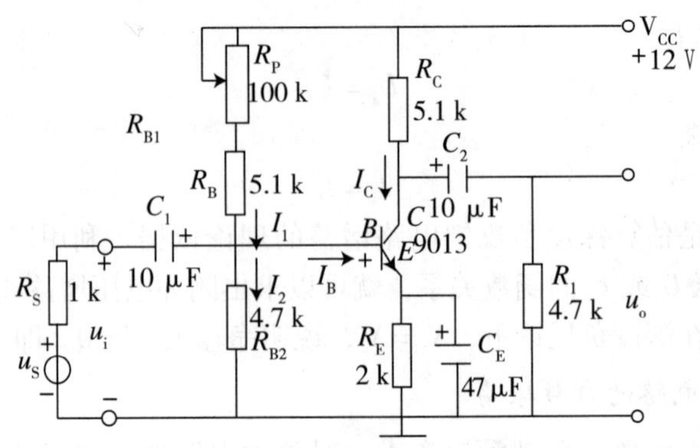

图 2. 1. 26　单管共射放大电路

图 2. 1. 26 为分压式共发射极单管放大电路，三极管采用 9013，其基极电位 u_B 由 R_{B1}(由 R_P 及 R_B 串联构成)和 R_{B2} 分压决定，调节 R_P，可调节 u_B，即可调节静态工作点，图中的 R_E 为了稳定电路的静态工作点(减少温度变化的影响)，再并接 C_E，使发射极交流电压对地短路(消除 R_E 对交流信号电压的影响)。图中 C_1 和 C_2 为隔直电容，隔离直流电压对输入与输出的影响。R_C 将电流信号转化成电压信号，R_L 为负载电阻，为输出构成通路。

(2)放大器的电压放大倍数 $A=\frac{u_o}{u_i}$。

基极电位过低(i_B 过小)，使静态工作点过低，将导致输出电压波形产生“截止失真”。

基极电位过高(i_B 过大)，使静态工作点过高，将导致输出电压波形产生“饱和失真”。

三、实训设备

(1)装置中的直流可调稳压电源、晶体管毫伏表(或数字万用表)、函数信号发生器以及双踪示波器。

(2)单元：VT_3、RP_{10}、R_{04}、R_{05}、R_{06}、R_{14}、R_{15}、$C_{06}\times 2$、C_{15}(47μF)。

四、实训内容与实训步骤

(1)按图 2. 1. 26 所示电路完成接线。

(2)由函数信号发生器提供输入信号，将函数信号发生器的波形输出开关置于“正弦波”，输出电压调至 5 mV，信号频率调至 $f=1000$ Hz。

(3)将双踪示波器的 Y1 端接在输入信号电压端，测量输入信号电压波形。

(4)将双踪示波器的 Y2 端接在输出负载电阻 R_L 两端，测量输出电压波形。

(5)Y1 和 Y2 的公共端连接图 2. 1. 26 所示线路的地线。

(6)调节电位器 RP，使静态工作点适中，输出电压波形不失真(用示波器观察)。

(7)用晶体管毫伏表(或数字万用表)分别测量输入电压的数值 u_i 及输出电压的数值 u_o。由此可算出放大器的电压放大倍数 $A=\frac{u_o}{u_i}$。

(8)用示波器对比输出和输入电压波形的峰 - 峰值，也可以计算出放大器的放大倍

数 $A=\frac{U_{OPP}}{U_{IPP}}$。

(9)增大输入电压的幅值，使输出最大不失真电压。然后调节 R_P，观察 R_{B1} 过大和过小导致电压波形失真的情况，并作记录。最从中获得较为适中的 R_P 取值。(记录 R_P 的取值范围)

五、实训注意事项

(1)直流电源和信号源，在开始使用时，要将输出电压调至最低，待接好线后，再逐步将电压增至规定值。

(2)示波器探头的公共端(或地端)与示波器机壳及插头的接地端相通，测量时，容易产生事故，特别在电力电子线路中更加危险，因此示波器的插座应经隔离变压器供电，否则应将示波器插头的接地端除去。

(3)学会信号发生器的使用，观察并理解各种调节开关和旋钮的作用，明确频率与幅值显示的数值与单位。

(4)要学会双踪示波器的使用，掌握辉度、聚集、X 轴位移、Y 轴位移、同步、(AC、⊥、DC)开关、幅值[Y 轴电压灵敏度(V/div)]及扫描时间[即 X 轴每格所代表的时间(μs/div 或 ms/div)]等旋钮的使用和识别方法。

六、实训报告要求

(1)写出测量放大器电压放大倍数的方法及其数值。

(2)说明静态工作点调节的方法和静态工作点调节不当造成的后果，并画出“截止失真”和“饱和失真”时的输出电压波形。

任务二　多级放大电路的研究

【任务描述】

(1)认识多级放大电路的极间耦合方式。

(2)能估算多级放大电路的电压放大倍数、输入输出电阻，能选择合适的极间耦合方式。

【知识学习】

一、多级放大电路的组成

多级放大电路方框图如图 2.2.1 所示。

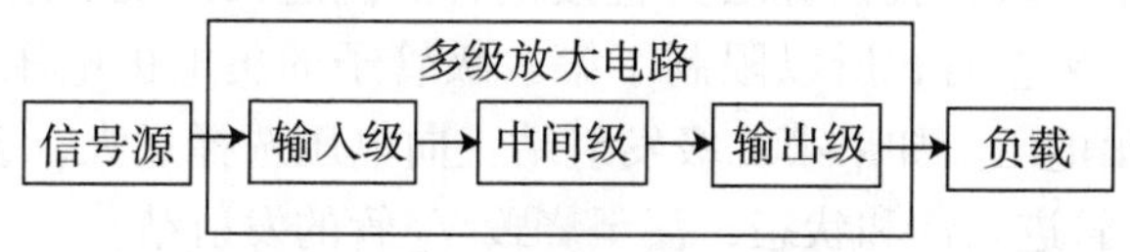

图 2.2.1　多级放大电路方框图

多级放大电路对输入级的要求与信号源的性质有关，例如，当输入信号源为高阻电压源时，则要求输入级也必须有较高的输入电阻(如用共集电极放大电路)，以减少信号在内阻上的损失。如果输入信号为电流源，为了充分利用信号电流，则要求输入级有较低的输入电阻(如用共基极放大电路)。

中间级的主要任务是电压放大，多级放大电路的放大倍数主要取决于中间级，它本身就可能由几级放大电路组成。

输出级的主要任务是推动负载。当负载仅需较大的电压时，则要求输出具有大的电压动态范围。在更多场合下，输出级会推动扬声器、电机等执行部件，需要输出足够大的功率，常称为功率放大电路。

二、多级放大电路的耦合方式

1. 阻容耦合

如图 2.2.2 所示，通过电阻、电容将前级输出接至下级输入。从图上看实际只接入了一个电容，但考虑到输入电阻，则每个电容都与电阻相连，故称这种连接为阻容耦合。

(1)阻容耦合的优点：由于前后级是通过电容相连的，所以各级的静态工作点是相互独立的，不互相影响，这给放大电路的分析、设计和调试带来了很大的方便。而且只要电容选的足够大，就可以使得前级输出的信号在一定的频率范围内，几乎不衰减地传到下一级。所以阻容耦合方式在分立元件组成的放大电路中得到了广泛的应用。

(2)阻容耦合的缺点：不适用传送缓慢变化的信号，更不能传送直流信号；另外，大容量的电容在集成电路中难以制造，所以，阻容耦合在线性集成电路中无法使用。

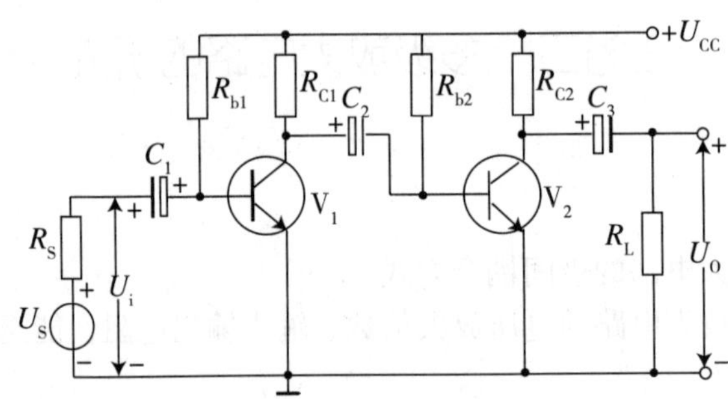

图 2.2.2　阻容耦合放大电路

2. 直接耦合

如图 2.2.3 所示，为了避免电容对缓慢信号带来的不良影响，去掉耦合电容，将前级输出直接连到下一级，我们称之为直接耦合。但这又出现了新问题，第二级发射结正向电压仅有 0.7 V 左右，所以限制了第一级管子的集电极电压，使其处于饱和状态附近，限制了输出电压。如果第二级发射结正向电压选择过大，会使 V_2 管的基极电流增大，也会使 V_2 管进入饱和状态，甚至烧毁 V_2 管的发射结。

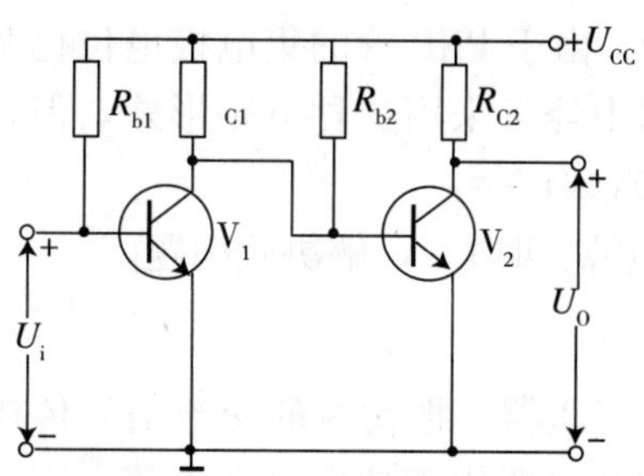

图 2.2.3　直接耦合放大电路

以上问题可以使用图 2.2.4 所示的方法解决。

(1)在 V_2 管的发射极接入电阻 R_{e2}，提高了 V_2 管的基极电位 U_{B2}，从而保证第一级集电极可以有较高的静态电位，而不至于进入饱和区。但是，R_{e2} 的接入，将使第二级的电压放大倍数大降低(加旁路电容因频率低作用不大，如果频率较高就采用阻容耦合方式)。

(2)用稳压管 VDz 代替电阻 R_{e2}，由于稳压管的动态电阻很小，这样可使第二级的放大倍数损失较小，解决了方法(1)的缺陷。但 V_2 集电极电压变化范围变小，限制了输出电压的幅度。如果是多于二级的放大电路，还会带来电平上移问题。

如果 $U_z=5.3$ V，则 $U_{B2}=5.3+0.7=6$ V，为保证 V_2 管工作在放大区，且也要求具有较大的动态范围，即要求 U_{CE2} 较大，设 $U_{CE2}=5$ 伏，则 $U_{C2}=U_{E2}+U_{CE2}=5+5.3=10.3$ V。

若有第三级，则

$$U_{C3}=U_{CE3}+U_{E3}=U_{CE3}+U_{B3}-0.7=U_{CE3}+U_{C2}+0.7=5+10.3+0.7=16\ \text{V}$$

如此下去，使得基极、集电极电位逐级上升，最终由于 U_{CC} 的限制而无法实现。

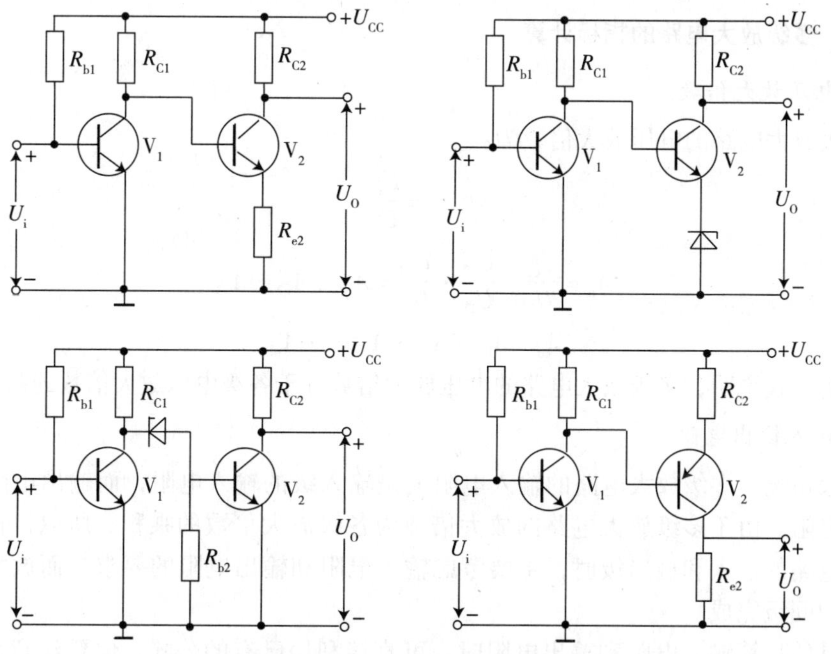

图 2.2.4　直接耦合方式实例

(3)第二级采用PNP管，由于PNP管的集电极电位比基极电位低，可使各级获得合适的工作点。在集成电路中经常采用这种电路形式。但是当输入电压为0时，输出电压不为0，即有零点漂移现象产生。

(4)采用双电源(正负电源)供电，可解决此问题。

3. 变压器耦合

如图2.2.5所示，通过变压器，把初级的交流信号传送到次级，而直流电压和电流通不过变压器。变压器耦合主要用于功率放大电路。它的优点是不仅实现交流的传送而直流不能通过，而且起到可变换电压和实现阻抗匹配以及隔离的作用。但缺点是体积大、重量大、频率特性差。

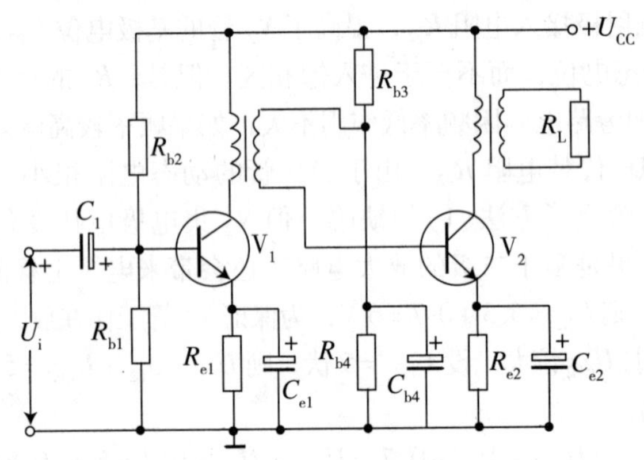

图2.2.5　变压器耦合放大电路

三、多级放大电路的指标计算

1. 电压放大倍数

多级放大电路的电压放大倍数为：

$$A_u = \frac{U_o}{U_i}$$

$$A_u = \frac{U_{o1}}{U_i} \cdot \frac{U_{o2}}{U_{i2}} \cdot \frac{U_{o3}}{U_{i3}} = A_{u1} \cdot A_{u2} \cdot A_{u3}$$

$$A_u = A_{u1} \cdot A_{u2} \cdot A_{u3} \cdots\cdots A_{un}$$

以上公式说明，多级放大电路的电压放大倍数等于各级电压放大倍数的乘积。

2. 输入输出电阻

一般情况，多级放大电路的输入电阻就是输入级的输入电阻，而输出电阻就是输出级的电阻。由于多级放大电路的放大倍数为各级放大倍数的乘积，所以，在设计多级放大电路的输入和输出级时，主要考虑输入电阻和输出电阻的要求，而放大倍数的要求由中间级完成。

在具体计算输入电阻和输出电阻时，可直接利用已有的公式。但要注意，有的电路形式要考虑后一级对输入电阻的影响和前一级对输出电阻的影响。

【例 2.2.1】如图 2.2.6 所示，为三级放大电路。已知：$U_{cc}=15\ \text{V}$，$R_{b1}=150\ \text{k}\Omega$，$R_{b22}=100\ \text{k}\Omega$，$R_{b21}=15\ \text{k}\Omega$，$R_{b32}=100\ \text{k}\Omega$，$R_{b31}=22\ \text{k}\Omega$，$R_{e1}=20\ \text{k}\Omega$，$R_{e2'}=100\ \Omega$，$R_{e2}=750\ \Omega$，$R_{e3}=1\ \text{k}\Omega$，$R_{c2}=5\ \text{k}\Omega$，$R_{c3}=3\ \text{k}\Omega$，$R_L=1\ \text{k}\Omega$，三极管的电流放大倍数均为 $\beta=50$。试求电路的静态工作点、电压放大倍数、输入电阻和输出电阻。

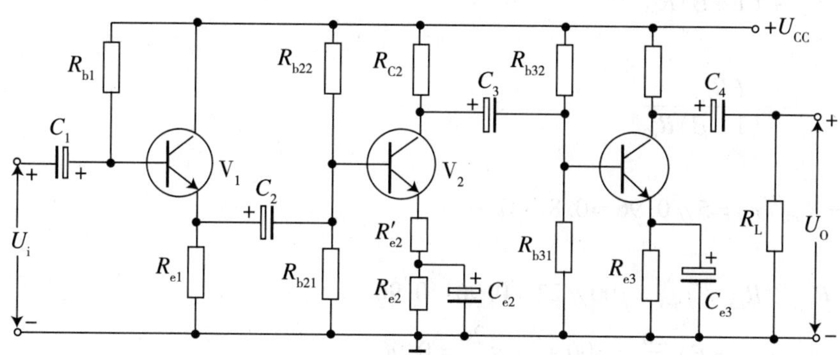

图 2.2.6　三级阻容耦合放大电路

解：第一级是射极输出器，第二、三级都是具有电流反馈的工作点稳定电路，而且均是阻容耦合，所以各级静态工作点均可单独计算。注意，第二级多出了 R'_{e2}，引入交流负反馈，会降低第二级的电压放大倍数，但会减小失真，还有其他好处到后面就会清楚。

(1)求静态工作点。

第一级：

$$I_{BQ}=\frac{U_{CC}-U_{BE}}{R_{b_1}+(1+\beta)R_{e_1}}=\frac{14.3}{150+51\times 20}\approx 0.012(\text{mA})$$

$$I_{CQ}=\beta I_{BQ}=50\times 0.012=0.61(\text{mA})$$

$$U_{CEQ}\approx U_{CC}-I_{CQ}R_{e1}=15-0.61\times 20=2.8(\text{V})$$

第二级：

$$U_{B2}=\frac{R_{b21}}{R_{b21}+R_{b22}}U_{CC}=\frac{15}{100+15}\times 15\approx 1.96(\text{V})$$

$$U_{E2}=U_{B2}-U_{BE}=1.96-0.7=1.26(\text{V})$$

$$I_{EQ2}=\frac{U_{E2}}{R_{e2}+R'_{e2}}=\frac{1.26}{0.85}\approx 1.48\ \text{mA}\approx I_{CQ2}$$

$$U_{CEQ2}\approx U_{CC}-I_{CQ2}(R_{c2}+R'_{e2}+R_{e2})=6.3(\text{V})$$

第三级：

$$U_{B3}=\frac{R_{b31}}{R_{b31}+R_{b32}}U_{CC}=\frac{22}{100+22}\times 15=2.7(\text{V})$$

$$U_{E3}=U_{B3}-U_{BE}=2.7-0.7=2(\text{V})$$

$$I_{EQ3}=\frac{U_{E3}}{R_{e3}}=\frac{2}{1}=2\ \text{mA}\approx I_{CQ3}$$

$$U_{CEQ3}\approx U_{CC}-I_{CQ3}(R_{c3}+R_{e3})=7(\text{V})$$

(2)求电压放大倍数。

$A_u = A_{u1} \cdot A_{u2} \cdot A_{u3}$

第一级:

$$A_{u1} = \frac{(1+\beta)R'_{e1}}{r_{be1} + (1+\beta)R'_{e1}} \approx 1$$

第二级:

$$A_{u2} = \frac{-\beta R'_{c2}}{r_{be2} + (1+\beta)R'_{e2}}$$

式中,

$R'_{c2} = R_{c2} // r_{i3} = 5 // 0.96 \approx 0.8(\text{k}\Omega)$

而

$r_{i3} = R_{b31} // R_{b32} // r_{be3} = 100 // 22 // 0.96 \approx 0.96$

$$r_{be3} = r_{bb'} + (1+\beta)\frac{26}{I_{EQ2}} = 300 + 51 \times \frac{26}{2} = 0.96$$

$$r_{be2} = r_{bb'} + (1+\beta)\frac{26}{I_{EQ_2}} = 300 + 51 \times \frac{26}{1.48} \approx 1.2(\text{k}\Omega)$$

$$A_{u2} = \frac{-\beta R'_{c2}}{r_{be2} + (1+\beta)R'_{e2}} = \frac{-50 \times 0.8}{1.2 + 51 \times 0.1} = -5.13$$

第二级:

$$A_{u3} = -\frac{\beta R'_{c3}}{r_{be3}}$$

式中,

$R'_{c3} = R_{c3} // R_L = 3 // 1 = 0.75(\text{k}\Omega)$

则

$$A_{u3} = -\frac{\beta R'_{c3}}{r_{be3}} = -\frac{50 \times 0.75}{0.96} = 39.06$$

故

$A_u = A_{u1} \cdot A_{u2} \cdot A_{u3} = 1 \times 5.13 \times 39.06 \approx 200$

(3)输入电阻。

输入电阻即为第一级的输入电阻,

$r_i = r_{i1} = R_{b1} // r'_{i1} = 150 // 178 \approx 81(\text{k}\Omega)$

式中,

$r'_{i1} = r_{be1} + (1+\beta)R'_{e1} = 178(\text{k}\Omega)$

$R'_{e1} = R_{e1} // r_{i2} = 20 // 4.17 = 3.45(\text{k}\Omega)$

$r_{i2} = R_{b21} // R_{b22} // [r_{be2} + (1+\beta)R'_{e2}] = 100 // 15 // 6.3 \approx 4.17(\text{k}\Omega)$

$$r_{be1} = r_{bb'} + (1+\beta)\frac{26}{I_{EQ1}} = 300 + 51 \times \frac{26}{0.61} \approx 2.48(\text{k}\Omega)$$

(4)输出电阻。

输出电阻即为第三级的输出电阻

$$r_o = r_{o3} = R_{c3} = 3(\mathrm{k}\Omega)$$

【任务实施】

实训 2.2.1　两极放大电路及负反馈放大电路的研究

一、实训目的

(1)掌握阻容耦合两级放大电路的典型线路及其工作原理。

(2)理解负反馈环节的特点及其对电路性能的影响。

二、实训电路和工作原理

(1)两级阻容耦合放大及电压串联负反馈放大电路如图 2.2.7 所示。

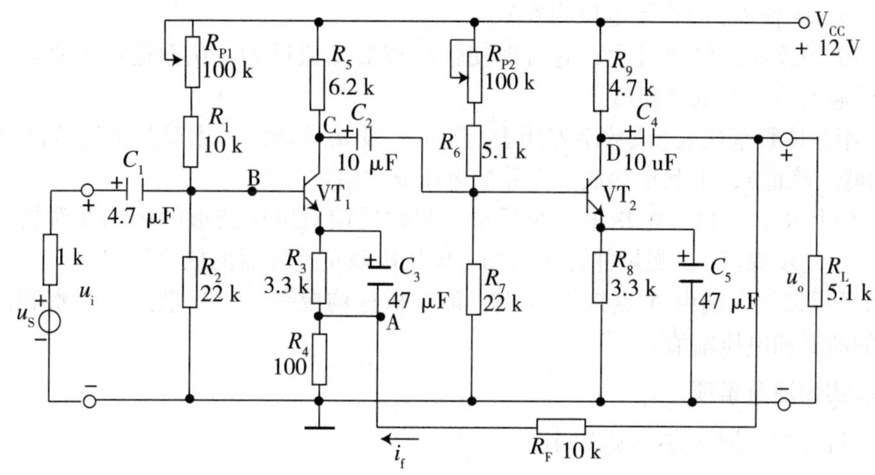

图 2.2.7　电压串联负反馈放大电路

图 2－2－7 中 VT_1(9013)与 VT_2(BU406)构成两级放大电路，两级间采用阻容耦合(C_2、R_7)，图中电位器 R_{P1} 及 R_{P2} 为调节 VT_1 和 VT_2 的静态工作点。

图中 R_3、R_4 及 R_8 对本级构成电流负反馈，其中 R_3 及 R_8 并有旁路电容 C_3 和 C_5，它们对交流信号将构成短路，从而消除 R_3 和 R_8 对交流信号的负反馈作用。

从电压输出端 u_O 引入反馈信号，经 R_F 接至第一级的 A 点，它将向 R_4 灌入反馈电流 i_f，这样它将使 R_4 上的反馈电压 U_f 升高。使 u_{BA} 幅值减小，从而构成负反馈。由于 U_f 与所加基极电压 U_B 串联，所以是串联反馈。又由于 i_f 取决于输出电压 u_O，所以是电压反馈。综上所述，i_f 构成电压串联负反馈。

(2)本级发射极串接电阻构成的负反馈，可减小温度变化对静态工作点的影响。R_F 跨级构成的电压串联负反馈将使输入电阻增大，输出电阻减小，并使工作状态稳定，但它会使放大倍数下降。

三、实训设备

(1)装置中的直流可调稳压电源、函数信号发生器、双踪示波器、晶体管毫伏表

(或数字万用表)。

(2)单元：VT_3(9013)、VT_1(BU406)、R_{01}、R_{04}、R_{05}、$R_{06}\times2$、R_{14}、RP_9、RP_{10}、$C_{06}\times2$、$C_{15}\times2$。

四、实训内容与实训步骤

(1)按图 2.2.7 所示电路完成接线(先不接入 R_F)。

(2)正弦信号 u_S 由函数信号发生器提供，调节使 $u_S=5$ mV，频率 $f=1000$ Hz。

(3)此电路的调试关键是 VT_1 和 VT_2 两级放大器静态工作点的选择(调 R_{P1} 及 R_{P2})以及反馈量 i_f 的大小。

在检查接线正确无误后，可先调试第一级放大环节。可先调节 R_{P1}，使第一级 VT_1 集电极输出点(C 点)的电压波形不失真，用示波器检查 C 点电压波形并记录其幅值。(可使 U_C 直流电位约为 9 V)。

(4)待第一级静态工作点基本调节好后，再调节 R_{P2}，使第二级输出点(D 点)的电压波形不失真(使 U_D 的直流电位为 6 V)。

若两级的放大器倍数过大，有可能使输出波形幅值过大，从而造成失真。为此可适当降低输入信号电压的幅值。

(5)用晶体管毫伏表(或数字万用表)测量 u_i 及 u_O 幅值(或用双踪示波器检测 u_i 与的 u_O 的峰-峰值)，由此求得放大电路的电压放大倍数。

(6)接上 R_F，并接入电压串联负反馈。观察反馈对电压波形的影响及对放大倍数的影响。重复步骤(5)，测量并计算出加上电压串联负反馈后的放大倍数。

(7)若反馈接入端由 A 点接入 B 点，请分析这构成哪一类反馈，并观察和测量输出电压的波形和电压幅值。

五、实训注意事项

与项目三的实训注意事项相同。

六、实训报告要求

(1)记录下输出电压不失真时 R_{P1} 和 R_{P2} 的选取值(实测)。

(2)记录输入和输出电压波形，并算出放大电路的电压和放大倍数。

(3)分析电压串联负反馈对输出电压波形和放大倍数的影响。

(4)当反馈输入端由 A 点误接在 B 点后，分析对反馈环节性质的影响以及输出电压的影响。

实训 2.2.2　助听器电路的调试

一、实训目的

(1)加深理解多级放大电路的工作原理和典型负反馈环节的应用。

(2)学会实际电子产品电路的调试。

二、实训电路和工作原理

(1)助听器电路原理图如图 2.2.8 所示。

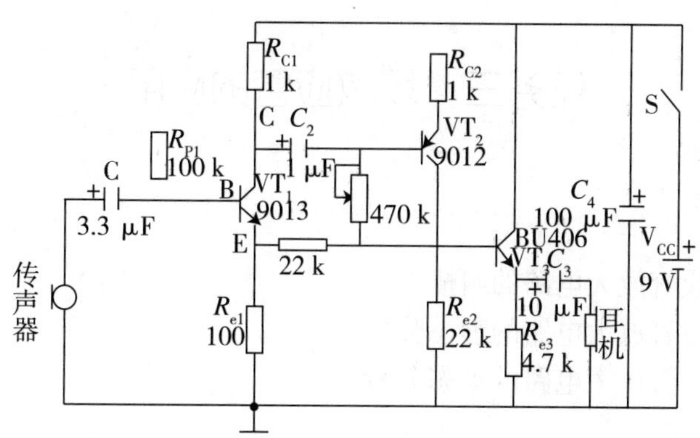

图 2.2.8　助听器电路原理图

(2)图 2.2.8 中 VT_1 为 NPN 双极晶体管 9013，它构成第一级电压放大回路。图中 R_{p1} 构成电压并联负反馈(对交流信号，C 点的极性与 B 点相反，所以为负反馈。由 C 点取出的信号为电压信号，它与在 B 点的输入信号构成并联关系，所以构成了电压并联负反馈)。

(3)图中 VT_2 为 PNP 双极晶体管 9012，由它构成第二级电压放大电路。与上述同理，R_{p2} 构成电压并联负反馈。此外由 R_f 构成电压串联负反馈，以上这些反馈环节将稳定静态工作点，并减少失真，从而显著地改善了助听器的声音品质。

VT_3 为 NPN 双极晶体管 BU406，VT_3 构成射极跟随器，它实质是一个电流(或功率)放大环节。

三、实训设备

(1)装置中的直流可调稳压电源。

(2)单元：VT_1、VT_2、VT_3、R_{01}、R_{05}、R_{06}、R_{08}、R_{12}、R_{14}、RP_7、RP_{10}、RP_{11}、C_{04}、C_{06}、C_{07}。

四、实训内容与实训步骤

(1)按图 2.2.8 完成接线。

(2)为调节 VT_1 和 VT_2 的静态工作点，图中的 R_{p1}、R_{p2} 采用相应的电位器来进行整定。图中的 R_f 也采用相应的电位器，以调节反馈量。

(3)为观察电路的失真度、传声器的输出信号，由函数信号发生器接入正弦信号，其峰－峰值 $U_{iPP}=30$ mV，频率 $f=1000$ Hz，而耳机则以 27 Ω 左右的电阻代替。用双踪示波器观察输入和输出的电压波形，估算出助听器的电压放大倍数。调节电位器，观察其失真程度，并分析其原因。

任务三　场效应管的应用

【任务描述】

(1)认识场效应管放大电路的组成。

(2)掌握场效应管放大电路的静态分析。

(3)掌握场效应管放大电路的动态分析。

【知识学习】

一、场效应管放大电路

根据前面讲的场效应管的结构、工作原理和双极性三极管比较分析可知，场效应管具有放大作用，它的三个极和双极性三极管的三个极存在着对应关系，即：

G(栅极)→b(基极)　　S(源极)→e(发射极)　　D(漏极)→c(集电极)

所以根据双极性三极管放大电路，可组成相应的场效应管放大电路。但由于两种放大器件各自的特点，故不能将双极性三极管放大电路的三极管简单地用场效应管取代，组成场效应管放大电路。

双极性三极管是电流控制器件，在组成放大电路时，应给双极性三极管设置偏流。而场效应管是电压控制器件，故在组成放大电路时，应给场效应管设置偏压，保证放大电路具有合适的工作点，避免输出波形产生严重的非线性失真。

1. 静态工作点与偏置电路

由于场效应管种类较多，故采用的偏置电路，其电压极性必须考虑。下面以 N 沟道的场效应管为例进行讨论。

N 沟道的结型场效应管只能工作在 $U_{GS}<0$ 区域，MOS 管又分为耗尽型和增强型，增强型工作在 $U_{GS}>0$ 区域，而耗尽型工作在 $U_{GS}<0$ 区域。

(1)自给偏压偏置电路。

图 2.3.1 给出的是一种称为自给偏压偏置电路，它适用于结型场效应管或耗尽型场效应管。它依靠漏极电流 I_D 在 R_e 上的电压降提供栅极偏压，即

$$I_D=I_{DSS}\left(1-\frac{U_{GS}}{U_P}\right)^2$$

$$U_{GS}=-I_DR_S$$

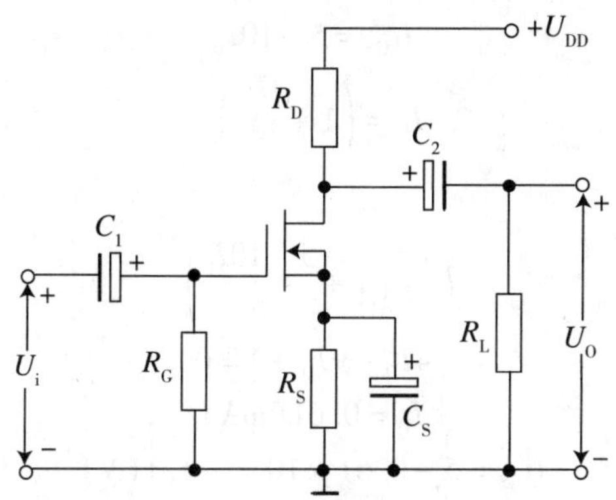

图 2.3.1　自给偏压电路

(2)分压式偏置电路。

分压式偏置电路如图 2.3.2 所示，它也是一种常用的偏置电路，该种电路适用于所有类型的场效应管。为了不使分压电阻 R_1、R_2 对放大电路的输入电阻影响太大，故通过 R_G 与栅极相连。该电路栅、源电压、漏极电流为

$$\begin{cases} U_{GS} = U_G - U_S = \dfrac{R_1}{R_1 + R_2} U_{DD} - I_D R_S \\ I_D = I_{DSS}\left(1 - \dfrac{U_{GS}}{U_P}\right)^2 \end{cases}$$

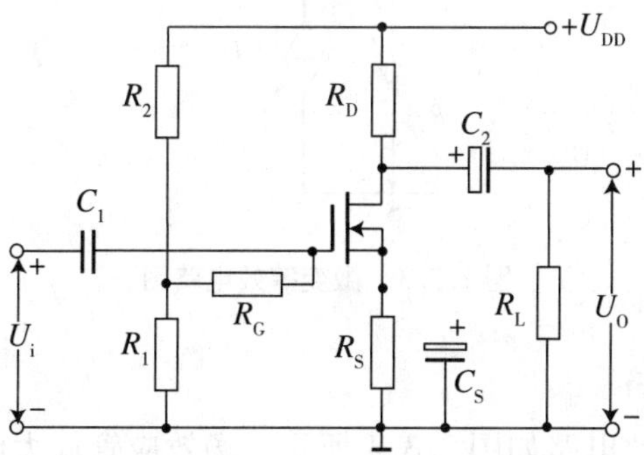

图 2.3.2　分压式偏压电路

【例 2.3.1】试计算图 2.3.2 的静态工作点。已知 $R_1 = 50\ \text{k}\Omega$，$R_2 = 150\ \text{k}\Omega$，$R_G = 1\ \text{M}\Omega$，$R_D = R_S = 10\ \text{k}\Omega$，$R_L = 1\ \text{M}\Omega$，$C_S = 100\ \mu\text{F}$，$U_{DD} = 20\ \text{V}$，场效应管为 3DJF，其 $U_p = -5\ \text{V}$，$I_{DSS} = 1\ \text{mA}$。

解：

$$U_{GS} = \frac{50}{50 + 150} \times 20 - 10 I_D$$

$$I_D = 1\left(1 + \frac{U_{GS}}{5}\right)^2$$

即

$$U_{GS} = 5 - 10I_D$$

$$I_D = \left(1 + \frac{U_{GS}}{5}\right)^2$$

将 U_{GS}代入 I_D式得：

$$I_D = \left(1 + \frac{5 - 10I_D}{5}\right)^2$$

$$4I_D^2 - 9I_D + 4 = 0$$

$$I_D = 0.61(\text{mA})$$

$$U_{GS} = 5 - 0.61 \times 10 = -1.1(\text{V})$$

漏极对地电压为：

$$U_D = U_{DD} - I_D R_D = 20 - 0.61 \times 10 = 13.9(\text{V})$$

2. 场效应管的微变等效电路

由于场效应管栅极绝缘，其输入端不取电流，输入电阻 r_D极大，故输入端可视为开路。场效应管输出端仅存在如下关系：

$$i_d = g_m u_{gs}$$

根据电路方程可画出等效电路如图 2.3.3 所示。

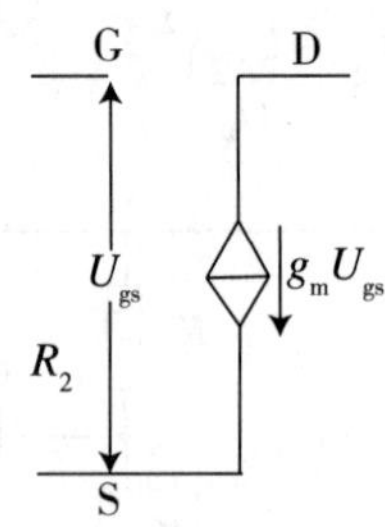

图 2.3.3　微变等效电路图

二、共源极放大电路

放大电路和微变等效电路如图 2.3.4 所示。场效应管放大电路的动态分析同双极性三极管，也是求电压放大倍数 A_u、输入电阻 r_i和输出电阻 r_o。

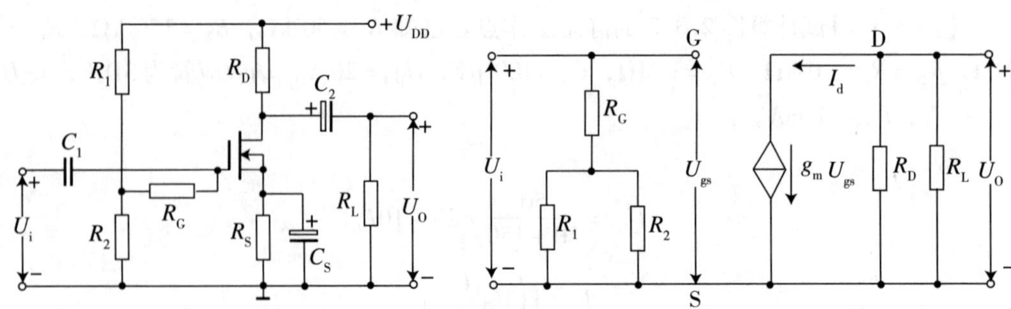

图 2.3.4　共源极分压式偏置放大电路及微变等效电路

1. 电压放大倍数

根据电压放大倍数的定义

$$A_u = \frac{U_o}{U_i}$$

由等效电路可得：

$$U_o = -g_m U_{gs} R'_L$$

再找出 U_o 和 U_i 的关系，即 U_{gs} 和 U_i 的关系，从等效电路可得：

$$U_i = U_{gs}$$

所以，

$$A_u = -g_m R'_L$$

2. 输入电阻

$$r_i = R_G + R_1 /\!/ R_2$$

3. 输出电阻

$$r_o = R_D$$

【例 1.2.2】计算图 2.3.5 所示电路的电压放大倍数、输入电阻、输出电阻。电路参数为：$R_1 = 50\ \text{k}\Omega$，$R_2 = 150\ \text{k}\Omega$，$R_G = 1\ \text{M}\Omega$，$R_D = R_S = 10\ \text{k}\Omega$，$R_L = 1\ \text{M}\Omega$，$C_S = 100\ \mu\text{F}$，$U_{DD} = 20\ \text{V}$，场效应管为 3DJF，其 $U_p = -5\ \text{V}$，$I_{DSS} = 1\ \text{mA}$，

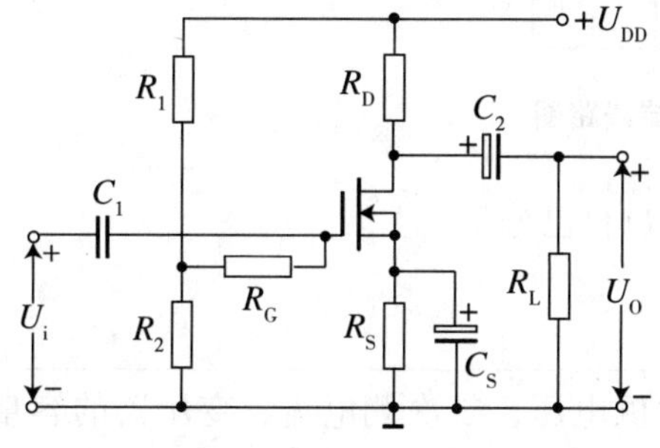

(a)分压式偏置共源极放大电路

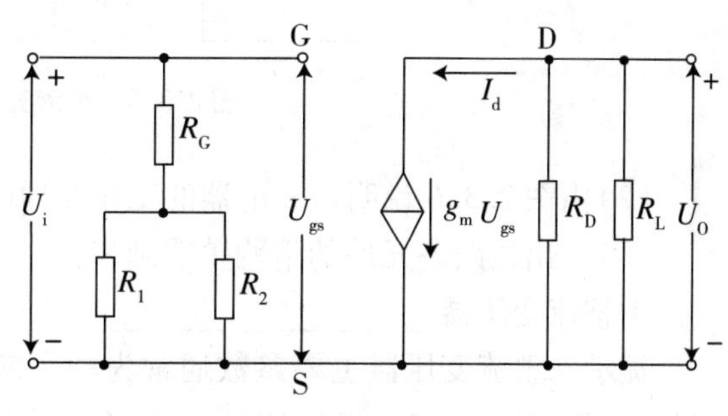

(b)共源极放大电路微变等效电路

图 2.3.5　例 2.3.2 图

解：由前例可知，$U_{GS} = -1.1\ \text{V}$，$I_D = 0.61\ \text{mA}$

$$g_m = -\frac{2I_{DSS}}{U_p}\left(1 - \frac{U_{GS}}{U_p}\right) = \frac{2\times 1}{5}\left(1 - \frac{1.1}{5}\right) = 0.312(\text{mA/V})$$

$$A_u = -g_m R'_L = -0.312 \times \frac{10\times 1000}{10 + 1000} \approx -3.12$$

$$r_i = R_G + R_1 /\!/ R_2 = 1000 + \frac{50\times 150}{50 + 150} = 1038(\text{k}\Omega) \approx 1.04(\text{M}\Omega)$$

$$r_o = R_D = 10(\text{k}\Omega)$$

【任务实施】

实训 2.3.1　恒流充电器的调试(场效应管的应用)

一、实训目的

(1)学会电子产品线路元件的计算与采购。

(2)学会电子产品工作原理的分析与调试。

(3)加深对场效应管输出特性的理解。

二、实训电路与工作原理

(1)图 2.3.6 为一恒流充电器(对蓄电池充电)的电子产品线路。

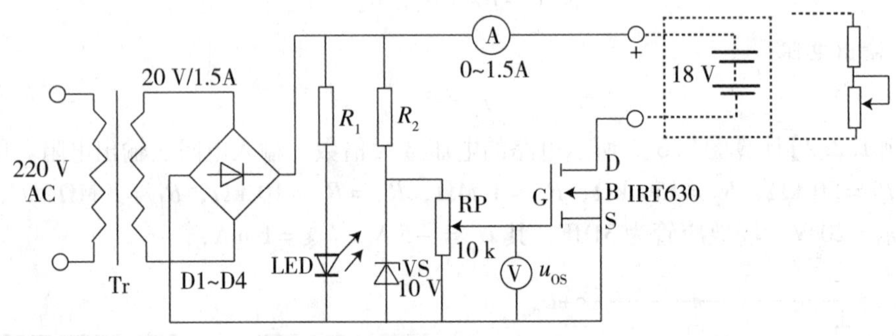

图 2.3.6　恒流充电器线路图

(2)由图 2.3.6 说明该充电器的工作原理(学员自己分析)。

(3)开出线路各元件的请购单明细表:

①整流变压器____。

提示:整流变压器主要参数通常为一、二次侧电压,二次侧电流,变压器的容量 S(VA)[$S=U_2I_2\times(1+15\%)$],其中 15% 考虑到变压器的功率损耗。

②整流二极管(型号)____________________(在已有单元中选取)。

③发光二极管 LED 限流电阻 R_1 ________________________________。

提示:a. LED 的工作电流通常为 5 mA,其正向电压约为 2 V。

b. 由变压器二次侧电压 $U_2=20$ V 可知,经整流后的平均电压$\overline{U}_2=0.9U_2=0.9\times20$ V $=18$ V。

c. 由上述数据即可得到限流电阻 R_1 上的电压与电流,从而可计算出 R_1 的阻值与功率 $P=\dfrac{U}{I}$,$P=I^2R$。

d. 根据上述计算,选取规范值(功率留有一倍以上余量,并不要小于 1/8 W,在已有单元中选用)。

④稳压管 VS 的限流电阻 R_2 ________________________________。

提示：a. 设 VS 稳压值为 10 V，其工作电流 $I_{VS}=10$ mA。

b. 设电位器 R_P 的电阻值 $R_P=10$ kΩ，又由于场效应管(IRF630)栅极取用的电流极小(微安级)，可略去不计，由此可求得通过电位器的电流。

c. 由上述数据即可求得通过限流电阻 R_2 的电压与电流，从而可计算出 R_2 的阻值与功率，选取规范值(并在已有单元中选用)。

⑤电流表的规格＿＿＿＿＿＿＿＿＿＿＿＿＿＿＿＿＿＿＿＿＿＿＿＿＿＿＿＿＿＿。

提示：电流表的型号与规格包括：

a. 指针表还是数字表。

b. 电流表的精确度，此处仅显示充电电流，要求不高，可选 2 级或 3 级表。

c. 电表的量程，此处测量为 0～1.5 A，可选 2 A 量程(或更大一些)。

d. 在装置已有模块中选用。

⑥电压表的选取与上同理。

⑦电位器＿＿＿＿R_P

提示：a. 阻值已知 10 kΩ。

b. 功率由通过电流及阻值(由 $P=I^2R$)即可算出，一般不小于 1/2 W。

c. 型号：对小功率，一般选碳膜(WH)型。

d. 在装置已有单元中选用。

三、实训设备

(1)电路中的变压器输出 20 V 交流电压，由装置中可调交流电供给。

(2)单元由学员自选后填入。

(3)蓄电池组暂以 51 Ω(5W)水泥电阻(R_{01})与 100 Ω(5W)电位器(R_{P1})串联代替。

四、实训内容与实训步骤

(1)根据前述的提示计算并选择适当的单元，完成如图 2.3.6 所示的电路连接。

(2)将负载电阻 R_L 分别调为 51 Ω、100 Ω、150 Ω，并将栅电源电压 U_{GS} 分别调为 6 V、8 V、10 V。

试在以上 3 种负载情况下，测出负载电流，并填于表 2.3.1 中。

表 2.3.1　测量结果表

I_L/mA　I_L/mA　U_{GS}/V	51	100	150
6			
8			
10			

五、实训注意事项

(1)本实训包括电路元件的选择与采购(开请购单)，这是在实际工作中必须学会的。

(2)注意加深对电路工作原理的理解，并学会分析与应用。

六、实训报告要求

(1)开出各元件(T_r、$D_1 \sim D_4$、R_1、R_2、R_P 及电压表、电流表)的请购单并提供计算过程。

(2)由表 2.3.1 中所列数据，归纳出相关结论。

提示：(1)当负载不变时，改变 U_{GS}、I_L 怎样变化?

(2)当 U_{GS}不变时，改变 R_L、I_L 怎样变化?

(3)由此得出相应的结论(参照场效应管特性曲线图)。

注：此处用负载电阻取代了蓄电池，所以电流基本连续，但在实际中，充电器对电池作恒流充电时，只有当整流电压高于电池组电压时，才能形成电流(如图 2.3.7)。此时电流是不连续的。这里所讲的“恒流”，是指它的平均电流$\overline{I}_L$，它的数值主要取决于 U_{GS}。

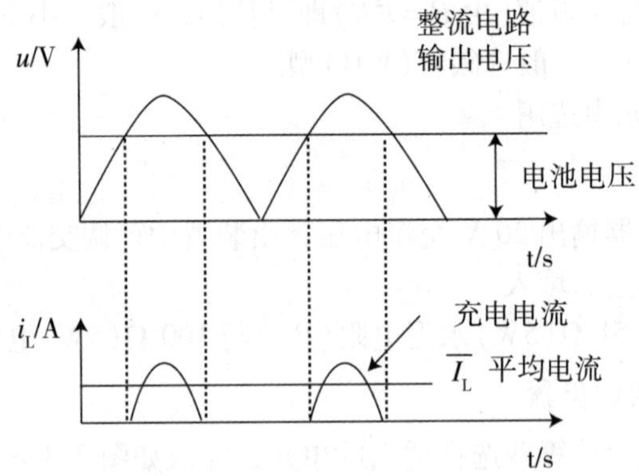

图 2.3.7　充电器对电池组充电电流

【习题二】

一、填空题

1. ________电阻反映了放大电路对信号源或前级电路的影响；________电阻反映了放大电路带负载的能力。

2. 若信号带宽大于放大电路的通频带，则会产生________失真。

3. 在三种基本组态双极型三极管放大电路中，输入电阻最大的是共________极电路，输入电阻最小的是共________极电路，输出电阻最小的是共________极电路。

4. 在单级双极型三极管放大电路中，输出电压与输入电压反相的为共________极电路，输出电压与输入电压同相的有共________极电路与共________极电路。

5. 在单级双极型三极管放大电路中，既能放大电压又能放大电流的是共________极电路，只能放大电压不能放大电流的是共________极电路，只能放大电流不能放大电压的是共________极电路。

6. 射极输出器的主要特点是：电压放大倍数________、输入电阻________、输出电阻________。

7. 放大器的静态工作点过高可能引起________失真，过低则可能引起________失真。分压式偏置电路具有自动稳定________的优点。

8. 根据反馈信号在输出端的取样方式不同，可分为________反馈和________反馈，根据反馈信号和输入信号在输入端的比较方式不同，可分为________反馈和________反馈。

9. 与未加反馈时相比，如反馈的结果使净输入信号变小，则为________，如反馈的结果使净输入信号变大，则为________。

10. 对于放大电路，若无反馈网络，称为________放大电路；若存在反馈网络，则称为________放大电路。

11. ________反馈主要用于振荡等电路中，________反馈主要用于改善放大电路的性能。

12. 将________信号的一部分或全部通过某种电路________端的过程称为反馈。

二、选择题

1. 放大电路 A、B 的放大倍数相同，但输入电阻、输出电阻不同，用它们对同一个具有内阻的信号源电压进行放大，在负载开路条件下测得 A 的输出电压小，这说明 A 的(　　)。

A. 输入电阻大　　B. 输入电阻小
C. 输出电阻大　　D. 输出电阻小

2. 在基本组态双极型三极管放大电路中，输入电阻最大的是(　　)电路。

A. 共发射极　　B. 共集电极
C. 共基极　　D. 不能确定

3. 为了获得电压放大，同时又使得输出与输入电压同相，则应选用(　　)放大电路。

A. 共发射极　　B. 共集电极
C. 共基极　　D. 共漏极

4. 关于放大电路中的静态工作点(简称 Q 点)，下列说法中不正确的是(　　)。

A. Q 点要合适　　B. Q 点要稳定
C. Q 点可根据直流通路求得　　D. Q 点要高

5. 关于 BJT 放大电路中的静态工作点(简称 Q 点)，下列说法中不正确的是(　　)。

A. Q 点过高会产生饱和失真
B. Q 点过低会产生截止失真
C. 导致 Q 点不稳定的主要原因是温度变化
D. Q 点可采用微变等效电路法求得

6. 电容耦合放大电路(　　)信号。

A. 只能放大交流信号

B. 只能放大直流信号

C. 既能放大交流信号也能放大直流信号

D. 既不能放大交流信号也不能放大直流信号

7. 直接耦合放大电路(　　)信号。

A. 只能放大交流信号

B. 只能放大直流信号

C. 既能放大交流信号也能放大直流信号

D. 既不能放大交流信号也不能放大直流信号

8. 交流负反馈是指(　　)。

A. 只存在于阻容耦合电路中的负反馈

B. 交流通路中的负反馈

C. 放大正弦波信号时才有的负反馈

D. 变压器耦合电路中的负反馈

9. 放大电路引入负反馈是为了(　　)。

A. 提高放大倍数　　B. 稳定输出电流

C. 稳定输出电压　　D. 改善放大电路的性能

三、计算题

1. 在图 2.1 所示电路中，三极管均为硅管，$\beta=100$，试判断各三极管的工作状态，并求各管的 I_B、I_C、U_{CE}。

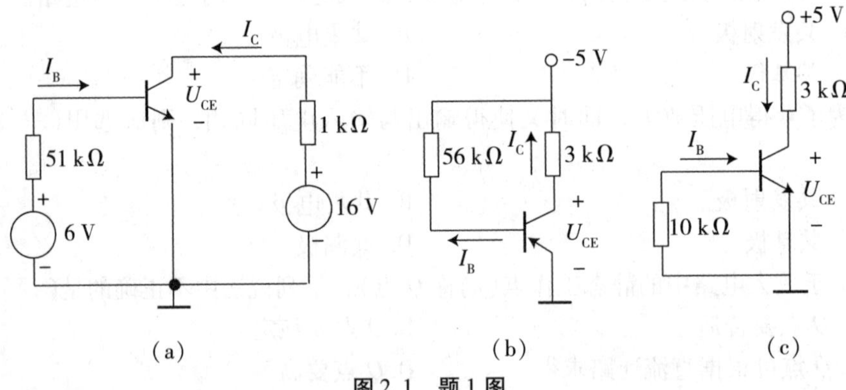

图 2.1　题 1 图

2. 在图 2.2(a)所示电路中，三极管的输出伏安特性曲线如图 2.2(b)所示，设 $U_{BEQ}=0$，当 R_B 分别为 300 kΩ、150 kΩ 时，试用图解法求 I_C、U_{CE}。

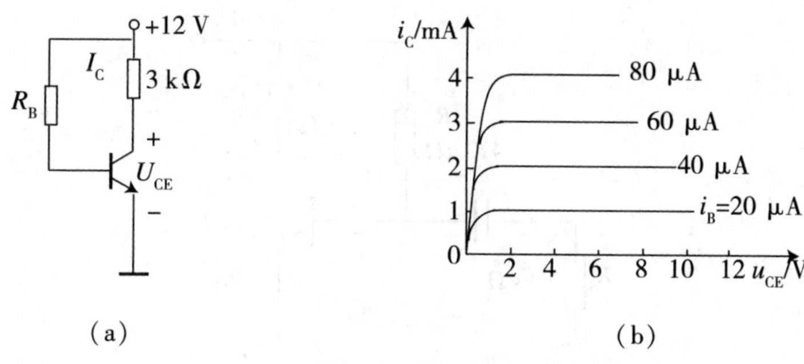

图 2.2　题 2 图

3. 硅晶体管电路如图 2.3 所示，已知晶体管的 $\beta=100$，当 R_B 分别为 100 kΩ、51 kΩ 时，求出晶体管的 I_B、I_C 及 U_{CE}。

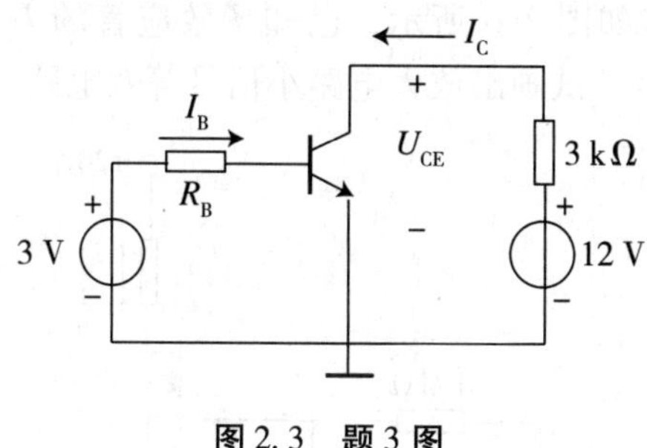

图 2.3　题 3 图

4. 在图 2.4 所示电路中，晶体管为硅管，$\beta=60$，输入 u_i 为方波电压，试画出输出电压 u_o 波形。

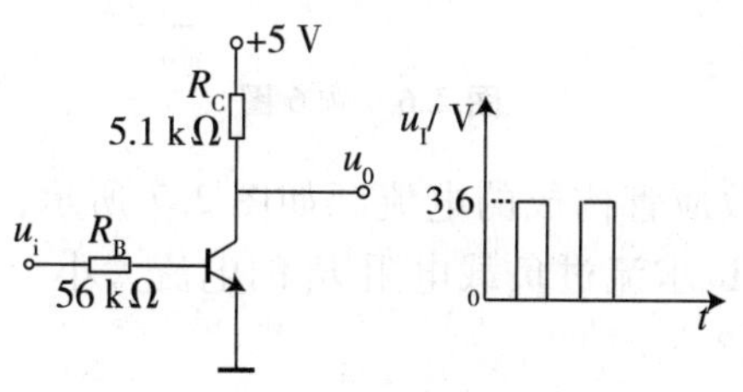

图 2.4　题 4 图

5. 在图 2.5 所示三极管放大电路中，电容对交流信号的容抗近似为零，$u_i=10\sin\omega t$(mV)，三极管参数为 $\beta=80$，$U_{BE(ON)}=0.7$ V，$r_{bb'}=200$ Ω，试分析：(1)计算静态工作点参数 I_{BQ}、I_{CQ}、U_{CEQ}；(2)画出交流通路和小信号等效电路；(3)求 u_{BE}、i_B、i_C、u_{CE}。

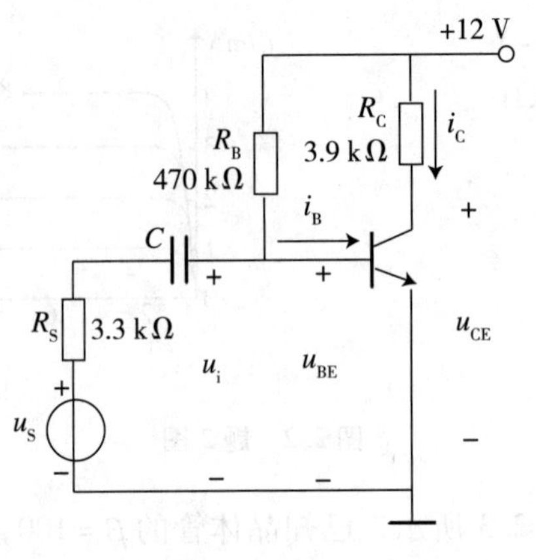

图 2.5　题 5 图

6. 场效应管放大电路如图 2.6 所示，已知场效应管的 $U_{GS(TH)}=2$ V，$I_{DO}=1$ mA，输入信号 $u_s=0.1\sin\omega t$(V)。试画出放大电路小信号等效电路并求出 u_{GS}、i_D、u_{DS}。

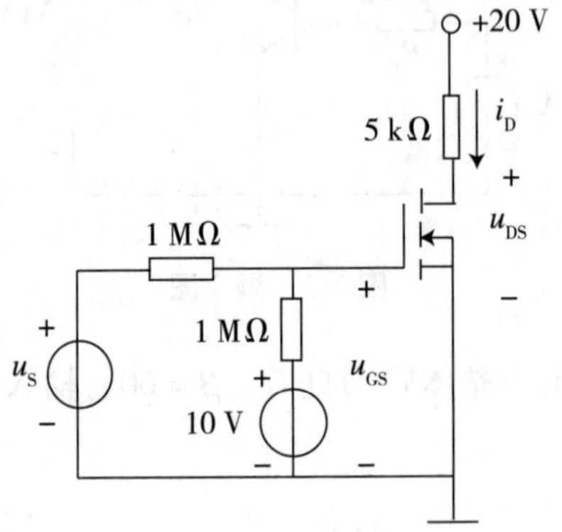

图 2.6　题 6 图

7. 由 N 沟道结型场效应管构成的电流源如图 2.7 所示，已知场效应管的 $I_{DSS}=2$ mA，$U_{GS(TH)}=-3.5$ V，试求流过负载电阻 R_L 的电流大小。当 R_L 变为 3 kΩ 和 1 kΩ 时，电流为多少？为什么？

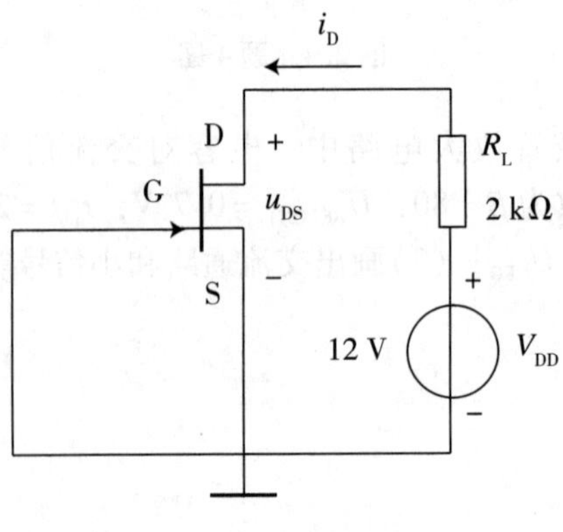

图 2.7　题 7 图

项目三　功率放大电路

任务一　OCL 互补对称功率放大电路

【任务描述】

(1)学习功率放大器的基本知识，掌握功率放大电路的技术指标。

(2)掌握 OCL 互补对称功率放大电路的分析方法。

【知识学习】

一、功率放大电路的特点和分类

前面讨论的各种放大电路的主要任务是使负载上获得尽可能大的不失真电压信号，它们的主要指标是电压放大倍数。而功率放大电路的主要任务则是，在允许的失真限度内，尽可能高效率地向负载提供足够大的功率。因此，功率放大电路的电路形式、工作状态、分析方法等都与小信号放大电路有所不同。对功率放大电路的基本要求是：

(1)输出功率要大。输出功率 $P_o = U_oI_o$，要获得大的输出功率，不仅要求输出电压高，而且要求输出电流大。因此，晶体管工作在大信号最大限度应用状态下，应用时要考虑晶体管的极限参数，注意晶体管的安全。

(2)效率要高。放大信号的过程就是晶体管按照输入信号的变化规律，将直流电源提供的能量转换为交流能量的过程。其转换效率为负载上获得的信号功率与电源供给的功率之比值，即：

$$\eta = \frac{P_O}{P_E} \cdot 100\%$$

式中，P_o为负载上获得的信号功率，P_E为电源供给的功率。

(3)合理的设置功放电路的工作状态。功放电路的工作状态有甲类、乙类、甲乙类及丙类。它们的定义如图 3.1.1 所示。

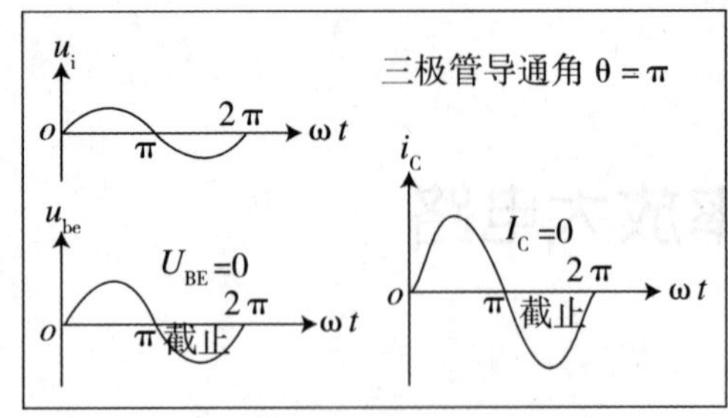

(a)放大电路的乙类工作状态

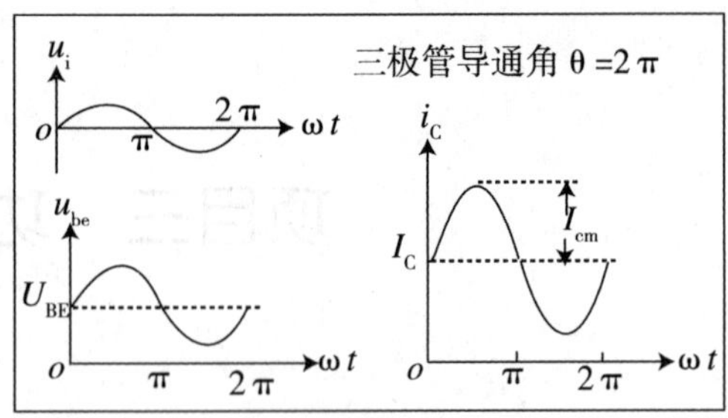

(b)放大电路的甲类工作状态

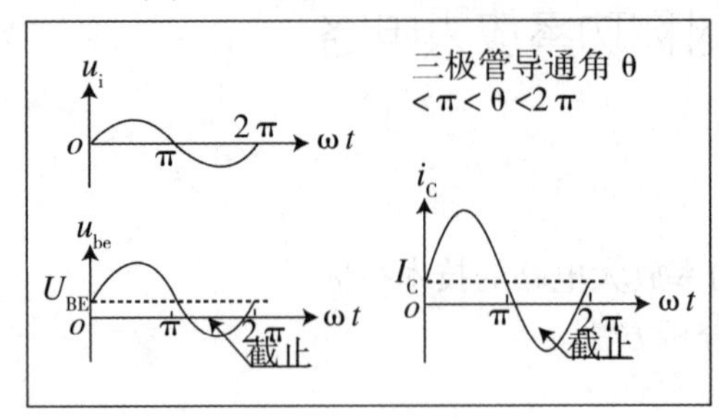

(c)放大电路的甲乙类工作状态

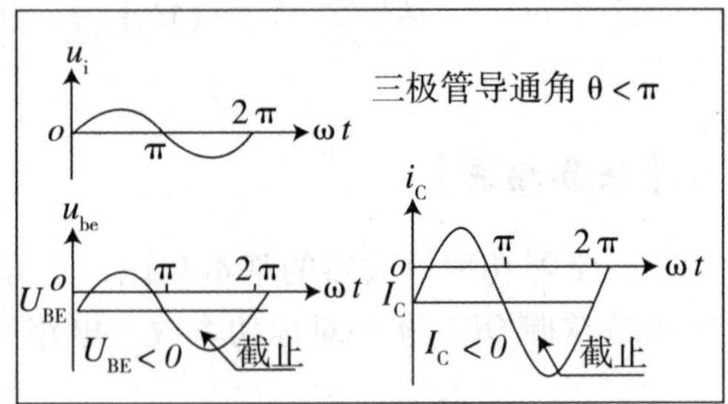

(d)放大电路的丙类工作状态

图 3.1.1 功率放大电路的工作状态

由于在能量转换过程中，晶体管要消耗一定的能量，从而造成了 η 下降。显然，要提高 η，就要设法减小晶体管的损耗。而晶体管的损耗与静态工作点密切相关。图 3.1.1 给出了晶体管的几种工作状态及对应的输出波形。由图可见，甲类工作状态：三极管导通角为 2π，工作的整个周期 i_C 始终存在，在没有信号输入时，直流电源供给的能量全部消耗在晶体管上，这种状态的效率很低。乙类工作状态：三极管导通角为 π，工作的半个周期 i_C 始终存在，另半个周期处于截止状态，在没有信号输入时，$i_C = 0$，晶体管不消耗能量，这种状态的效率较高。甲乙类效率介于甲类和乙类之间，三极管导通角大于 π 小于 2π。所以提高效率的途径是降低静态工作点。

(4)失真要小。甲类功放通过合理设置静态工作点，非线性失真可以很小，但其效率较低。乙类状态虽然效率高，但输出波形却出现了严重失真。为了保存乙类状态高效率的优点，可以设想让两个晶体管轮流工作在输入信号的正半周和负半周中，并使负载上得到完整的输出波形，这样既减小了失真，又提高了效率，还扩大了电路的动态范围，因而在实际中得到广泛应用。

由于功率放大电路工作在大信号状态下，所以对功放电路的分析多采用图解法。要确定的主要性能指标是输出功率 P_o、电源功率 P_E、损耗 P_T 和效率 η。

二、甲类单管功率放大电路

由图 3.1.2 所示，甲类功率放大电路的优点是波形失真小，但由于静态工作点电流大，故管耗大、电路效率低，所以主要应用于小功率放大电路中。前面讨论的放大电路主要用于增大电压幅度，一般输入输出信号比较小，均采用甲类放大电路。图中 R_{b1} 和 R_{b2} 组成偏置电路；C_b、C_e 为交流旁路电容；电路中往往还带有输入、输出变压器，输出变压器初级接晶体管的集电极，次级接负载 R_L，它的作用是进行阻抗变换，使放大电路获得最佳负载，从而提高输出效率。

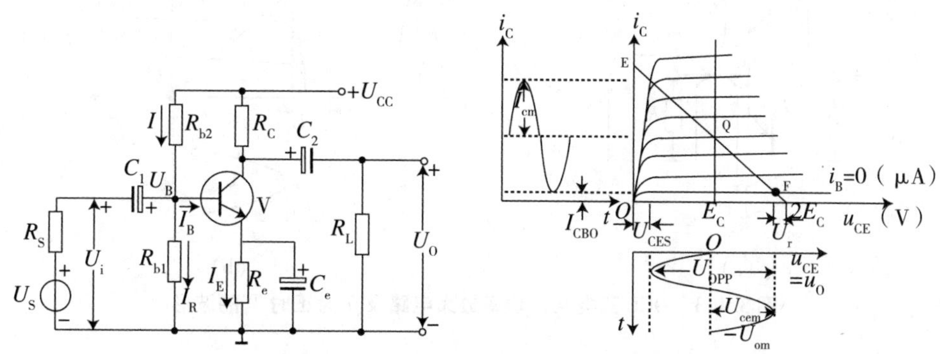

图 3.1.2　单管甲类功率放大电路及图解分析

由于功率管处于极限运用状态下，当忽略 U_{CES}和 I_{CBO}时，由图可见，集电极电压变化的幅值 $U_{cm}\approx E_C$，电流的幅值 $I_{cm}=I_C$，故功率管的最大交流输出功率为：

$$P_{omax}=U_OI_O=\frac{U_{cm}}{\sqrt{2}}\cdot\frac{I_{cm}}{\sqrt{2}}=\frac{1}{2}U_{cm}I_{cm}\approx\frac{1}{2}E_C\cdot I_C$$

直流电源供给的功率为：

$$P_E=\frac{1}{T}\int_0^T E_C\cdot i_C\mathrm{d}(\omega t)=E_C\cdot I_C$$

晶体管的集电极最大效率为：

$$\eta_m=\frac{P_{Omax}}{P_E}=\frac{\frac{1}{2}E_CI_C}{E_CI_C}=50\%$$

上式表明甲类单管放大电路在理想情况下的效率为 50%。在实际应用时，为了避免输出信号失真过大，交流动态范围不能太大，应留有充分的余地，再把变压器的损耗考虑在内，实际的效率只有 25～35%。

三、OCL 乙类互补放大电路

OCL 是无输出电容器(output capacitor less)的英文缩写。

图 3.1.3(a)所示电路由两个对称的工作在乙类状态下的射极输出器组合而成。T_1(NPN 型)和 T_2(PNP 型)是两个特性一致的互补晶体管；电路采用双电源供电，负载直接接到 T_1、T_2的发射极上。因电路没有输出电容和变压器，故称为无输出电容电路，简称 OCL 电路。

设 u_i为正弦波，当 u_i处于正半周时，T_1导通，T_2截止，输出电流 $i_L=i_{C1}$流过 R_L，形成输出正弦波的正半周。当 u_i处于负半周时，T_1截止，T_2导通，输出电流 $i_L=-i_{C2}$流过 R_L，其方向与 i_{C1}相反，形成输出正弦波的负半周。因此，在信号的一个周期内，输出电流基本上是正弦波电流。由此可见，该电路实现了在静态时晶体管无电流通过，而有信号时，T_1、T_2轮流导通，组成所谓推挽电路。由于电路结构和两管特性对称，工作时两管互相补充，故称“互补对称”电路。

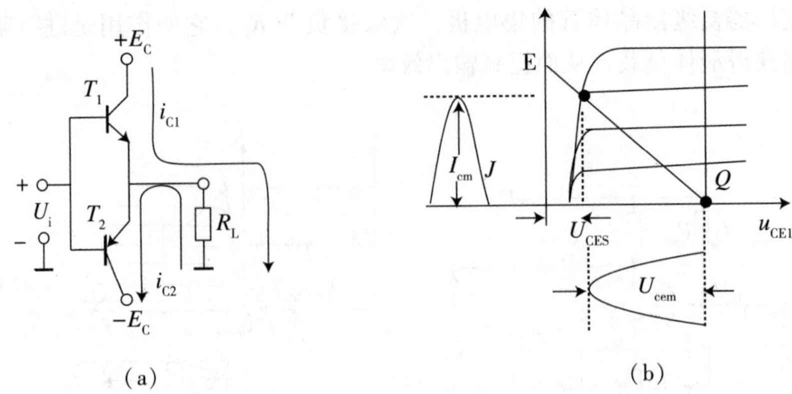

图 3.1.3　OCL 乙类互补功率放大电路及 u_i 为正时 T_1 的波形

OCL 乙类互补放大电路的输出功率、直流电源供给的功率、效率及管耗的计算如下。

1. 输出功率

在 E_C 和 R_L 为定值时，乙类互补电路的最大输出功率为

$$P_{0max}=\frac{U_{cem}}{\sqrt{2}}\cdot\frac{I_{cm}}{\sqrt{2}}=\frac{1}{2}\cdot\frac{U_{cem}^2}{R_L}\approx\frac{1}{2}\cdot\frac{E_C^2}{R_L}$$

2. 直流电源供给的功率

由于 $I_{cm1}=I_{cm2}=I_{cm}$，所以在输出最大功率时，两个电源供给的总直流功率为：

$$P_E=\frac{1}{2\pi}\int_0^{\pi}E_{C1}i_{C1}\mathrm{d}(\omega t)+\frac{1}{2\pi}\int_0^{\pi}E_{C2}i_{C2}\mathrm{d}(\omega t)$$

$$=\frac{1}{\pi}\int_0^{\pi}E_CI_{cm}\sin\omega td(\omega t)=\frac{2}{\pi}E_CI_{cm}=\frac{2}{\pi}\cdot\frac{E_C^2}{R_L}$$

即

$$P_E=\frac{2}{\pi}\cdot\frac{E_C^2}{R_L}$$

3. 效率

放大电路在最大输出功率时的效率为

$$\eta_m=\frac{P_{omax}}{P_E}=\frac{1}{2}\cdot\frac{E_C^2}{R_L}\cdot\frac{\pi}{2}\cdot\frac{R_L}{E_C^2}=\frac{\pi}{4}\approx 78.5\%$$

此结果是在输入信号足够大和忽略管子的饱和压降 U_{CES} 情况下得来的，实际效率比这个数值要低些，大概 60%，即使如此，也比甲类工作的效率高得多。

4. 管耗

互补对称放大电路在输出功率最大的情况下，两管的管耗为

$$P_T=P_{T1}+P_{T2}=P_E-P_{0max}=\frac{2}{\pi}\cdot\frac{E_C^2}{R_L}-\frac{1}{2}\cdot\frac{E_C^2}{R_L}=P_{0max}\left(\frac{4}{\pi}-1\right)\approx 0.27P_{0max}$$

$$P_{T1}=P_{T2}=\frac{1}{2}P_T=0.134P_{0max}$$

四、OCL 甲乙类互补对称电路

图 3. 1. 4 所示电路的缺点是当输入信号 u_i 的瞬时值小于 T_1、T_2 的死区电压时，三极管不导通，只有当 u_i 的瞬时值越过死区电压以后，管子才导通。因此两管轮流工作衔接不好，出现了一段死区，产生了所谓的“交越失真”，如图 3. 1. 4 所示。

为了避免交越失真，通常在每个管子的发射结加上一定的正向偏压，使两管在静态时都处于微导通状态，这样，当有信号时，就可使 i_C 和 u_{BE} 基本上呈线性关系，消除了交越失真，如图 3. 1. 5 所示。此时，电路便工作在甲乙类状态。应当指出，为了提高工作效率，在设置偏压时，应尽可能接近乙类状态。

图 3. 1. 5 为 OCL 甲乙类放大电路。T_1 为前置级，二极管 D 接在输出级的基极回路内，静态时的 D 两端有一定的正向压降，给 T_2、T_3 提供一个适当的正向偏压，产生相应的偏流，从而避免了交越失真。OCL 功放电路的缺点是必须采用双电源供电。

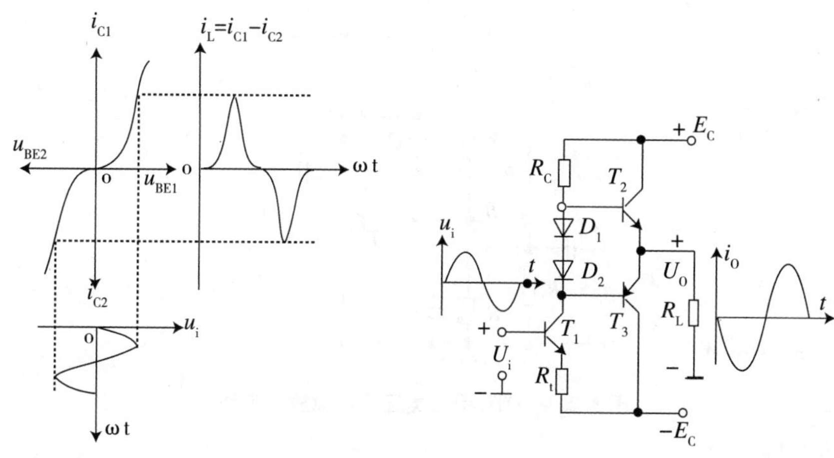

图 3. 1. 4　OCL 乙类互补电路的交越失真　　　图 3. 1. 5　OCL 甲乙类放大电路

任务二　OTL 互补对称功率放大电路

【任务描述】

(1) 学习 OTL 甲乙类互补对称电路。

(2) 了解复合互补对称电路。

(3) 了解变压器耦合推挽功率放大电路。

【知识学习】

一、OTL 甲乙类互补对称电路

OTL 是无输出变压器(output transformer less)的英文缩写。

图 3. 2. 1 所示为一个电源供电的互补对称电路，它去掉了负电源，在输出端接入

一个容量较大的电容器 C_L，输出信号通过电容 C_L耦合到负载 R_L，而不用变压器，故称无输出变压器电路，简称 OTL 电路。

在静态时，一般只要适当调节电位器 R_P活动头的位置，就可使 I_{C1}、U_{B2}和 U_{B3}适当变化，从而使 $U_E=E_c/2$，适当选择 R_2的数值，前置放大级 T_1管的静态电流 I_{C1}在 R_2上产生的压降为 T_2和 T_3提供合适的偏置消除交越失真。为了使加到 T_2和 T_3的基极信号相等，常在 R_2两端接上容量适当的旁路电容 C_2。R_2的取值通常由实验调试决定。

当输入信号 u_i处于正半周时，T_1 输出负半周，T_3导通，T_2截止，已充电的 C_L 起着负电源($-E_c/2$)的作用，充当 T_3 的电源，通过 R_L 放电，T_3以射极输出的形式将信号传输给负载；在 u_i处于负半周时，T_1 输出正半周，T_2导通，T_3截止，于是 T_2 以射极输出的形式将信号传输给负载，同时向 C_L 充电。这样就实现了双向跟随，在 R_L上得到完整的输出波形。只要选择 R_L、C_L足够大，C_L上电压就基本上维持 $E_c/2$ 值，就可以用电容 C_L代替负电源的作用，只不过这时两管的工作电压是 $E_c/2$，而不是 E_c。

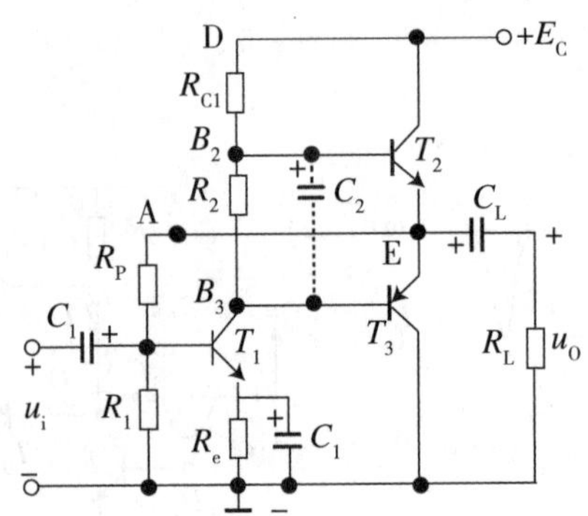

图 3.2.1　OTL 甲乙类互补对称放大电路

二、复合互补对称电路

在大功率输出级中，工作电流较大，而一般大功率管的电流放大系数都较小，因此要求有较大的基极电流，此外，大功率异型管配对较为困难。解决上述矛盾的方法通常是采用复合管。

1. 复合管

复合管是由两只或两只以上的三极管组成一只等效的三极管。具体接法如图 3.2.2 所示，从中我们可以看到如下规律：

(1)基极电流 i_b向管内流的等效为 NPN 管，如图 3.2.2(a)和(d)；i_b向管外流的等效为 PNP 管，如图 3.2.2(b)和(c)。i_b 的流向由 T_1 管的基极电流决定，即导电极性取决于第一只管子。

(2)若把两只管(或多只管)正确连接成复合管，必须保证每只管各电极的电流，都能顺着各个管的正常工作电流方向流动，否则将是错误的。

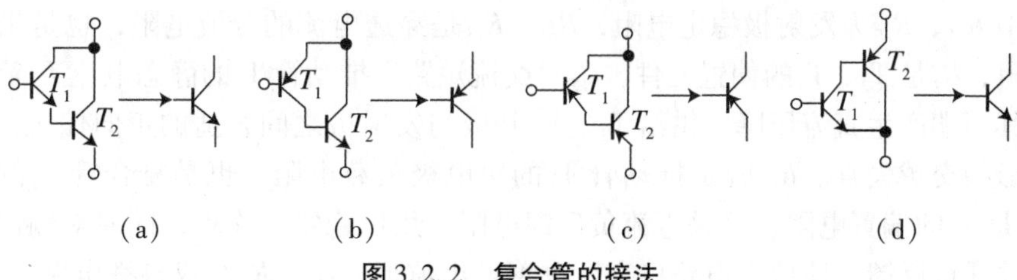

图 3.2.2　复合管的接法

2. 复合管的电流放大系数和输入电阻

由图 3.2.2(a)所示，复合管的总电流为

$I_C = I_{c1} + I_{c2} = \beta_1 I_{b1} + \beta_2 I_{b2} = \beta_1 I_{b1} + \beta_2 I_{e1}$

$= \beta_2 I_{b1} + \beta_2 (1 + \beta_1) I_{b1} = (\beta_1 + \beta_2 + \beta_1\beta_2) I_{b1} \approx \beta_1\beta_2 I_{b1} = \beta_1\beta_2 I_b$

所以，

$$\beta = \frac{I_C}{I_b} \approx \beta_1\beta_2$$

可见复合管的电流放大系数近似等于每管电流放大系数的乘积。此结论也适合于其他形式的复合管。

在图 3.2.2(a)、(c)两种接法中，T_2管的输入电阻 r_{be2} 接于 T_1 管射极上。因此复合管的等效输入电阻为：

$$r_{be} = R_{be1} + (1 + \beta_1) r_{be2}$$

对于图 3.2.2(b)、(d)两种接法，复合管的输入电阻就是 T_1 管的输入电阻即 $r_{be} = r_{be1}$。

3. 复合互补对称电路

复合互补对称原理电路如图 3.2.3 所示，T_2、T_4和 T_3、T_5四管组成复合互补对称电路。当输入信号为 u_i的负半周时，T_2导通，T_3截止，信号经 T_2、T_4放大后，通过 C_L加到负载 R_L上，并对 C_L进行充电；当输入信号为 u_i的正半周时，T_2截止，T_3导通，信号经过 T_3、T_5放大后，通过 C_L加到负载 R_L上，C_L放电。结果在负载 R_L上就得到被放大了的全波信号。

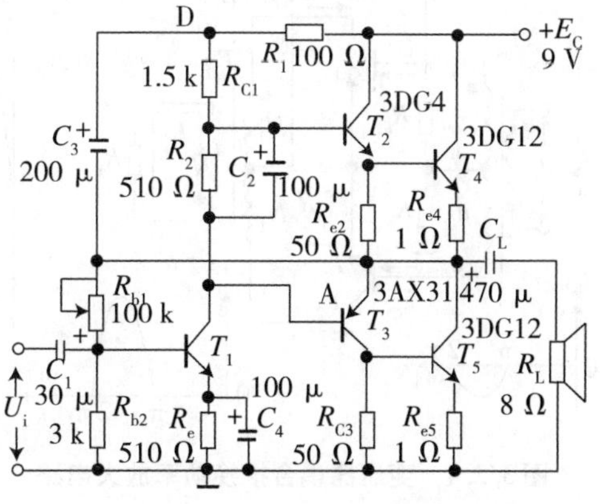

图 3.2.3　复合管互补对称原理电路

图中R_{e4}、R_{e5}为发射极稳定电阻，R_{e2}、R_{e3}是穿透电流的分流电阻，也是T_4、T_5的偏置电阻，R_2是T_2、T_3的偏置元件，C_2对交流短路；推动管T_1的静态电流I_{C1}流过电阻R_2，在其两端产生直流压降，供给T_2、T_3基极与发射极之间合适的正向偏压，以消除输出波形的交越失真。R_{c1}既是推动管T_1的集电极负载电阻，也是复合管T_2的偏置电阻。R_{b1}是T_1的偏置电阻，又是直流负反馈电阻，用以稳定工作点，同时对输出信号形成电压并联负反馈，使放大电路稳定，改善输出波形。C_3、R_1组成自举电路，使$U_D > E_c$，保证有足够的基极电流来推动T_2、T_4，使其充分导电，以便得到最大峰值输出电压$U_{om} \approx E_c/2$。静态时，$U_D = E_c - I_{c1}R_1$，而$U_A = E_c/2$，因此，电容C_3充电到两端电压$U_{C3} = U_D - E_c/2 = Ec/2 - U_{R1} \approx E_c/2$，当时间常数$\tau = C_3R_1$足够大时，$U_{C3}$基本上保持常量，不随$U_i$而变化。输入电压为负时，$T_2$、$T_4$导通，$U_A$将由$Ec/2$向更正的方向变化，由于$U_D = U_{C3} + U_A$，显然，随着$U_A$的升高D点电位也自动提高。当$U_A$变到$E_c$时，$U_D$可达到$E_c/2 + E_c = 3E_c/2$，这时，相当于D点用了一个$3E_c/2$的电源供电。这种利用$C_3$、$R_1$将D点电位自动提高的电路称为自举电路。电阻$R_1$的作用是把D点和电源$E_c$隔开，为D点电位的升高创造条件。

互补对称电路具有结构简单，效率高、频率响应好，易于集成化、小型化等优点，因而获得了广泛的应用。但是在这种电路中，负载电阻的阻值需限制在一定的范围内，当负载电阻较大或较小时晶体管定额很难满足要求。

为了妥善地解决上述矛盾，可利用变压器进行阻抗变换，从而构成变压器耦合功率放大电路。

三、变压器耦合推挽功率放大电路

1. 电路特点

变压器耦合推挽功率放大电路如图3.2.4所示。其特点是：

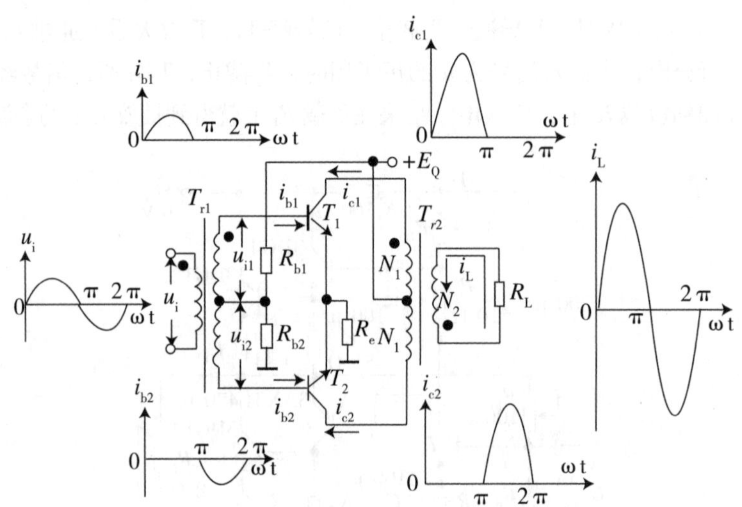

图3.2.4　变压器耦合推挽功率放大电路

(1) T_1 和 T_2 由两个 NPN 同型号并且特性完全相同的管子组成。

(2) 利用变压器原、副边匝数比的不同实现阻抗变换，将实际的负载电阻 R_L 通过原、副边的匝数比 ($n = N_1/N_2$)，变换成所需要的等效电阻 $R_L' = n^2 R_L$；

(3) 为了减小交越失真，静态时利用基极偏置电路，使 T_1 和 T_2 具有较小集电极电流 $I_{C1} = I_{C2}$。由于输出变压器原绕组两部分 (N_1 和 N_2) 的绕向一致，而 I_{C1} 和 I_{C2} 的流向相反，故绕组的直流磁势 $I_{C1}N_1 - I_{C2}N_2 = 0$，即铁芯中无磁通，在工作时不致产生磁饱和现象。这是它的主要优点之一。

2. 工作原理

静态时，$i_L = 0$，无功率输出。因为无输入信号 ($u_i = 0$) 时，I_{C1} 和 I_{C2} 很小，电源供给的直流功率也很小。

当输入正弦信号电压 u_i 时，则通过输入变压器 T_{r1} 将使 T_1 和 T_2 基极得到一个大小相等而极性相反的信号电压 u_{i1} 和 u_{i2}。当 u_i 为正半周时，由变压器的同名端可知 u_{be1} 为正，u_{be2} 为负，于是 T_1 导通，T_2 截止。此时，输出变压器 T_{r2} 的原边上半边绕组有集电极电流 i_{C1} 流过，而下半边绕组无电流，$i_{C2} = 0$。同理，在 u_i 的负半周时，情况正好相反，T_1 截止，T_2 导通。T_{r2} 原边上半边绕组无电流通过，而下半边绕组有电流。于是在一个周期的两个半周内，i_{C1}、i_{C2} 轮流通过 T_{r2} 的原边上下两半绕组，而且大小相等，相位相反。因此，T_{r2} 的副边将有一个较完整的正弦波 i_L 通过负载 R_L。

变压器耦合推挽功率放大电路与互补对称功放电路比较，前者虽然解决了负载与放大电路输出级的阻抗匹配问题，但其体积大、笨重、频带窄、不便于集成等缺点限制了它的使用范围。

【任务实施】

实训 3.2.1　典型复合互补 OTL 功率放大电路调试

一、实训目的

(1) 学会调试电子产品线路。

(2) 学会撰写电子产品简要说明书。

二、实训电路和工作原理

(1) 图 3.2.5 为典型复合互补 OTL 功率放大电路。

(2) 图 3.2.5 中，VT_1 为激励放大，VT_2、VT_3 构成 NPN 复合管，VT_4、VT_5 构成 PNP 复合管。它们构成复合互补的功率放大电路。图中 R_{P1} 为了调节中点电位。VT_2 和 VT_4 两个基极间，串接二极管 VD 和可调到电阻 R_{P2}，是为了克服交越失真。调节 R_{P2} 可调节输出管的静态工作点。由 R_2 和 C_2 组成的“自举电路”可克服输出电压的顶部失真。C_1 和 C_3 为隔直电容。

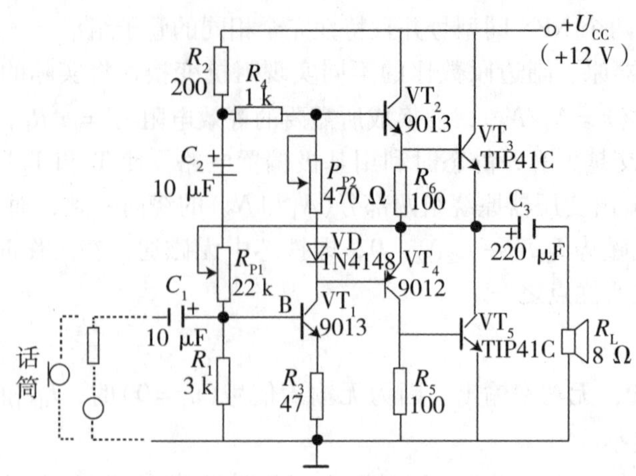

图 3.2.5　OTL 功率放大电路

三、实训设备

(1)装置中的直流可调稳压电源(+12 V)、函数信号发生器、示波器、数字万用表。

(2)单元：VT$_2$、VT$_3$、BX9(插入 9013)、R$_{01}$、R$_{02}$、R$_{09}$、R$_{10}$、R$_{11}$、R$_{13}$、RP$_2$、RP$_7$、C$_{06}$ ×02、C$_{07}$。

四、实训内容与实训步骤

(1)按图 3.2.5 所示电路完成接线。

(2)由函数信号发生器提供正弦信号输入，使 $U_{iPP}=100$ mV，$f=1000$ Hz 的正弦信号输入，用示波器观察 R_L 上电压的波形(要求不失真)。若复合管放大倍数过大，引起输出波形失真，则可适当减小输入信号的 U_{iPP}。

(3)以话筒取代函数信号发生器，输入极低音量的音乐，测听喇叭输出音乐的音质。

五、实训注意事项

(1)由于线路比较复杂，导线间的分布电容很容易造成干扰，影响音质。因此对各元件的布局要尽量与电路一致，而且导线尽量要短，尽量少交叉，特别是不要平行走线。

(2)信号输入最好采用屏蔽线，屏蔽层(铜网)的一端接地。

(3)示波器电源要经过隔离变压器供电。

六、实训报告要求

(1)写出调试过程。

(2)撰写 OTL 扩音机(电子产品)的技术说明书(并说明采用复合管的优点，各个电位器的作用及自举电路改善性能的原理，说明书要求 1000 字左右)。

实训 3.2.2　OTL 功率放大电路的故障排除

一、实训目的

(1)学会对电子产品线路故障进行分析与排除。

(2)掌握分析故障的一般方法。

二、实训电路与工作原理

在图 3.2.5 中，以组合模块 AX17、AX18 取代 VT_2 和 VT_4，由教师预置电路故障，(AX17 与 AX18 的故障设置见附录)。

三、实训设备

(1)装置中的直流可调稳压电源(+12V)、函数信号发生器、双踪示波器、数字万用表。

(2)单元：VT_2、VT_3、BX9(插入 9013)、R_{01}、R_{02}、R_{09}、R_{10}、R_{11}、R_{13}、RP_2、RP_7、$C_{06}\times 2$、C_{07}、AX17、AX18 组合模块。

四、实训内容与实训步骤

要求学生在规定时间内找出故障，并用其他单股细线及元件进行修理，使其正常进行(排故时间视预置故障的数量和难度而定，并留有余地，约为未知故障教师用时的一倍)。

五、实训注意事项

(1)请指导教师介绍排除故障的一般方法。

(2)学生要根据排除故障的一般方法，逐步检查并缩小检查范围，排除可能故障，切忌乱查、乱改线路。

六、实训报告要求

根据排除故障过程，撰写排除故障的一般方法与排除故障顺序。

【习题三】

一、填空题

1. 根据三极管导通时间的不同对放大电路进行分类，在输入信号的整个周期内，三极管都导通的称为________类放大电路；只有半个周期导通的称为________类放大电路；有半个多周期导通的称为________类放大电路。

2. 在乙类互补对称功率放大电路中，由于三极管存在死区电压而导致输出信号在过零点附近出现失真，称之为________。

3. 功率放大电路采用甲乙类工作状态是为了克服________，并有较高的________。

4. 乙类互补对称功率放大电路的效率比甲类功率放大电路的________，在理想情况下，其数值可达________。

二、选择题

1. 功率放大电路的效率是指(　　)。

A. 不失真输出功率与输入功率之比

B. 不失真输出功率与电源供给功率之比

C. 不失真输出功率与管耗功率之比

D. 管耗功率与电源供给功率之比

2. 乙类互补对称功率放大电路会产生交越失真的原因是(　　)。

A. 输入电压信号过大

B. 三极管电流放大倍数太大

C. 晶体管输入特性的非线性

D. 三极管电流放大倍数太小

3. 若一个乙类双电源互补对称功率放大电路的最大输出功率为 4 W，则该电路的最大管耗约为(　　)。

A. 0.8 W　　B. 4 W

C. 0.4 W　　D. 无法确定

4. 甲类功率放大电路比乙类功率放大电路(　　)。

A. 失真小、效率高　　B. 失真大、效率低

C. 管耗大、效率高　　D. 失真小，效率低

5. 交越失真是(　　)。

A. 饱和失真　　B. 频率失真

C. 线性失真　　D. 非线性失真

6. 复合管的优点之一是(　　)。

A. 电流放大倍数大　　B. 电压放大倍数大

C. 输出电阻增大　　D. 输入电阻减小

7. 为了向负载提供较大功率，放大电路的输出级应采用(　　)。

A. 共射极放大电路　　B. 差分放大电路

C. 功率放大电路　　D. 复合管放大电路

三、计算题

1. 电路如图3.1所示，$V_{CC}=V_{EE}=20$ V，$R_L=10\ \Omega$，晶体管的饱和压降 $U_{CES}=0$ V，输入电压 u_i 为正弦信号。试求：(1)最大不失真输出功率、电源供给功率、管耗及效率；(2)当输入电压振幅 $U_{im}=10$ V 时，输出功率、电源供给功率、功率及管耗；(3)该电路的最大管耗。

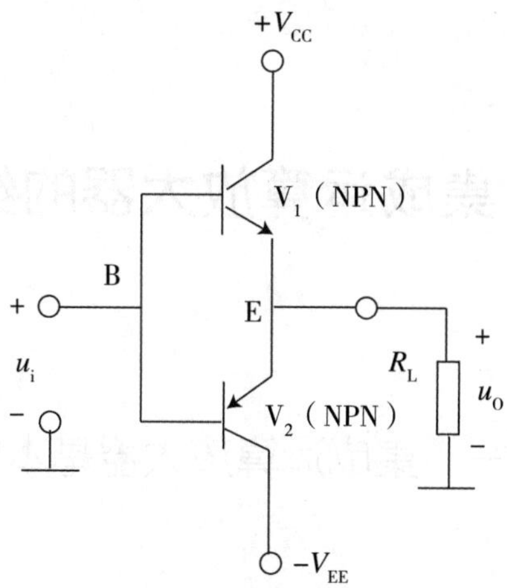

图 3.1　题 1 图

2. 电路如图 3.2 所示，设 V_1、V_2的饱和压降为 0.3 V，求最大不失真输出功率、管耗及电源供给功率。

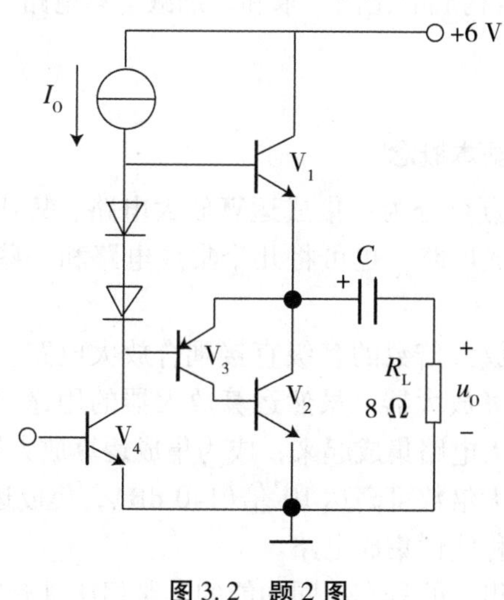

图 3.2　题 2 图

项目四　集成运算放大器的线性应用

任务一　集成运算放大器基本电路

【任务描述】

(1)了解集成运放的组成及理想集成运放的技术指标。

(2)了解集成运放的两个工作区、工作条件及特性。

(3)认识差动放大电路。

(4)会分析由集成运放构成的比例、求和、加减运算电路。

【知识学习】

一、集成运算放大器基本概念

模拟集成电路按其特点可分为：集成运算放大电路、集成稳压电路、集成功率放大电路以及其他种类的集成电路。也可将几个集成电路和一些元件组合成具有一定功能的模块电路。

运算放大器是一种高放大倍数的多级直接耦合放大电路。由于该电路最初被用于数学运算中，所以称为运算放大器。虽然运算放大器的用途早已不限于运算，但仍沿用此名称。把整个运算放大电路集成起来，成为集成运算放大器，简称集成运放。

目前，集成运放的放大倍数可高达10^7倍(140 dB)，集成运放工作在放大区时，输入与输出呈线性关系，又称线性集成电路。

集成运放与分立元件组成的具有相同功能的电路相比具有以下特点：

(1)由于集成工艺不能制作大容量的电容，所以电路结构均采用直接耦合方式。

(2)为了提高集成度和集成电路的性能，一般集成电路的功耗要小，这样集成运放各级的偏置电流通常较小。

(3)集成运放中的电阻元件是利用硅半导体材料的体电阻制成的，所以集成电路中的电阻阻值范围有一定的限制，一般是几十欧姆到几万欧姆，电阻阻值太大或太小都不易制造。

(4)在集成电路中，制造有源器件(晶体三极管、场效应管)比制造大电阻占用的面积小，且在工艺上也不麻烦，因此在集成电路中常大量使用有源器件来组成有源负载，从而获得大电阻，提高放大电路的放大倍数；还可以将有源器件组成恒流源，以获得稳定的偏置电流；二极管常用三极管代替。

(5)在集成电路中各元件的绝对精度差，但相对精度高，故对称性好，特别适宜制作对对称性要求高的电路。

(6)在集成电路中，采用复合管的接法，以改变单管的性能。

集成运放的原理框图如图 4.1.1 所示，主要由 4 个主要部分组成。

①输入级：有两个输入端，一个输入端与输出端成同相关系，另一个输入端同输出端成反相关系。温度漂移小。

②中间级：主要完成电压放大任务。

③输出级：完成功率放大的任务。

④偏置电路：向各级提供稳定的静态工作电流。

另外还有一些辅助电路：如电平偏移电路、短路保护电路等。

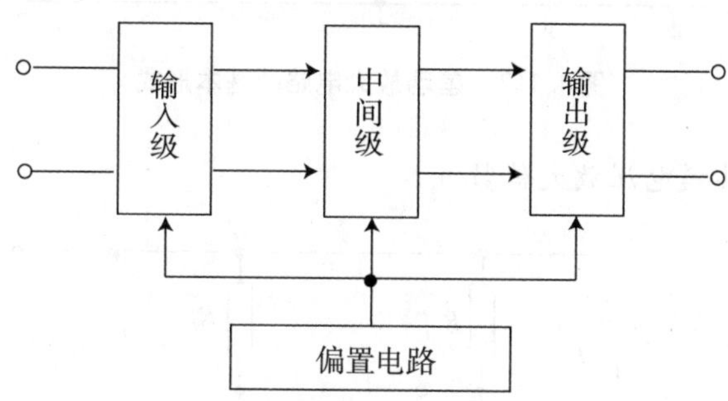

图 4.1.1　集成运放原理框图

二、零点漂移

输入交变信号为 0 时的输出电压值被称为放大器的零点。零点不一定为 0，但我们希望它为 0。

(1)零点漂移的原因：

①直接耦合使得各级 Q 点互相影响，如果前级 Q 点发生变化，则会影响到后级的 Q 点。

②由于各级的放大作用，第一级的微弱变化将经过多级放大器的放大，使输出端产生很大的变化。

③环境温度的变化而引起工作点的漂移。

由于上述原因，当输入短路时，输出将随时间缓慢变化，这种输入电压为 0，输出电压偏离零点的变化称为零点漂移。

(2)零点漂移的危害：测量误差；淹没真正信号；使自动控制发生错误动作。

(3)零点漂移的衡量：零点漂移一般将输出漂移电压折合到输入端来衡量。

克服零点漂移最有效的措施之一就是采用差动放大电路。

三、差动放大电路

1. 基本形式

差动放大电路的基本形式如图 4.1.2 所示。对电路的要求：两个电路的参数完全对称，两个管子的温度特性也完全对称。该电路是靠电路的对称来消除零点漂移的。输入信号可有两种类型：共模信号和差模信号。

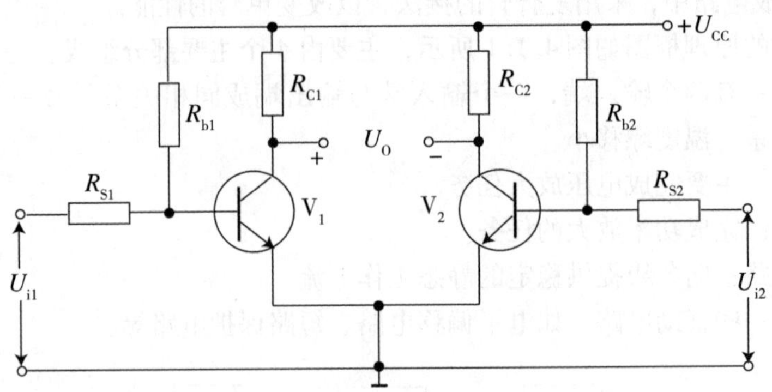

图 4.1.2 差动放大电路的基本形式

2. 共模信号及共模电压放大倍数 A_{uc}

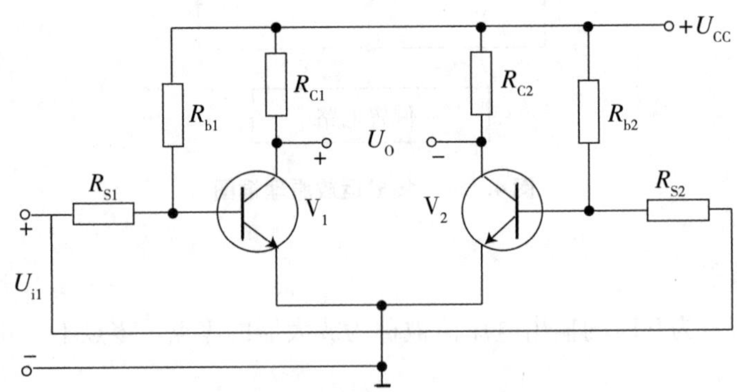

图 4.1.3 差动放大电路的共模输入信号

共模信号是指在差动放大管 V_1 和 V_2 的基极接入幅度相等、极性相同的信号。

$$U_{i1} = U_{i2} = U_{ic1} = U_{ic2} = U_{ic} = U_i$$

共模信号通常都是无用信号。共模信号对两管的作用是同向的，$U_{oc1} = U_{oc2}$，$U_{oc} = U_{oc1} - U_{oc2} = 0$

所以共模电压放大倍数：

$$A_{uc} = \frac{U_{oc}}{U_{ic}} = 0$$

说明：当差动放大电路对称时，对共模信号的抑制能力特强。

3. 差模信号及差模电压放大倍数 A_{ud}

差模信号是指放大器两个输入端的信号电压之差。

$$U_{id} = U_{i1} - U_{i2}$$

当电路对称时，

$$U_{id1}=U_{id2}=\frac{1}{2}U_{id}$$

所以，有时把差模信号定义为幅度相等而极性相反的一对信号。

据图 4.1.4 推导差模电压放大倍数：

设：$A_{u1}=U_{o1}/U_{i1}$是 V_1管的电压放大倍数，$A_{u2}=U_{o2}/U_{i2}$是 V_2管的电压放大倍数。因电路全对称，所以有

$$A_{u1}=A_{u2}=A_{u单}$$

$$U_o=U_{o1}-U_{o2}=A_{u1}U_{i1}-A_{u2}U_{i2}=A_{u单}(U_{i1}-U_{i2})$$

该式说明，当两个输入信号有差别时，有信号电压输出；当两个输入信号完全相同时，输出电压为 0。由此可见，完全对称的差动放大器只能放大差模信号，不能放大共模信号，这正是差动放大器名称的来由。

差模放大电压放大倍数：

$$A_{ud}=\frac{U_o}{U_{id}}=\frac{A_{u单}(U_{i1}-U_{i2})}{U_{i1}-U_{i2}}=A_{u单}\approx-\frac{\beta R_L'}{R_s+r_{be}}$$

$$R_L'=R_C/\!/(R_L/2)$$

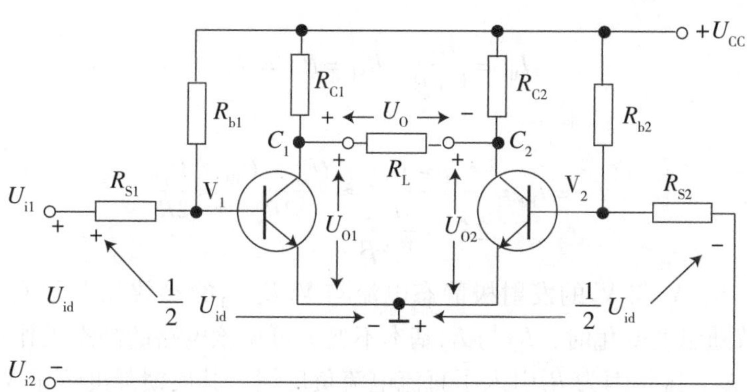

图 4.1.4　差动放大电路的差模输入信号

基本差动放大电路靠电路的对称性，在电路的两管集电极 C_1、C_2间输出，将温度的影响抵消，我们称这种输出为双端输出。而在实际电路中每一个管子并没有任何措施消除零点漂移，所以，基本差动电路存在如下问题。

(1)由于电路难于绝对对称，所以输出仍然存在零点漂移。

(2)由于每个管子没有采取消除零点漂移的措施，所以当温度变化范围十分大时，差动放大管有可能进入截止或饱和，使放大电路失去放大性能。

(3)在实际工作中，常常需要对地输出，即从 C_1或 C_2对地输出(单端输出)，而这时的零点漂移与单管放大电路一样，仍然十分严重。

对此，我们提出长尾式差动放大电路。

4. 长尾式差动放大电路

长尾式放大电路又称为发射极耦合差动放大电路。如图 4.1.5 所示，两管通过发射极电阻 R_e和 U_{EE}耦合。

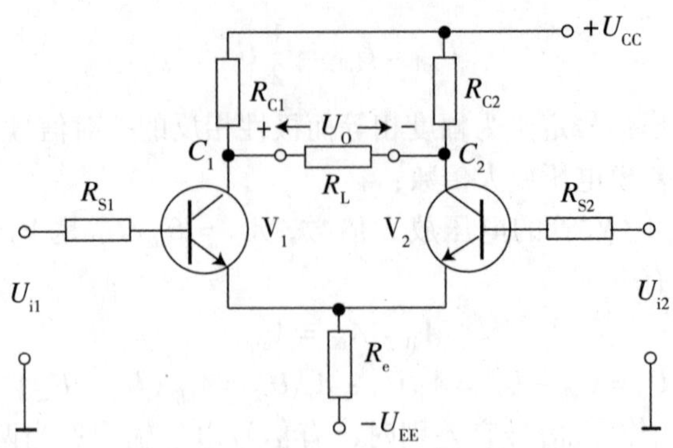

图 4. 1. 5　长尾式差动放大电路

(1)静态工作点的稳定性。

静态时，输入短路，由于流过电阻 R_e 的电流为 I_{E1} 和 I_{E2} 之和，且电路对称，$I_{E1}=I_{E2}$，故

$$U_{EE}-U_{BE}=2I_{E1}R_e+I_{B1}R_{S1}$$

又

$$I_{B1}=\frac{I_{E1}}{1+\beta},\ R_{S1}=R_{S2}=R_S$$

所以

$$I_{E1}=I_{E2}=\frac{U_{EE}-U_{BE}}{2R_e+\dfrac{R_s}{1+\beta}}\approx\frac{U_{EE}-U_{BE}}{2R_e}\approx\frac{U_{EE}}{2R_e}$$

由上式可知，V_1 与 V_2 的发射极静态电流与 V_1 及 V_2 的参数几乎无关，所以认为当 V_1 与 V_2 的参数随温度变化时，I_{E1} 与 I_{E2} 基本不变。可见该电路的静态工作点要比基本差动电路稳定得多。这是因为 R_e 引入了直流电流负反馈，其反馈强度等于 V_1 管及 V_2 管的发射极支路中各接入一个 $2R_e$ 电阻产生的负反馈强度。

(2)对共模信号的抑制作用。

图 4. 1. 6 所示为长尾式差动放大电路共模交流通路。

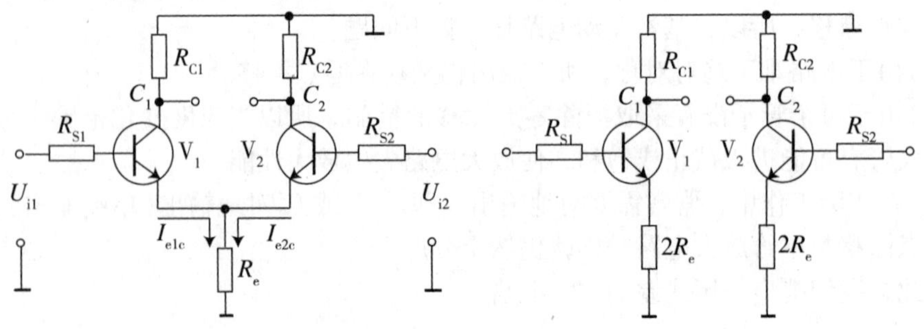

(a)共模信号交流通路形式之一　　　　(b)共模信号交流通路形式之二

图 4. 1. 6　长尾式差动放大电路共模交流通路

差动放大器对共模信号的抑制能力可以用共模电压放大倍数 A_{uc} 的大小来衡量，A_{uc} 越小，共模抑制能力越强。

长尾式差动放大电路仍具有对称性，当绝对对称时，若采用双端输出方式，$A_{uc}=0$。

由图4.1.6还可以看出：V_1 管的发射极共模电流 I_{e1c} 和 V_2 管的发射极共模电流 I_{e2c} 以相同方向流过 R_e，在 R_e 两端形成较大的共模电压降，所以 R_e 对共模信号能产生很强的串联电流负反馈。由于负反馈会使放大倍数下降，因此，即使电路不完全对称或采用单端输出方式，长尾式差动放大电路的共模电压放大倍数也很小。可见，长尾式差动放大器对共模信号的抑制能力要比基本差动电路高得多。

每只单管的情况如下：

因为在共模信号的作用下，V_1 与 V_2 的发射极共模电压 $U_{e共}=(I_{e1c}+I_{e2c})R_e=2I_{e1c}R_e=2I_{e2c}R_e$，所以，在 V_1 与 V_2 的发射极公共支路中接入的电阻 R_e，可以等效地看作在每一只管子的发射极支路中各接入一个 $2R_e$ 的电阻，如图4.1.6(b)所示。由于2Re的负反馈作用，使每一只单管放大器的共模放大倍数下降，共模输出减小，共模抑制能力提高。由于差动放大器输出端的零点漂移可以等效地看作在输入端加了一对共模信号，并在输出端产生共模输出，所以共模抑制能力提高，同时也表明抑制零点漂移的能力提高。长尾式差动电路，既能有效地抑制共模信号，又能有效地克服零点漂移。

(3)对差模信号的放大作用

在差模信号的作用下，长尾电路的工作状况如图4.1.7所示，图中标出的各电流、电压的指向是规定正方向。在此规定正方向下，若电路绝对对称，则两管的差模输入电压 $U_{id1}=-U_{id2}$，两管的发射极电流 $I_{e1d}=-I_{e2d}$，所以流过 R_e 的差模电流为：

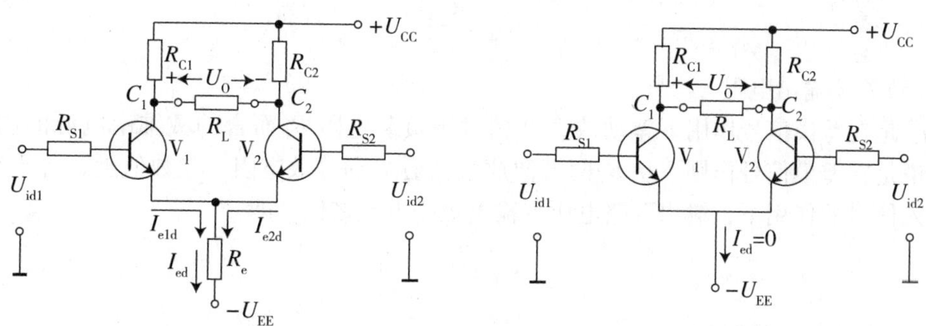

(a)差模电流情况　　(b)差模交流电路

图4.1.7　长尾式差动放大电路差模信号工作情况

$$I_{ed}=I_{e1d}+I_{e2d}=I_{e1d}-I_{e1d}=0$$

所以，R_e 两端无差模电压降。因此，在画差模交流通路时，应当把 R_e 视为短路。由于 R_e 两端无差模电压降，所以 R_e 对差模信号不产生反馈。可求得

$$A_{ud}=-\frac{\beta R_L'}{R_s+r_{be}}$$

5. *差动放大器的主要指标*

(1)差模电压放大倍数 A_{ud}。

差模电压放大倍数 A_{ud} 是在差模输入信号的作用下，产生输出电压 U_{od} 与差模输入电压 U_{id} 之比，即

$$A_{ud}=\frac{U_{od}}{U_{id}}$$

(2)共模电压放大倍数 A_{uc}。

共模电压放大倍数 A_{uc} 是在共模输入信号的作用下，产生输出电压 U_{oc} 与差模输入电压 U_{ic} 之比，即

$$A_{uc}=\frac{U_{oc}}{U_{ic}}$$

在 A_{ud} 不变的条件下，A_{uc} 越小，共模抑制能力越强，零点漂移越小。

(3)共模抑制比 CMRR。

CMRR 是共模抑制比(common mode rejection ratio)的英文缩写。

CMRR 是差模电压放大倍数 A_{ud} 与共模放大倍数 A_{uc} 的绝对值之比，即

$$CMRR=\left|\frac{A_{ud}}{A_{uc}}\right|$$

CMRR 可以更确切地表明差动电路的共模抑制能力。

(4)差模输入电阻 r_{id}。

r_{id} 是差动放大器对差模信号呈现的等效电阻。在数值上，等于差模输入电压 U_{id} 与差模输入电流 I_{id} 之比。

$$r_{id}=\frac{U_{id}}{I_{id}}$$

(5)差模输出电阻 r_{od}。

r_{od} 是在差模信号作用下差动放大器相对于负载电阻 R_L 而言的戴维南电源的内阻；或者说是在差模信号作用下从 R_L 两端向放大器看去的等效电阻。在数值上，等于在差模输入信号的作用下，输出开路电压与输出短路电流之比，即

$$r_{od}=\frac{U_{o\infty d}}{I_{o0d}}$$

(6)共模输入电阻 r_{ic}。

r_{ic} 是差动放大器对共模信号源呈现的等效电阻，在数值上，r_{ic} 等于共模输入电压 U_{ic} 与共模输入电流 I_{ic} 之比，即

$$r_{ic}=\frac{U_{ic}}{I_{ic}}$$

6. *恒流源差动放大器*

在长尾式差动放大电路中，由于接入 R_e，提高了共模信号的抑制能力，且 R_e 愈大，抑制能力愈强。但是若 R_e 增大，则 R_e 上的直流压降也会增大，为了保证管子的正常工作，因此必须提高电源电压，这是不合算的。为此希望有这样一种器件，它的

交流电阻 r 大，而直流电阻 R 小，恒流源就有此特性。

$$r=\frac{\Delta U}{\Delta I}\to\infty \qquad R=\frac{U}{I}$$

恒流源的电流电压特性如图 4. 1. 8 所示。

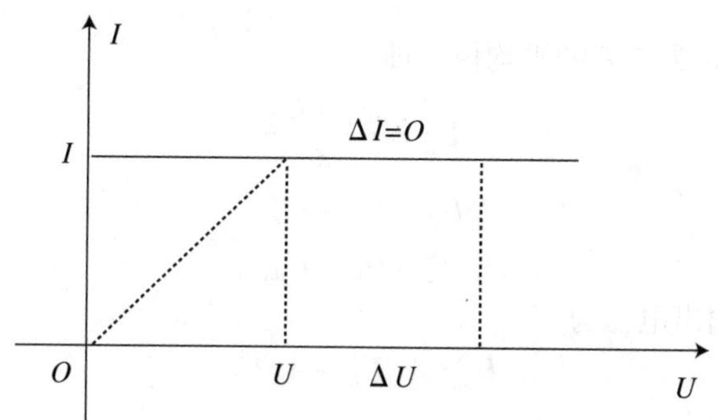

图 4. 1. 8　恒流源的电流电压特性

将长尾式中的 R_e 用恒流源代替，即得恒流源差动放大电路，如图 4. 1. 9 所示。恒流源电路等效电路也如图 4. 1. 9(b) 所示。

$$I_{E1}=I_{E2}\approx\frac{1}{2}I_{E3}$$

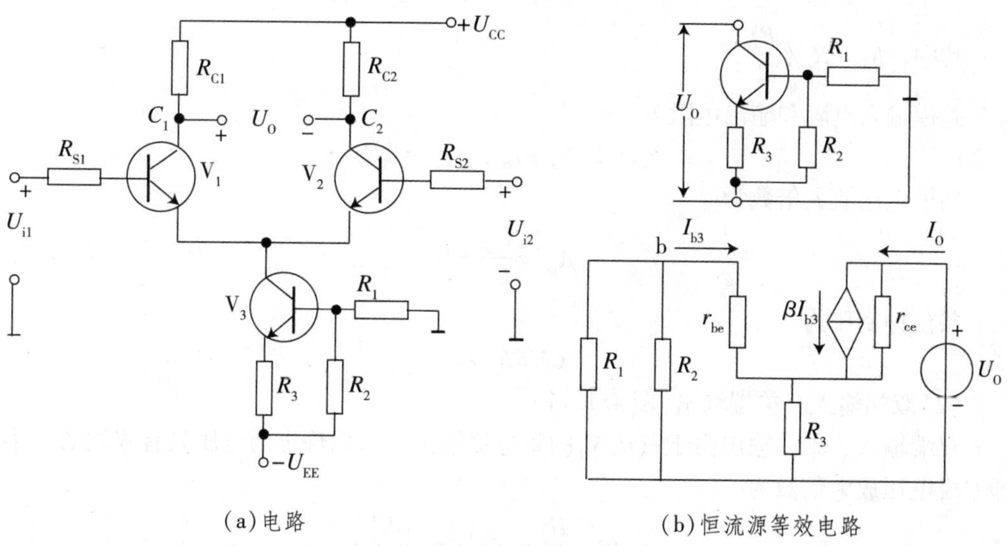

图 4. 1. 9　恒流源差动放大电路

7. 一般输入情况

如果差动放大电路的输入信号既不是共模信号也不是差模信号，即 $|U_{i1}|\neq|U_{i2}|$，又应如何处理呢？此时可将输入信号分解成为一对共模信号和一对差模信号，它们共同作用在差动放大电路的输入端。设差动放大电路的输入为 U_{i1} 和 U_{i2}，则差模输入电压

U_{id}是二者之差，即

$$U_{id}=U_{i1}-U_{i2}$$

每一只管子的差动信号为

$$U_{id1}=|U_{id2}|=\pm\frac{1}{2}U_{id}=\pm\frac{1}{2}(U_{i1}-U_{i2})$$

共模输入电压 U_{ic}为二者的平均值，即

$$U_{ic}=\frac{U_{i1}+U_{i2}}{2}$$

$$U_{i1}=U_{ic}+U_{id1}$$

$$U_{i2}=U_{ic}-U_{id1}$$

按叠加原理，输出电压为

$$U_o=A_{ud}U_{id}+A_{uc}U_{ic}$$

8. *差动放大电路的四种接法*

由于差动放大电路有两个输入端和两个输出端，所以信号的输入、输出有以下四种方式。

(1)双端输入、双端输出(图 4. 1. 10)。

差模电压放大倍数为

$$A_{ud}=\frac{U_o}{U_i}=-\frac{\beta R_L'}{R_s+r_{be}}$$

其中，$R_L'=R_c/\!/\frac{R_L}{2}$。

差模输入电阻和输出电阻为

$$r_{id}=2(R_s+r_{be}),\ r_{od}\approx 2R_c$$

共模电压放大倍数为

$$A_{uc}=\frac{U_{oc}}{U_{ic}}=0$$

共模抑制比为

$$CMRR\to\infty$$

(2)双端输入、单端输出(图 4. 1. 11)。

双端输入、单端输出由于只从 V_1的集电极输出，所以输出的电压只有双端的一半，即差模电压放大倍数为

$$A_{ud}单=\frac{U_o}{U_i}=-\frac{1}{2}\cdot\frac{\beta R_L'}{R_s+r_{be}}$$

其中，$R_L'=R_c/\!/R_L$

如果从 V_2管输出，仅是 U_o 的相位与前者相反，即去掉负号。

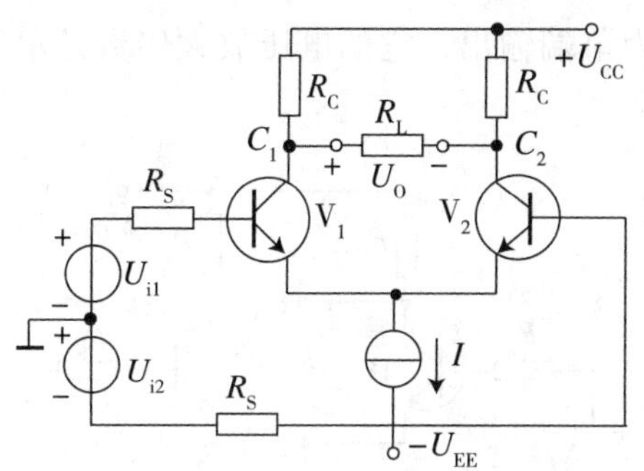

图 4.1.10　**双端输入、双端输出**

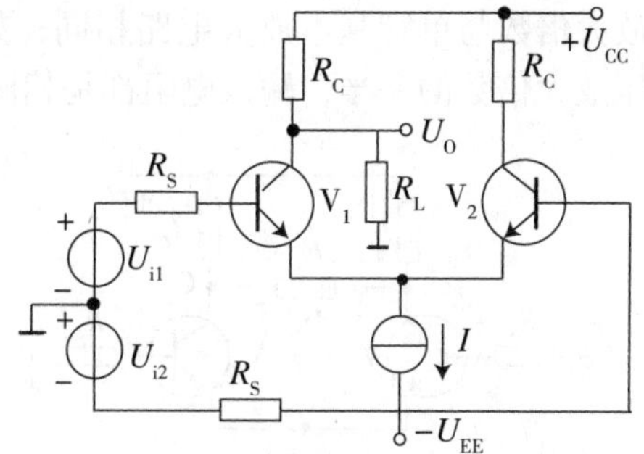

图 4.1.11　**双端输入、单端输出**

输入电阻为

$$R_{id}=2(R_s+r_{be})$$

输出电阻为

$$r_{od}\approx R_c$$

共模电压放大倍数为

$$A_{ac单}=-\frac{\beta R'_L}{r_{be}+R_s+2(1+\beta)R_e}$$

共模抑制比为

$$CMRR=\left|\frac{A_{ud}}{A_{uc}}\right|=\frac{R_s+r_{be}+2(1+\beta)R_e}{2(R_s+r_{be})}=\frac{1}{2}+\frac{(1+\beta)R_e}{R_s+r_{be}}\approx\frac{\beta R_e}{R_s+r_{be}}$$

(3)单端输入、双端输出(图 4.1.12)。

单端输入、双端输出如图 4.1.12 所示，U_i仅加在 V_1管输入端，V_2管输入端接地；或者 U_i仅加在 V_2管输入端，V_1管输入端接地，这种输入方式称为单端输入。

$$U_{id}=U_{i1}-U_{i2}=U_i$$

$$U_{ic}=\frac{U_{i1}+U_{i2}}{2}=\frac{1}{2}U_i$$

$$U_{i1}=U_{ic}+\frac{1}{2}U_{id}=\frac{1}{2}U_i+\frac{1}{2}U_{id}=\frac{1}{2}U_i+\frac{1}{2}U_i$$

$$U_{i2}=U_{ic}-\frac{1}{2}U_{id}=\frac{1}{2}U_i-\frac{1}{2}U_{id}=\frac{1}{2}U_i-\frac{1}{2}U_i$$

当忽略电路对共模信号的放大作用时，单端输入就可等效为双端输入情况，故双端输入、双端输出的结论均适用单端输入、双端输出。

这种接法的特点是：可把单端输入的信号转换成双端输出，作为下级的差动输入，适用于负载两端任何一端不接地，而且输出正负对称性好的情况。

(4)单端输入、单端输出(图 4.1.13)。

单端输入、单端输出按与前面同样的方法，可得出它与双端输入、单端输出等效。

这种接法的特点是：它比单管基本放大电路具有较强的抑制零点漂移能力，而且可根据不同的输出端，得到同相或反相关系。

综上所述，差动放大电路电压放大倍数仅与输出形式有关，如为双端输出，它的差模放大倍数与单管基本放大电路相同；如为单端输出，它的电压放大倍数是单管基本电压放大倍数的一半，输入电阻都是相同的。

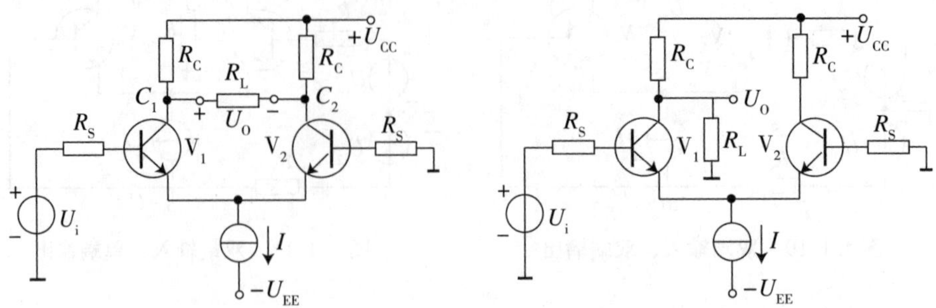

图 4.1.12　单端输入、双端输出　　　　图 4.1.13　单端输入、单端输出

四、电流源电路

1. 镜像电流源电路

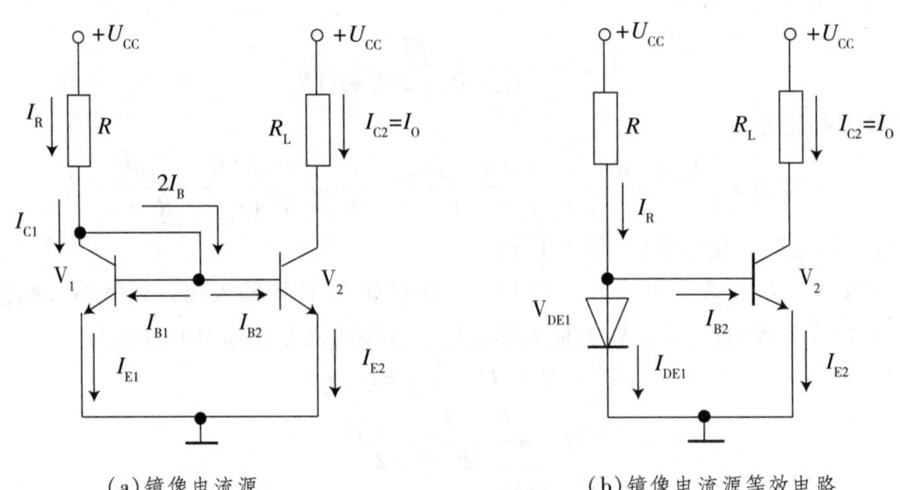

(a)镜像电流源　　　　(b)镜像电流源等效电路

图 4.1.14　镜像电流源及其等效电路

由于两管特性相同，即 $I_{E1}=I_{E2}=I_{DE1}$，如图 4.1.14(b)可知：

$$I_R=I_{DE1}+I_{B2}=I_{E2}+I_{B2}=I_{C2}+I_{B2}+I_{B2}$$

$$=I_{C2}+\frac{2}{\beta}I_{C2}=\left(1+\frac{2}{\beta}\right)I_{C2}$$

当 $\beta \gg 2$ 时

$$I_R \approx I_{C2}$$

$$I_R=\frac{U_{CC}-U_{BE2}}{R}$$

当 $U_{CC} \gg U_{BE2}$ 时

$$I_R \approx \frac{U_{CC}}{R}$$

所以我们得出，当 $\beta>>2$ 时

$$I_o=I_{C2}\approx I_R\approx\frac{U_{CC}}{R}$$

可见 I_0 和 I_R 之间为镜像关系。

2. 比例电流源(图 4.1.15)

上面讨论的是 I_o 等于 I_R 的镜像电流源，但是在模拟集成电路中也常常需要 I_o 不等于 I_R 的恒流源。其常用电路如 4.1.15 图所示，它是在基本镜像电流源的两个三极管发射极上分别串接了两个电阻。由于 V_1 与 V_2 的特性完全相同，当 I_{E1} 与 I_{E2} 相差不大(小于 10 倍)时，可以近似地认为

$$U_{BE1}=U_{BE2}$$

$$I_{E1}R_{e1}=I_{E2}R_{e2}$$

当 $\beta>>1$ 时

$$I_{E2}=I_{C2}+I_{B2}\approx I_{C2}=I_o$$

$$I_{E1}=I_R-I_{B2}\approx I_R$$

所以有

$$I_RR_{e1}\approx I_oR_{e2}$$

$$\frac{I_o}{I_R}=\frac{R_{e1}}{R_{e2}}$$

可见，改变两管发射极电阻的比值，就可以调节输出电流和基准电流的比值。

3. 微电流源(图 4.1.16)

为了得到微安量级的输出电流，而又不使限流电阻过大，可采用如图 4.1.16 所示的电路。

图中 R 为限流电阻，R_{e2} 用来控制 I_o 的大小。

由图可知

$$U_{BE2}=U_{BE1}-I_{E2}R_{e2}$$

$$I_o=I_{C2}=I_{E2}-I_{B2}\approx I_{E2}$$

$$I_o=\frac{U_{BE1}-U_{BE2}}{R_{e2}}$$

由于 U_{BE1} 和 U_{BE2} 差别很小，用阻值不大的 R_{e2}，就可以获得微小的 I_0。

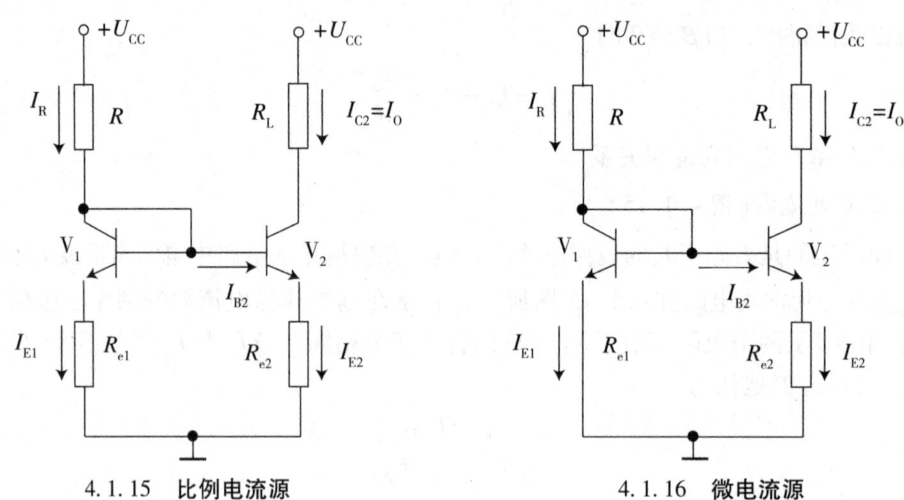

4.1.15 **比例电流源**　　　4.1.16 **微电流源**

4. 多路电流源

用一个参考电流去控制多个输出电流，就构成了多路电流源，如图 4.1.17 所示。

图中，V_1与V_2，V_2与V_3分别构成微电流源，V_2与V_4构成基本镜像电流源。可见V_2为参考电流。

多路电流源常用于集成电路中作偏置电路，同时给多个放大器提供偏置电流。

5. 作为有源负载的电流源电路

恒流源在集成电路中除了设置偏置电流外，还可以作为放大器的有源负载，以提高电压放大倍数，如图 4.1.18 所示。

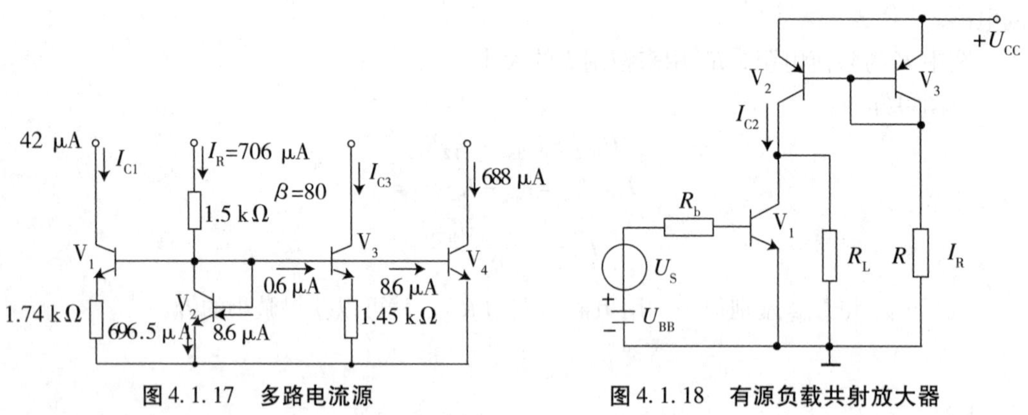

图 4.1.17　多路电流源　　　**图 4.1.18　有源负载共射放大器**

我们知道，放大电路的电压放大倍数正比于负载电阻 R'_L。

$$R'_L = R_C // R_L$$

可见，提高 R_C可提高放大倍数。但 R_C增大，会影响静态工作点，使放大电路的动态范围减小。而电流源具有交流电阻大、直流电阻小的特点，故用电流源代替电阻 R_C，利用其交流电阻大的特点可以有效地提高该级的电压放大倍数。

五、集成运算放大器的应用

1. 集成运放应用基础

集成运放最早被应用于信号的运算，它可对信号完成加、减、乘、除、对数、微分、积分等基本运算，所以称为运算放大器。目前集成运放的应用几乎渗透到电子技术的各个领域，除运算外，它还可以对信号进行处理、变换和测量，也可用来产生正弦信号和各种非正弦信号，成为电子系统的基本功能单元。

集成运放符号如图 4.1.19(a)所示，图中"▷"表示信号传输方向是从左到右；"∞"表示理想条件；"+"表示同向输入端，说明信号由此端输入，则输出信号与输入信号同向；"-"表示反向输入端，说明信号由此端输入，则输出信号与输入信号反向；还有一个输出端。另外，集成运放要有直流电源才能工作，大多数集成运放要有两个直流电源供电。

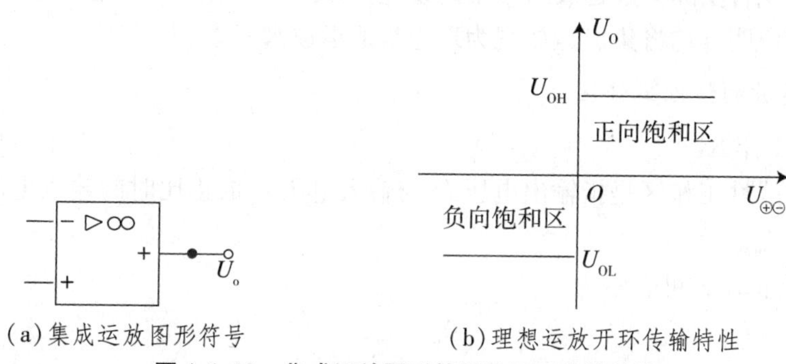

(a)集成运放图形符号　　(b)理想运放开环传输特性

图 4.1.19　集成运放图形符号及开环传输特性

集成运放的性能指标如下：

(1)开环差模电压放大倍数 A_{ud}。

A_{ud}是指集成运放在无外加反馈回路的情况下的差模电压放大倍数，即

$$A_{ud}=\frac{U_o}{U_{id}}$$

对于集成运放而言，希望 A_{ud}大，且稳定。目前可达到 140 dB(10^7倍)，理想集成运放认为 A_{ud}为无穷大

(2)最大输出电压 U_{op-p}。

最大输出电压是指在额定的电压下，集成运放的最大不失真输出电压的峰-峰值。

(3)差模输入电阻 r_{id}。

r_{id}的大小反映了集成运放输入端向差模输入信号源索取电流的大小，F007 的 $r_{id}=2$ MΩ，理想集成运放认为 r_{id}无穷大。

(4)输出电阻 r_o。

r_o的大小反映了集成运放在小信号输出时的负载能力，理想集成运放认为 r_o为零。

(5)共模抑制比 *CMRR*。

CMRR 反映了集成运放对共模信号的抑制能力，理想集成运放认为 $CMRR=\infty$ 。

2. 理想集成运算放大电路

大多数情况下，将集成运放视为理想集成运放。所谓理想集成运放，就是将集成

运放的各项技术指标理想化。即

(1)开环差模电压放大倍数 $A_{ud}=\infty$；

(2)输入电阻 $r_{id}=\infty$，$r_{ic}=\infty$；

(3)输入偏置电流 $I_{B1}=I_{B2}=0$；

(4)失调电压 U_{IO}、失调电流 I_{IO}以及它们的温度飘移均为零；

(5)共模抑制比 CMRR $=\infty$；

(6)输出电阻 $r_{od}=0$；

(7) −3 dB 带宽 $f_h=\infty$；

(8)无干扰、噪声。

由于实际集成运放与理想集成运放比较接近，因此在分析、计算应用电路时，用理想集成运放代替实际集成运放所带来的误差并不严重，在一般工程计算中是允许的。以后凡未特别说明，均将集成运放视为理想集成运放来考虑。

3. 集成运放的线性工作区

(1)线性工作区。

放大器的线性工作区是指输出电压 U_o与输入电压 U_i成正比时的输入电压 U_i的取值范围，$U_{imin}\sim U_{imax}$。

U_o与 U_i成正比，可表示为

$$U_o=A_uU_i$$

所以

$$U_{imin}=\frac{U_{omin}}{A_u},\quad U_{imax}=\frac{U_{omax}}{A_u}$$

为讨论方便，我们作如下约定：

U_+——运放同相端的电位；

U_-——运放反相端的电位；

$U_{+-}=U_+-U_-$，$U_{-+}=U_--U_+$，代表运放的差模输入信号，U_{+-}与 U_{-+}都是运放的输入电压，只是两者的规定正方向相反。

当集成运放工作在线性区时，作为一个线性放大器件，它的输入信号和输出信号之间满足如下关系：

$$U_o=A_{ud}(U_+-U_-)=A_{ud}U_{+-}$$

(2)开环与闭环的线性范围。

由于集成电路的开环放大倍数很大，而输出电压为有限值，故其输入信号的变化范围很小。在前面我们已知，F007 的开环输入信号为 −0.1 ~ 0.1 mV。这样小的线性范围无法进行线性放大等任务。所以我们说开环的线性范围太小。

为了能够利用集成运放对实际输入信号(它比运放的线性范围大得多)进行放大，必须外加负反馈，这是运放线性应用电路的共同特点。

(3)输入端的“虚短路”。

对于理想运放，$A_{ud}=\infty$，U_o是有限值。

$$U_{+-}=U_{+}-U_{-}=\frac{U_O}{A_{ud}}=0$$

所以

$$U_{+}\approx U_{-}$$

这种特性称为理想运放输入端的“虚短路”，虚短路是指两点之间的电位差趋近于0，但不等于0，仍然有信号电压，而短路是指两点之间的电压等于0，输入端无信号电压。要注意区分。

(4)输入端的“虚开路”。

由于理想运算放大器的输入电阻 $r_{id}=\infty$，而加到运放输入端的电压 U_{+-}是有限值，所以有

$$I_{+}=I_{-}=\frac{U_{+-}}{r_{id}}=\text{无穷小量}\approx 0$$

同理，在共模电压 U_{ic}的作用下，$I_{+}=I_{-}=\frac{U_{ic}}{r_{ic}}=\text{无穷小量}\approx 0$。

说明理想运放的输入电流趋于0，该特性称为理想运放输入端的“虚开路”特性。

4. 集成运放的非线性工作区

集成运放的非线性工作区是指其 U_o与 U_{+-}不成比例时的取值范围。即在非线性工作区，此时 $U_o\neq A_{ud}U_{+-}$。

理想运放的 $A_{ud}=\infty$，所以只要其输入端存在微小的信号电压，其输出电压就立即达到最高电平 U_{OH}或最低电平 U_{OL}，进入饱和状态。如图 4.1.19(b)所示，由该曲线可看出：当 $U_{+}>U_{-}$时，$U_o=U_{OH}$，运放正向饱和；当 $U_{+}<U_{-}$时，$U_o=U_{OL}$，运放负向饱和；当 $U_{+}=U_{-}$时，$U_{OL}<U_o<U_{OH}$，运放状态不确定。只有当 $U_{+}=U_{-}$时，运放才能发生状态转变。

若运放外部引入负反馈，降低放大倍数，此时输出与输入成线性关系，运放工作在线性区。若运放开环工作或引入正反馈，则运放工作在非线性区。

5. 基本运算电路

运算电路就是对输入信号进行比较、加、减、乘、除、积分、微分、对数、反对数等运算。此时集成运放要引入负反馈，工作在线性区。

(1)比例运算电路。

①反相比例运算电路。

反相比例运算电路又叫反相放大器，电路如图 4.1.20 所示。R_1相当于信号源的内阻，R_f是反馈电阻，它引入并联电压负反馈，由于运放的 A_{ud}非常大，所以 R_f引入的是深度负反馈，运放工作在线性区。

因为 $I_{+}=I_{-}\approx 0$，所以 $U_{+}=I_{+}R'\approx 0$，又因为 $U_{+-}\approx 0$，所以 $U_{-}=U_{+}\approx 0$，则有

$$I_1=\frac{U_i-U_-}{R_1}\approx\frac{U_i}{R_1}$$

$$I_1=I_f$$

$$U_o = -I_f R_f = -I_1 R_f = -\frac{R_f}{R_i} U_i$$

上式表明，U_o 与 U_i 是比例关系，其比例系数为 R_f/R_1，负号表示 U_o 与 U_i 相位相反。

闭环增益为

$$A_{uf} = \frac{U_o}{U_i} = -\frac{R_f}{R_1}$$

输入电阻为

$$r_{if} = \frac{U_i}{I_i} = R_1$$

输出电阻为

$$r_o = 0$$

说明：

a. 由于 $U_+ = U_- \approx 0$，所以该电路的共模输入分量很微小，因此对运放的共模抑制比要求不高，这是其突出的优点。

b. 平衡电阻 R'：从集成运放的两个输入端向外看的等效电阻相等，我们称为平衡条件，所以在同相端要接入 R'。上述结论对于双极性管子制成的集成运放均适用，当输入电阻很高时，对此要求不严格。此处 $R' = R_1 // R_f$。

c. 虚地：若某一点的电位是无穷小量，则该点被称为"虚地"点。真正地的电位为0。

d. 反相器。当 $R_1 = R_f$时，$U_o = -U_i$，该电路称为反相器。

②同相比例运算电路。

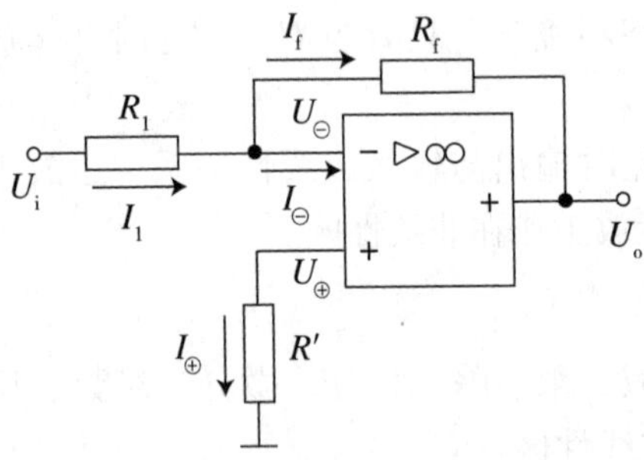

图 4.1.20　反相比例运算电路

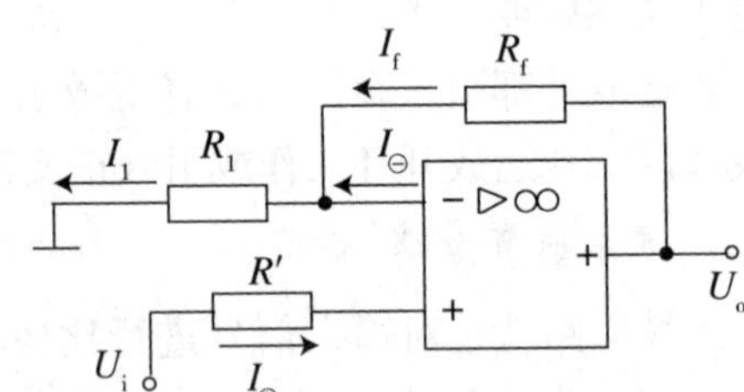

图 4.1.21　同相比例运算电路

同相比例运算电路又叫同相放大器，电路如图 4.1.21 所示。R_1 与 R_f引入深度串联电压负反馈电阻，所以运放工作在线性区域。$R' = R_1 // R_f$为平衡电阻。

因为 $I_+ = I_- = 0$，$U_+ = U_i - I_+ R' = U_i$，$U_{+-} = 0$，$U_- = U_+ = U_i$，$I_1 = I_f$，所以

$$I_1 = \frac{U_+}{R_1} = \frac{U_i}{R_1}$$

$$U_o = I_f R_f + I_1 R_1 = \frac{R_f + R_1}{R_1} U_i = \left(1 + \frac{R_f}{R_1}\right) U_i$$

电压增益为

$$A_{uf}=\frac{U_o}{U_i}=1+\frac{R_f}{R_1}$$

输入电阻为

$$r_i=\frac{U_i}{I_+}=\infty$$

输出电阻为

$$r_o=0$$

说明：

a. 由于该电路的 $U_+\approx U_-\approx U_i$，这表明输入电压几乎全部以共模的形式施加到运放的输入端，因此该电路要求运放的共模抑制比较高，这一缺点是所有同相输入组态的理想运放线性应用电路所共有的，因此限制了这类电路的适用场合。

b. 电压跟随器。

在图 4.1.22 中，当 $R_1=\infty$ 时，则 $U_o=U_i$，此时构成电压跟随器。R_f 具有限流作用，$R'=R_f$，以满足平衡条件。

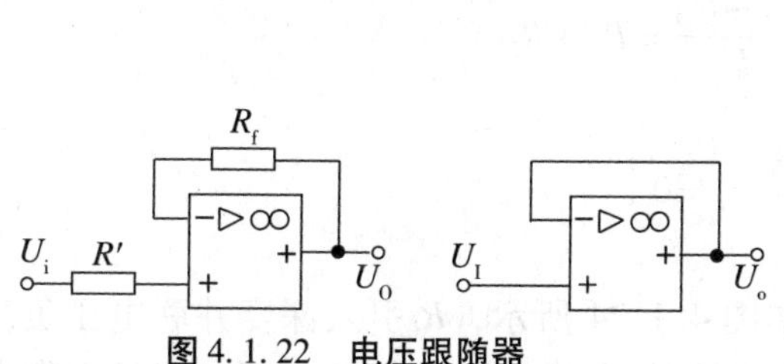

图 4.1.22　电压跟随器

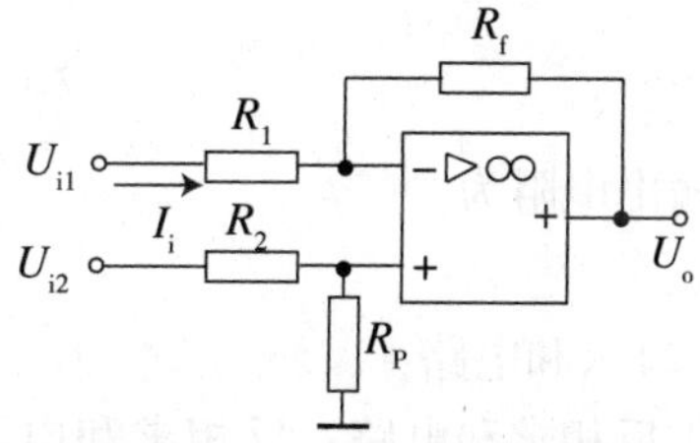

图 4.1.23　差动比例运算电路

③差动比例运算电路（减法运算电路）。

差动比例运算电路又叫差动放大器，电路如图 4.1.23 所示。

R_f 引入深度电压负反馈，相对于 U_{i1} 而言，是并联电压负反馈，相对于 U_{i2} 而言，是串联电压负反馈。R_1 与 R_2 分别是两个信号源的等效内阻，R_p 是补偿电阻。

由于运放工作在线性区，所以可以利用叠加原理求得：$U_o=U_{o1}+U_{o2}$。

式中，U_{o1} 是 U_{i1} 工作、$U_{i2}=0$ 时的输出电压；U_{o2} 是 U_{i2} 工作、$U_{i1}=0$ 时的输出电压。

$$U_{o1}=-\frac{R_f}{R_1}U_{i1}$$

$$U_{o2}=\frac{U_-}{R_1}(R_1+R_f)$$

因为

$$U_-=U_+=\frac{R_p}{R_2+R_p}U_{i2}$$

所以

$$U_{o2}=\frac{R_1+R_f}{R_1}\cdot\frac{R_p}{R_2+R_p}U_{i2}$$

所以

$$U_o = U_{o1} + U_{o2} = \frac{R_1 + R_f}{R_1} \cdot \frac{R_p}{R_2 + R_p} U_{i2} - \frac{R_f}{R_1} U_{i1}$$

若满足平衡条件 $R_1//R_f = R_2//R_p$，则

$$U_o = \frac{R_f}{R_2} \cdot \frac{R_1 + R_f}{R_1 R_f} \cdot \frac{R_2 R_p}{R_2 + R_p} U_{i2} - \frac{R_f}{R_1} U_{i1} = \frac{R_f}{R_2} U_{i2} - \frac{R_f}{R_1} U_{i1}$$

若满足对称条件 $R_1 = R_2$，$R_f = R_p$，则

$$U_o = \frac{R_f}{R_1}(U_{i2} - U_{i1})$$

或

$$U_o = -\frac{R_f}{R_1}(U_{i1} - U_{i2})$$

当满足对称条件时，其差模电压增益 A_{ud} 为

$$A_{ud} = \frac{U_o}{U_{i1} - U_{i2}} = -\frac{R_f}{R_1}$$

差模输入电阻为

$$r_{id} = \frac{U_{i1} - U_{i2}}{I_i} = R_1 + R_2$$

输出电阻为

$$r_o = 0$$

(2)求和电路

①反相求和电路：反相求和电路如图 4.1.24 所示，R_f引入深度并联电压负反馈，所以运放工作在线性区。R_1、R_2、R_3分别是各个信号源的等效内阻，R'是平衡电阻，$R' = R_1//R_2//R_3//R_f$。

$$I_- = I_+ \approx 0$$

$$U_- = U_+ = I_+ R' \approx 0$$

$$I_f = I_1 + I_2 + I_3 = \frac{U_{i1}}{R_1} + \frac{U_{i2}}{R_2} + \frac{U_{i3}}{R_3}$$

由图可得

$$U_o = -I_f R_f$$

将 I_f代入得

$$U_o = -\left(\frac{R_f}{R_1} U_{i1} + \frac{R_f}{R_2} U_{i2} + \frac{R_f}{R_3} U_{i3}\right)$$

②同相求和电路：如图 4.1.25 所示，R_f与 R_1引入了串联电压负反馈，所以运放工作在线性区。$R_1//R_f = R_a//R_b//R_c$，因为 $I_- = I_+ = 0$，$U_+ = U_-$，所以

$$U_o = I_f R_f + I_1 R_1 = I_1(R_1 + R_f) = \frac{U_-}{R_1}(R_1 + R_f) = \frac{R_1 + R_f}{R_1} U_+$$

$I_a + I_b + I_c = 0$，即

$$\frac{U_{i1} - U_+}{R_a} + \frac{U_{i2} - U_+}{R_b} + \frac{U_{i3} - U_+}{R_c} = 0$$

$$\frac{U_{i1}}{R_a}+\frac{U_{i2}}{R_b}+\frac{U_{i3}}{R_c}=U_+\left(\frac{1}{R_a}+\frac{1}{R_b}+\frac{1}{R_c}\right)$$

$$U_+=R'\left(\frac{U_{i1}}{R_a}+\frac{U_{i2}}{R_b}+\frac{U_{i3}}{R_c}\right)$$

式中 $R'=R_a/\!/R_b/\!/R_c$，所以

$$U_o=\frac{R_1+R_f}{R_1}R'\left(\frac{U_{i1}}{R_a}+\frac{U_{i2}}{R_b}+\frac{U_{i3}}{R_c}\right)$$

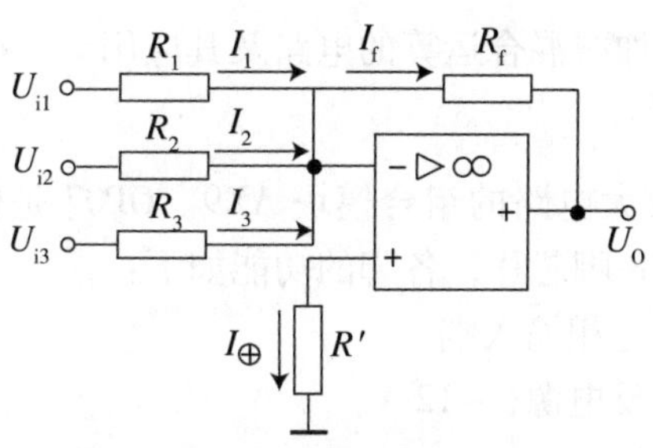

图 4. 1. 24　反相求和运算电路

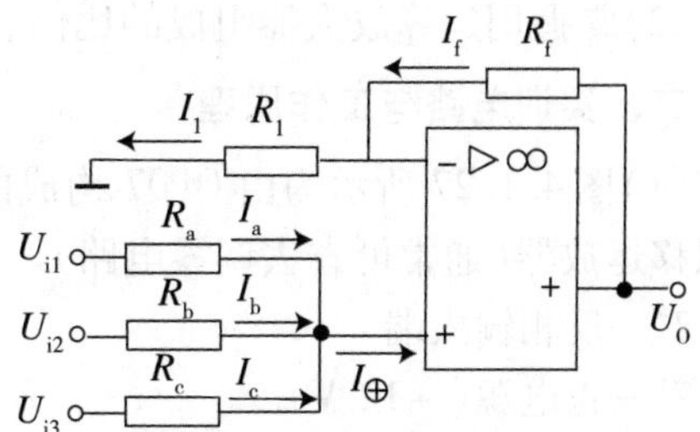

图 4. 1. 25　同相求和运算电路

③代数求和电路。

代数求和电路如图 4. 1. 26 所示，R_f引入电压负反馈，所以运放工作在线性区，该电路是由反相求和与同相求和电路合并而成。

利用叠加原理，令 $U_{i3}=U_{i4}=0$，在 U_{i1}和 U_{i2}的作用下，在第二个放大器的输出端有

$$U_O'=-\frac{R_f}{R_1}U_{i1}-\frac{R_f}{R_2}U_{i2}$$

令 $U_{i1}=U_{i2}=0$，在 U_{i3}和 U_{i4}的作用下，在第一个放大器的输出端有

$$U_{o1}=-\frac{R_f}{R_3}U_{i3}-\frac{R_f}{R_4}U_{i4}$$

若满足平衡条件 $R'=R_3//R_4//R_f$，$R''=R_1//R_2//R_f//R_f$，$R'=R''$，则有

$$U_o=-\frac{R_f}{R_f}U_{o1}-\frac{R_f}{R_1}U_{i1}-\frac{R_f}{R_2}U_{i2}$$

$$U_o=\frac{R_f}{R_3}U_{i3}+\frac{R_f}{R_4}U_{i4}-\frac{R_f}{R_1}U_{i1}-\frac{R_f}{R_2}U_{i2}$$

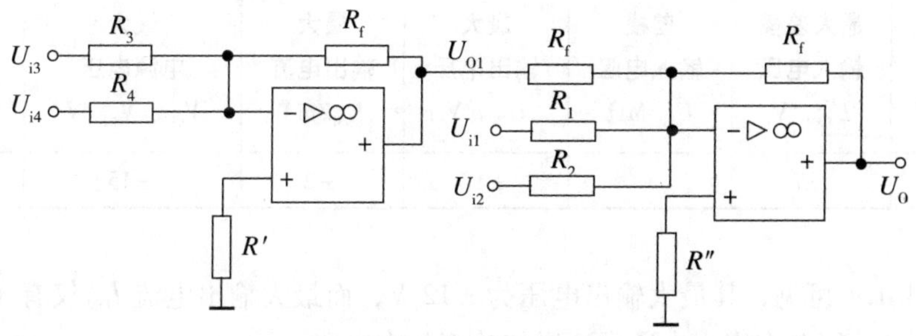

图 4. 1. 26　代数求和电路的常用形式

【任务实施】

实训4.1.1　运算放大器基本运算电路

一、实训目的

(1)掌握运算放大器的接线与应用。

(2)掌握用运算放大器组成的比例、求和和加减混合运算的电路及其应用。

二、实训电路与工作原理

(1)图4.1.27所示为由OP07构成的运算放大电路的组合模块AX9。OP07是低零点飘移运放器(通常可省去调零电路)。OP07为8脚芯片，各脚的功能如下：

2#—反相输入端　　3#—正相输入端

7#—正电源(+12 V)　　4#—反电源(-12 V)

6#—输出端　　5#—接地

1#、8#—接调零电位器(在要求高的场合用)

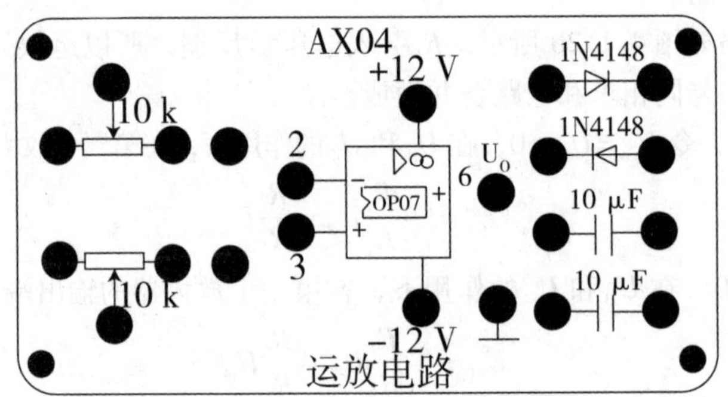

图4.1.27　OP07运算放大电路组合模块

表4.1.1为OP07运算放大器主要参数。

表4.1.1　为OP07运算放大器主要参数

最大共模输入电压 U_{ICM}/V	最大差模输入电压 U_{IDM}/V	差模输入电阻 U_{id}/MΩ	最大输出电压 U_{OPP}/V	最大输出电流 I_{OM}/mA	最大电源电压 V_{CC}、V_{EE}/V	开环输出电阻 R_0/Ω
±13	±7	1	±12	±2	±15	<100

由表4.1.1可见，其最大输出电压为±12 V，而最大输出电流I_{OM}仅有±2 mA(带载能力很小)，因此在实用中通常还增加功率放大电路。

(2)运算放大器线性组件是一个具有高放大倍数的放大器，当它与外部电阻、电容等构成闭环电路后，可组成种类繁多的应用电路。在运算放大器线性应用中，可构成以下几种基本运算电路：反相比例运算、同相比例运算、反相求和运算、加减混合运算等。

（3）基本运算电路如图 4.1.28 所示，电路中仅画出输入与反馈回路电阻，其他未画上，如电源及限幅等。

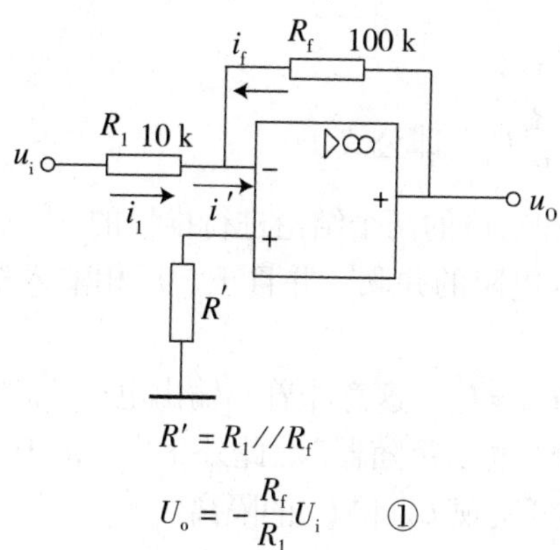

$R' = R_1 // R_f$

$U_o = -\frac{R_f}{R_1} U_i$ ①

若 $R_1 = 10\ \text{k}\Omega$　　$R_f = 100\ \text{k}\Omega$

则 $R' = R_1 // R_f = 9.1\ \text{k}\Omega$

（用 10 kΩ 代亦可）

(a)反相输入比例运算

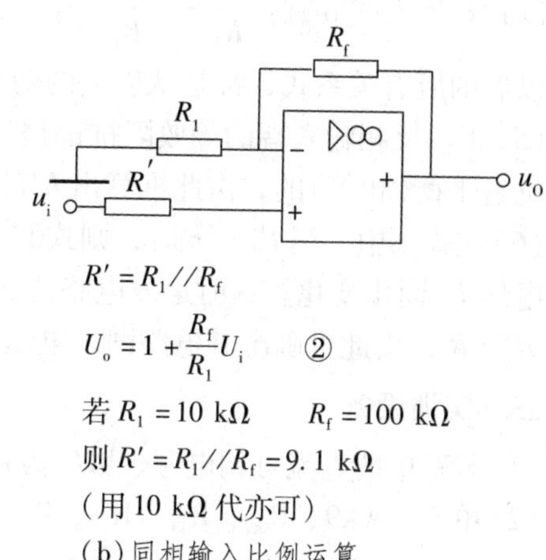

$R' = R_1 // R_f$

$U_o = 1 + \frac{R_f}{R_1} U_i$ ②

若 $R_1 = 10\ \text{k}\Omega$　　$R_f = 100\ \text{k}\Omega$

则 $R' = R_1 // R_f = 9.1\ \text{k}\Omega$

（用 10 kΩ 代亦可）

(b)同相输入比例运算

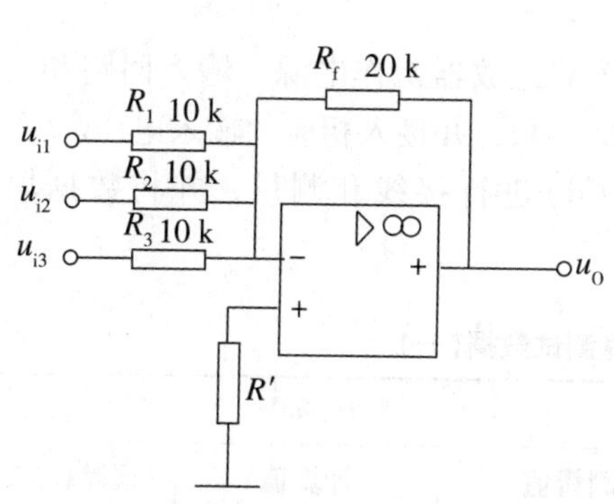

$R' = R_1 // R_2 // R_3 // R_f$

$U_o = -\left(\frac{R_f}{R_1} U_{i1} + \frac{R_f}{R_2} U_{i2} + \frac{R_f}{R_3} U_{i3}\right)$ ③

$R_1 = R_2 = R_3 = 10\ \text{k}\Omega$　$R_f = 20\ \text{k}\Omega$

R'由学员选取

(c)反相输入求和运算

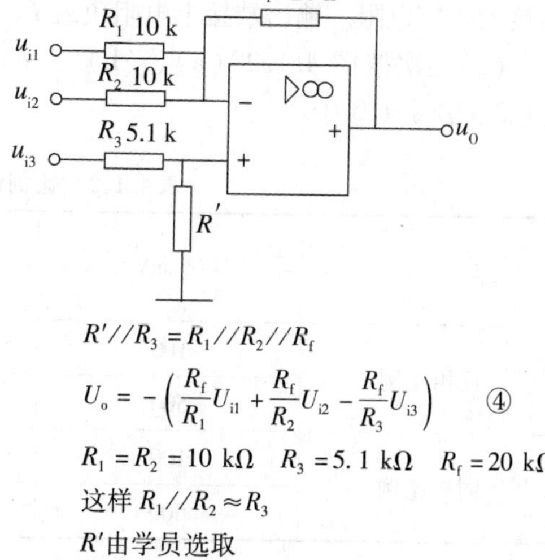

$R' // R_3 = R_1 // R_2 // R_f$

$U_o = -\left(\frac{R_f}{R_1} U_{i1} + \frac{R_f}{R_2} U_{i2} - \frac{R_f}{R_3} U_{i3}\right)$ ④

$R_1 = R_2 = 10\ \text{k}\Omega$　$R_3 = 5.1\ \text{k}\Omega$　$R_f = 20\ \text{k}\Omega$

这样 $R_1 // R_2 \approx R_3$

R'由学员选取

(d)正、反相输入的加减运算

图 4.1.28　运算放大器的基本运算电路

（4）在以上的推导中，有两个前提与结论，它们是：

①由于运放器开环增益 K_0 很大（10^6 以上），故可以看成∞，A 点电位 $U_A \approx \frac{U_o}{K_0} \approx 0$，

可看成零，称为“虚地”（前提），于是

$$i_1=\frac{U_i-U_A}{R_1}=\frac{U_i}{R_1}\text{及 } i_f=\frac{U_O-U_A}{R_f}=\frac{U_O}{R_f} \qquad ⑤（结论）$$

②由于运放器输入电阻 R_0 极大（10 MΩ 以上），可看成 $R_0=\infty$，称为“虚断”。这样从 5[#]脚灌入的电流 i' 可看成零（即 $i'=0$）（前提），于是有：

$$i_f+i_1=i_0=0$$

$$i_f=-i_1 \qquad ⑥（结论）$$

以式⑤代入式⑥有：$\frac{U_O}{R_f}=-\frac{U_i}{R_1}$，于是 $U_O=-\frac{R_f}{R_1}U_i$，即公式①

以后的所有关系式，都是从以上的两个前提和对应的两个结论进行推导的。

（5）正、反相输入端的等效阻抗都是各个输入电阻的并联，并且正、反相输入端的总阻抗是平衡（相等）的，由此推算出 R' 的数值。

（6）在式②中，当 $R_1=\infty$ 时，则式②便成为 $U_O=U_i$。这意味着：输出电压 U_O 将随输入电压 U_i 同步变化。这时运放电路便成为一个“电压跟随器”。此外，由 $U_f=0$，可推知 $R'=R_f$；由此可画出其电路图。电压跟随器可实现 U_O 和 U_i 的隔离。

三、实训设备

（1）装置中的直流可调电源、数字万用表。

（2）单元：AX9、R_{06}、R_{14}、R_{15}、R_{17}、R_{20}、R_{21}。

四、实训内容与实训步骤

（1）在组合单元 AX9 的基础上，接上 ±12 V 运放器工作电源，输入回路和反馈回路接入相应电阻。输出端接上电阻负载 $R_L=5.1\ k\Omega$，并接入相应的输入电压。

（2）逐次按图 4.1.28（a）、（b）、（c）、（d）进行接线和测量，并将数据填入表 4.1.2、表 4.1.3 中。

表 4.1.2　比例运算测试数据（一）

	U_i/mV	U_O/mV		
		测量值	计算值	误差（△U%）
反相比例	100			
	500			
同相比例	100			
	500			

表 4.1.3 比例运算测试数据(二)

		输入信号 U_i/mV			输出信号 U_O/mV		
		U_{i1}	U_{i2}	U_{i3}	测量值	计算值	误差($\triangle U\%$)
反相求和运算	第一组	100	200	400			
	第二组	200	300	200			
加减混合运算	第一组	100	200	400			
	第二组	400	300	200			

注：由于装置中只有较高电压(如5 V)电源，因此建议采用电位器(如4.7 kΩ、10 kΩ 等阻值电位器)，将电压调低为所需的值。

五、实训注意事项

(1)实训前复习运放器基础知识，并把计算值预先计算好填入表中。

(2)输入运放器的信号电压过高，运放器会处于饱和状态，甚至会烧坏元件。因此可在正反相输入端接入正反相输入限幅二极管(AX9 单元上有)。

(3)OP07 运放器的输出电流很小(2 mA)，所以要加 5.1 kΩ 限流电阻(此处兼作负载电阻)，以防过流烧坏芯片。

六、实训报告要求

(1)画出实训电路，推导出相关公式。

(2)整理测量数据，填入表中，并与计算值比较，并计算其相对误差($\Delta U\% = \frac{测量值-计算值}{测量值}\times 100\%$)。

(3)画出电压跟随器电路图。

任务二 积分、微分电路

【任务描述】

(1)了解积分运算电路的组成及分析。

(2)了解微分运算电路的组成及分析。

【知识学习】

一、积分电路

积分电路可以完成对输入电压的积分运算，即其输出电压与输入电压的积分成正比。我们只讨论反相积分电路。电容 C 引入交流并联电压负反馈，运放工作在线性区。如图 4.2.1 所示。

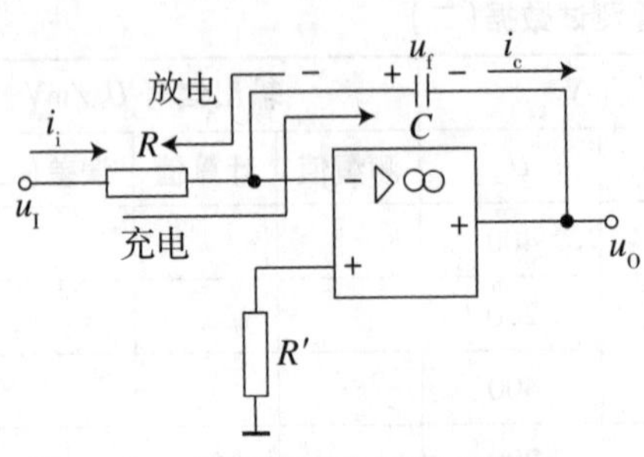

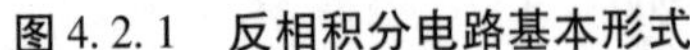
图 4.2.1　反相积分电路基本形式

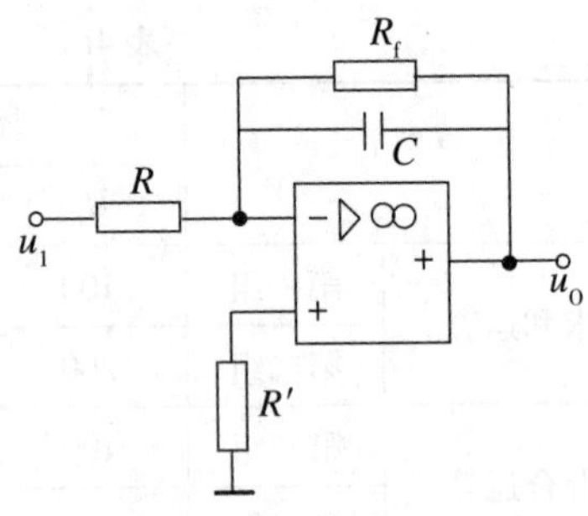

图 4.2.2　实际积分电路

$$u_{\rm o} = -u_{\rm c} + u_{-}(\text{而 } u_{-} = 0)$$

$$u_{\rm c} = \frac{1}{C}\int i_{\rm c}{\rm d}t + u_{\rm c}(0)$$

$$u_{\rm o} = -u_{\rm c} = -\frac{1}{C}\int i_{\rm c}{\rm d}t - u_{\rm c}(0)$$

$$i_{\rm c} = i_{\rm i} = \frac{u_{\rm i}}{R}$$

$$u_{\rm o} = -\frac{1}{RC}\int u_{\rm i}{\rm d}t - u_{\rm c}(0)$$

当 $u_{\rm c}(0)=0$ 时

$$u_{\rm o} = -\frac{1}{RC}\int u_{\rm i}{\rm d}t$$

具体说明举例：

若输入电压是图 4.2.3(a)所示的阶跃电压，并假定 $u_{\rm c}(0)=0$，则 $t\geqslant 0$ 时，由于 $u_{\rm I}=E$，所以

$$u_{\rm o} = -\frac{1}{RC}\int E{\rm d}t = -\frac{E}{RC}t$$

如输入方波，则输出将是三角波，波形关系如图 4.2.3(b)所示。

当时间在 $0\sim t_1$，$u_{\rm i}=-E$，电容放电

$$u_{\rm c} = \frac{1}{RC}\int -E{\rm d}t = +\frac{E}{RC}t$$

当 $t=t_1$时，$u_{\rm o}=+U_{\rm om}$。

当时间在 $t_1\sim t_2$，$u_{\rm i}=+E$，电容充电，其初始值为

$$u_{\rm c}(t_1) = -u_{\rm o}(t_1) = -U_{\rm om}$$

$$u_{\rm c} = -\frac{1}{RC}\int_{t_1}^{t_2}E{\rm d}t + u_{\rm c}(t_1) = \frac{1}{RC}\int_{t_1}^{t_2}E{\rm d}t - U_{\rm om}$$

所以

$$u_{\rm o} = -u_{\rm c} = -\frac{1}{RC}\int_{t_1}^{t_2}E{\rm d}t + U_{\rm om} = -\frac{E}{RC}t + U_{\rm om}$$

当 $t=t_2$时，$u_{\rm o}=-U_{\rm om}$。如此周而复始，即可得到三角波。

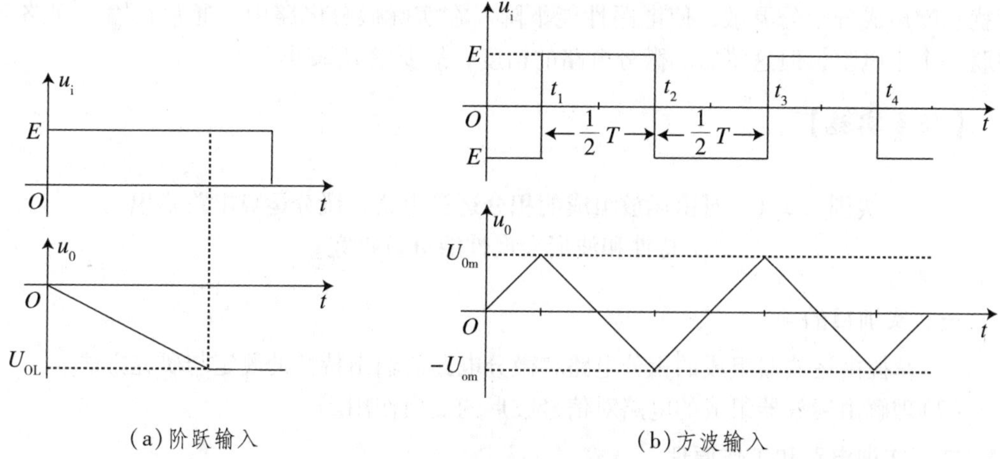

(a)阶跃输入　　(b)方波输入

图 4.2.3　基本积分电路的波形

上述积分电路是将集成运放均视为理想运放，在实际中是不可能的，其主要原因是存在偏置电流、失调电压、失调电流及温漂等因素。因此，实际积分电路 u_o 和输入电压的关系与理想情况有误差，情况严重时甚至不能正常工作。解决这一情况最简单的方法是，在电容器两端并接一个电阻 R_f，利用 R_f 引入直流负反馈来抑制上述各种原因引起的积分漂移。但 R_fC 数值应远远大于积分时间，即 $T/2$，T 为输入方波的周期，否则 R_f 的自身也会造成较大的积分误差。电路如图 4.2.2 所示。

二、微分电路

微分电路是积分的逆运算，输出电压与输入电压呈微分关系。电路如图 4.2.4 所示，其中 R 引入并联电压负反馈，运放工作在线性区。

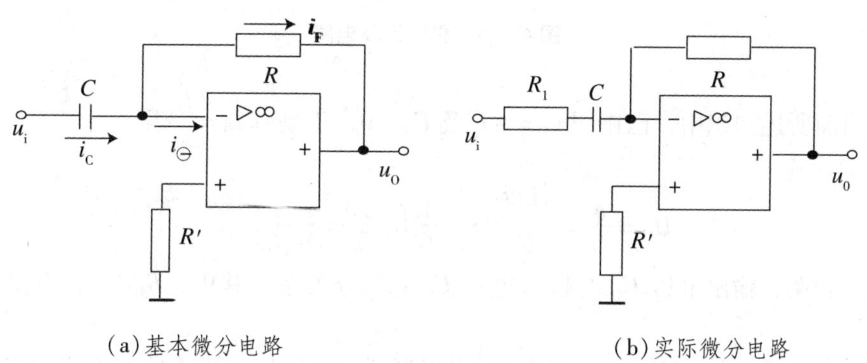

(a)基本微分电路　　(b)实际微分电路

图 4.2.4　基本微分电路

因 $i_-=0$，$U_-=U_+=0$

$$u_O=-Ri_F=-Ri_C=-RC\frac{\mathrm{d}u_i}{\mathrm{d}t}$$

可见 u_o 与输入电压 u_i 的微分成正比。

基本微分电路由于对输入信号中的快速变化量敏感，所以它对输入信号中的高频干扰和噪声成分十分灵敏，使电路性能下降。在实际微分电路中，通常在输入回路上串联一个小电阻，但这将影响微分电路的精度，故要求 R_1 较小。

【任务实施】

实训 4.2.1　对由运放组成的积分运算电路、微分运算电路输出特性和波形变换性能进行研究

一、实训目的

(1)掌握由运放器组成的积分电路和微分电路的输出特性的测定与研究方法。

(2)理解由运放器组成的电路对信号波形的变换作用。

二、实训电路和工作原理

(1)本项目实训仍采用如图 4.1.27 所示的运放电路组合模块 AX9。下面的图中仅画出输入与输出线路，其他线路(如电源、地线等)未画出。

(2)积分运算。

图 4.2.5 为由运放器构成的积分运算电路。

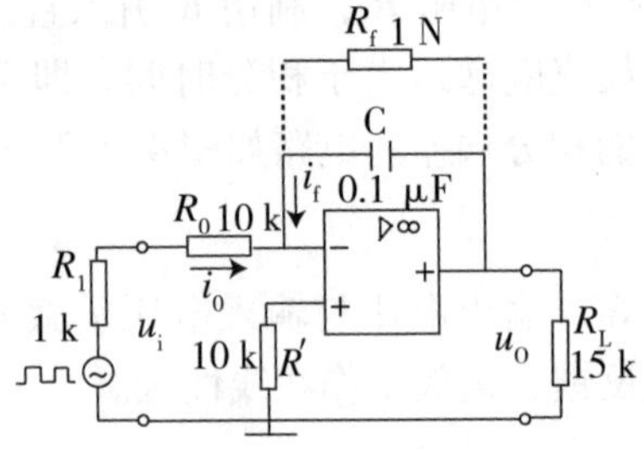

图 4.2.5　积分运算电路

在前面所述知识中，已阐明 $i_0=-i_f$ 及 $U_A\approx 0$，于是有 $i_0=\dfrac{U_i}{R_0}$ 及

$$U_0=\frac{q}{C}=\frac{\int i_t\mathrm{d}t}{C}=-\frac{1}{C}\int i_0\mathrm{d}t=\frac{-1}{\mathrm{R}_0C}\int U_i\mathrm{d}t \qquad ①$$

式①表明，输出电压 U_0 与输入电压 U_i 呈积分关系，其中，$R_0\mathrm{C}=T$ 为积分时间常数。

由于电容 C 在稳态时(相当直流)，它相当开路。这样，运放器对直流，相当一个开环放大器(无反馈的放大器)，容易产生零点漂移。为此，在实用中常与电容 C 并联一个高阻值电阻，此处为 1 MΩ(通常为 1 ~4 MΩ)。

图 4.2.6 为积分运算器在不同输入情况下的波形变换。

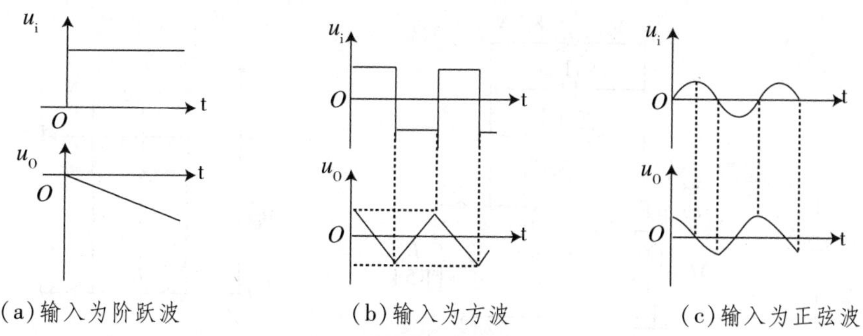

图 4.2.6　积分运算在不同输入情况下的波形

(3)微分运算。

将积分电路中的 R 和 C 位置互换，就可以得到微分运算电路，如图 4.2.7 所示。

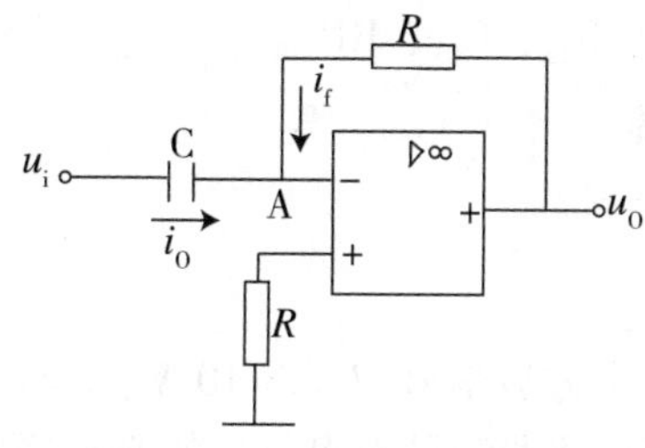

图 4.2.7　微分运算电路

如前所述，在此电路中，A 点为虚地，即 $U_A \approx 0$。再根据虚断的概念，则有 $i_0 = -i_f$，假设电容 C 的初始电压为零，那么有 $i_0 = \frac{dq}{dt} = C\frac{du_i}{dt}$，则输出电压为

$$u_O = i_f R = -i_0 R = -RC\frac{du_i}{dt} \tag{②}$$

式①表明，输出电压为输入电压对时间的微分，且相位相反。其中，$RC = \tau$ 为微分时间常数。

在图 4.2.7 所示电路中，当输入电压产生阶跃变化时，i_0 电流极大，会使集成运算放大器内部的放大管进入饱和或截止状态，即使输入信号消失，放大管仍不能恢复到放大状态，也就是说电路不能正常工作。同时，由于反馈网络为滞后移相，它与集成运算放大器内部的滞后附加相移相加，易构成自激振荡条件(相移 180°)，从而使电路不稳定。因此，如图 14.2.7 所示电路，在实际上较少应用。

实用微分电路如图 4.2.8(a)所示，它在输入端串联了一个小电阻 R_1，以限制输入电流；同理在 R 上并联一个双向稳压二极管，限制输出电压，这就保证了集成运算放大器中的放大管始终工作在放大区。另外，在 R 上并联小电容 C_1，起相位补偿作用。该电路的输出电压与输入电压近似为微分关系，当输入为方波，且 $RC \ll T/2$ 时，则输出为尖顶波，波形如图 4.2.8(b)所示 .

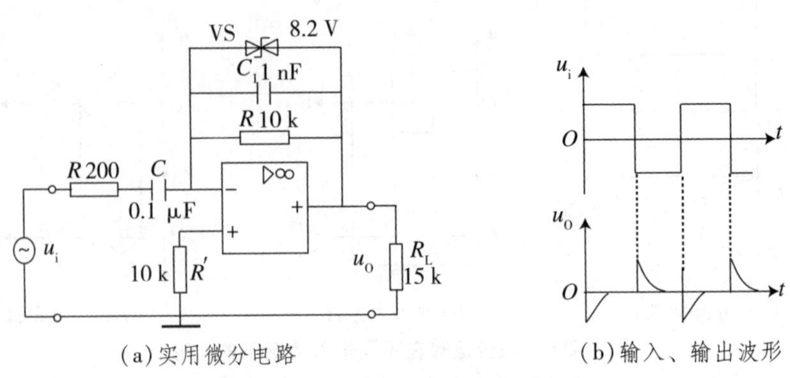

(a)实用微分电路　　　(b)输入、输出波形

图 4.2.8　实用微分电路及电压波形

三、实训设备

(1)装置中的直流可调稳压电源、函数信号发生器、双踪示波器、数字万用表。

(2)单元 AX9、R_{04}、R_{06}、R_{15}、C_{03}、RP_6。

四、实训内容与实训步骤

1. 积分电路

(1)按图 4.2.5 连接线路。

(2)由信号发生器输入一个方波信号($U_{iPP}=10$ V、$f=200$ Hz),用双踪示波器同时观察 u_i 和 u_O,记录波形。用示波器测量输出信号的峰 - 峰值 U_{OPP}和周期 T。

(3)将 R_f 断开,观察输出波形 u_O 有何变化,并记录。

(4)由信号发生器输入一个正弦波信号(有效值 $u_i=1$ V、$f=200$ Hz),用双踪示波器同时观察 u_i 和 u_O,绘制波形。

2. 微分电路

(1)按图 4.2.8 连接线路。

(2)由信号发生器输入一个三角波信号($U_{iPP}=5$ V、$f=200$ Hz),用双踪示波器同时观察 u_i 和 u_O,测量输出信号的峰 - 峰值 U_{OPP}和周期 T,绘制输入、输出波形。

(3)由信号发生器输入一个方波信号($U_{iPP}=5$ V、$f=200$ Hz),用双踪示波器同时观察 u_i 和 u_O,绘制波形。

(4)由信号发生器输入一个正弦波信号(有效值 $u_i=1$ V、$f=200$ Hz),用双踪示波器同时观察 u_i 和 u_O,绘制波形,改变输入信号的频率,注意相位关系的变化。

五、实训注意事项

(1)用双踪示波器同时检测输出与输入电压波形时,Y1 和 Y2 的两个探头的“地”端要接同一个检测点(此处即为地线)。

(2)实训时,为使输出波形更典型,可适当调节输入信号的频率(当然,在实用中,通常用改变输入和输出回路元件的参数来实现)。

六、实训报告要求

(1)画出实训电路,并画出不同输入信号下的输出与输入电压波形(共 6 种情况)。

(2)简要说明这些波形变换的依据。

任务三　有源滤波电路

【任务描述】

(1)了解滤波的概念。
(2)认识无源滤波。
(3)掌握用集成运放组成有源滤波电路。

【知识学习】

一、滤波器

1. 作　用

滤波器的作用是允许规定频率范围之内的信号通过，而使规定频率范围之外的信号不能通过(即受到很大的衰减)。

2. 分　类

低通滤波器：允许低频信号通过，将高频信号衰减。
高通滤波器：允许高频信号通过，将低频信号衰减。
带通滤波器：允许某一频率范围的信号通过，将此频带以外的信号衰减。
带阻滤波器：阻止某一频带范围的信号通过，而允许此频带以外的信号通过。

3. 无源滤波器

如图 4. 3. 1 所示为无源滤波器及幅频特性。

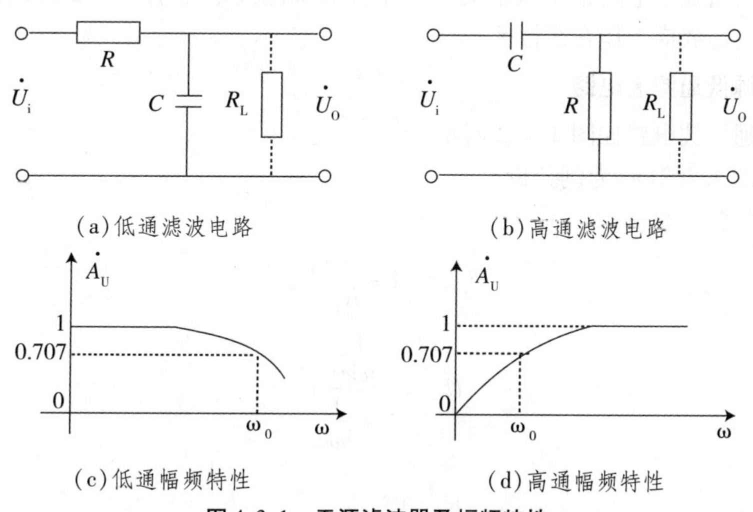

图 4. 3. 1　无源滤波器及幅频特性

(1)无源 RC 低通滤波器。

如图 4. 3. 1(a)所示，用 RC 构成最简单的低通滤波器，其电压传输系数为

$$\dot{A}_u=\frac{\dot{U}_o}{\dot{U}_i}=\frac{\frac{1}{j\omega C}}{R+\frac{1}{j\omega C}}=\frac{1}{1+j\omega RC}=\frac{1}{1+j\frac{\omega}{\omega_0}}$$

式中，$\omega_0=\frac{1}{RC}$。

由上式可知，当信号频率 ω 由零逐渐增加时，A_u将由 1 逐渐下降，当 $\omega=\omega_0$ 时，$A_u=0.707$，ω_0 为低通滤波器的上限截止频率，其通带为 $0\sim\omega_0$。由于只有一个储能元件 C，故称为一阶无源低通滤波器。

(2)无源高通滤波器。

如图 4.3.1(b)所示，用 RC 构成最简单的高通滤波器，其电压传输系数为

$$\dot{A}_u=\frac{\dot{U}_o}{\dot{U}_i}=\frac{R}{R+\frac{1}{j\omega C}}=\frac{1}{1+\frac{1}{j\omega RC}}=\frac{1}{1-j\frac{\omega_0}{\omega}}$$

式中，$\omega_0=\frac{1}{RC}$。由上式可知，当信号频率 ω 由零逐渐增加时，A_u将由 0 逐渐上升，当 $\omega=\omega_0$ 时，$A_u=0.707$，当 ω 趋于无穷大时，A_u上升为 1。ω_0 为高通滤波器的下限截止频率，其通带为 $\omega_0\sim\infty$。由于只有一个储能元件 C，故称为一阶无源高通滤波器。

无源滤波电路主要存在如下问题：一是电路增益小，最大仅为 1；二是带负载能力差，带上负载会改变截止频率。为了克服上述缺点，可将 RC 无源网络接至运放的输入端。由于运放需要直流电源才能工作，所以组成的电路称为有源滤波电路。

在有源滤波电路中，集成运放起着放大作用，提高了电路的增益。集成运放的输入电阻很高，故集成运放本身对 RC 网络的影响小，同时由于集成运放的输出电阻很小，因而大大增强了电路带负载能力。由于在有源滤波电路中，集成运放作为放大元件，所以集成运放应工作在线性区。

二、有源低通滤波电路

有源低通滤波电路如图 4.3.2 所示。

下面以图 4.3.2(a)为例分析。

输出电压为

$$U_0=\left(1+\frac{R_f}{R_1}\right)U_+$$

$$U_+=\frac{\frac{1}{j\omega c}}{R+\frac{1}{j\omega c}}U_i$$

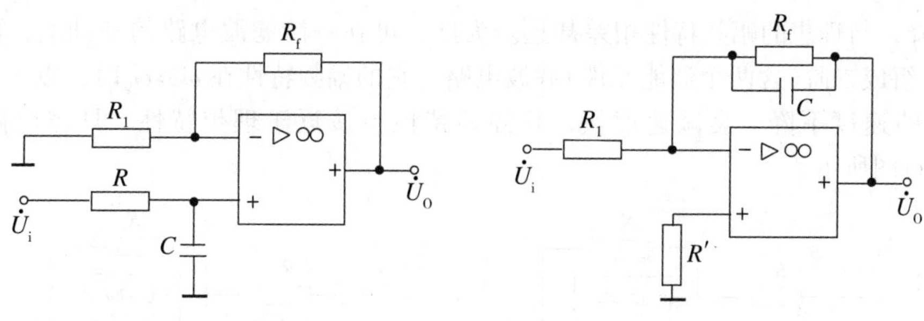

(a)RC 接同相输入端　　(b)R_fC 接反相输入端

图 4. 3. 2　有源低通滤波器

所以经过推导传递函数为

$$A_u = \frac{U_O}{U_i} = \frac{A_{up}}{1 + j\dfrac{\omega}{\omega_0}}$$

其中

$$A_{up} = 1 + \frac{R_f}{R_1},\ \omega_0 = \frac{1}{RC}$$

式中，A_{up}为通带电压放大倍数；ω_0为低通最高截止角频率。

低通滤波器的通带电压放大倍数是当工作频率趋于零时，其输出电压 U_o与其输入电压 U_i的比值。图 4. 3. 3 是有源一阶低通滤波器的幅频特性

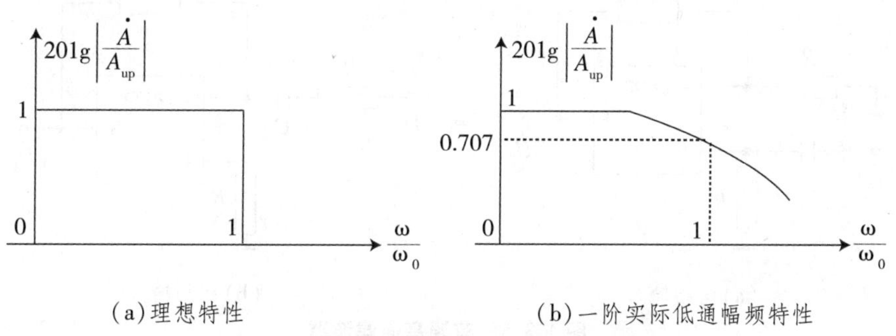

(a)理想特性　　(b)一阶实际低通幅频特性

图 4. 3. 3　有源一阶低通滤波器的幅频特性

以同样的方法，可得图 4. 3. 2(b)的特性

$$A_u = \frac{U_O}{U_i} = -\frac{R_f}{R_1}\frac{\dfrac{1}{j\omega c}}{R_f + \dfrac{1}{j\omega c}} = \frac{A_{up}}{1 + j\dfrac{\omega}{\omega_0}}$$

式中，$A_{up} = -\dfrac{R_f}{R_1}$，$\omega_0 = \dfrac{1}{R_fC}$。

由上述公式可见，我们可以通过改变电阻 R_f和 R_1的值调节通带电压放大倍数，调整 RC 或 R_fC 改变截止频率。

一阶滤波电路的缺点是：当 $\omega \geqslant \omega_0$时，频率特性衰减太慢，以 -20 dB/10 倍程的

速度下降，与理想的幅频特性相差甚远。为此，可在一阶滤波电路的基础上，再加一级 RC，组成二阶(含两个储能元件)滤波电路，它的幅频特性在 $\omega \geqslant \omega_0$ 时，以 -40 dB/10 倍程的速度下降，衰减速度快，其幅频特性更接近于理想特性。具体电路如图 4. 3. 4(a)图所示。

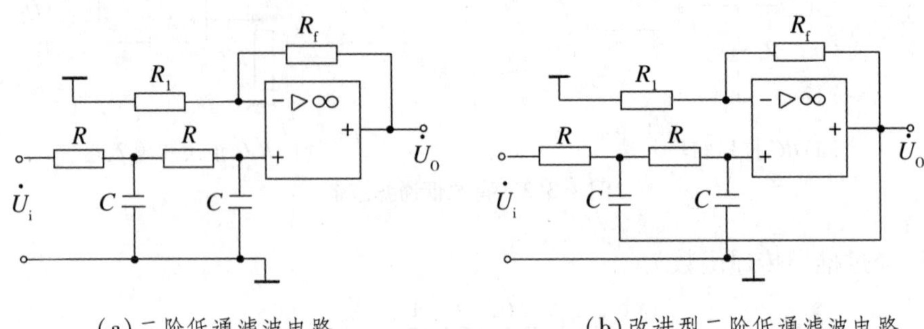

(a)二阶低通滤波电路　　(b)改进型二阶低通滤波电路

图 4. 3. 4　二阶有源低通滤波器

为了进一步改善滤波波形，常将第一级的电容 C 接到输出端，引入一个反馈，这种电路又叫赛伦—凯电路，在实际工作中更为常用。电路如图 4. 3. 4(b)图所示。

三、有源高通滤波电路

有源高通滤波电路如图 4. 3. 5 所示。

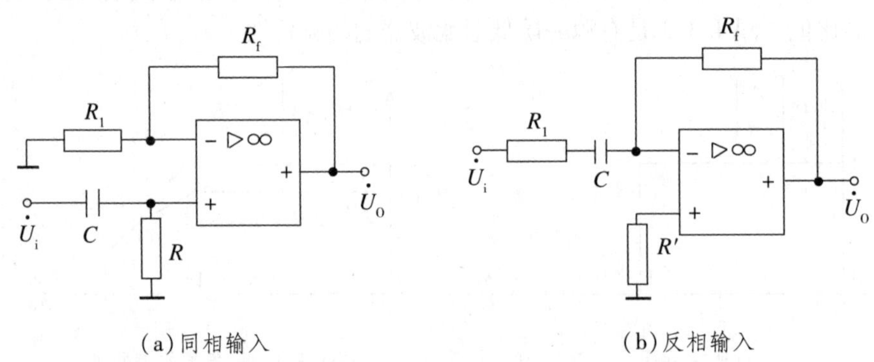

(a)同相输入　　(b)反相输入

图 4. 3. 5　有源高通滤波器

下面以图 4. 3. 5(a)图进行分析。

$$U_O = \left(1 + \frac{R_f}{R_1}\right) U_+$$

而

$$U_+ = \frac{R}{R + \frac{1}{j\omega c}} U_i$$

所以经过推导传递函数为

$$A_u = \frac{U_O}{U_i} = \frac{A_{up}}{1 - j\frac{\omega_0}{\omega}}$$

其中

$$A_{up}=1+\frac{R_f}{R_1},\ \omega_0=\frac{1}{RC}$$

式中，A_{up}为通带电压放大倍数，ω_0为高通下限截止角频率。其幅频特性如图4.3.6所示。

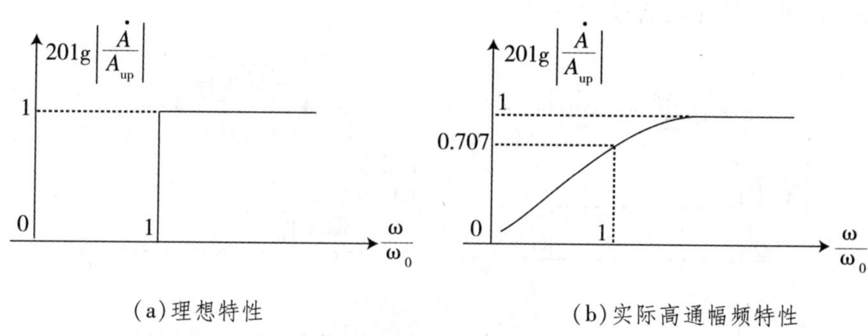

(a)理想特性　　(b)实际高通幅频特性

图4.3.6　有源高通滤波器

以同样的方法，可得图4.3.5(b)的特性。

$$A_u=\frac{U_0}{U_i}=-\frac{R_f}{R_1+\frac{1}{j\omega c}}=-\frac{R_f}{R_1}\frac{R_1}{R_1+\frac{1}{j\omega c}}=\frac{A_{up}}{1-j\frac{\omega_0}{\omega}}$$

式中，$A_{up}=-\frac{R_f}{R_1}$，$\omega_0=\frac{1}{R_1C}$。

由上述公式可见，我们可以通过改变电阻R_f和R_1的值调节通带电压放大倍数，调整RC或R_1C，改变截止频率。

与低通滤波电路相似，一阶电路在低频处衰减太慢。为此，可再增加一级RC，组成二阶滤波电路，使幅频特性更接近于理想特性。具体电路如图4.3.7所示。

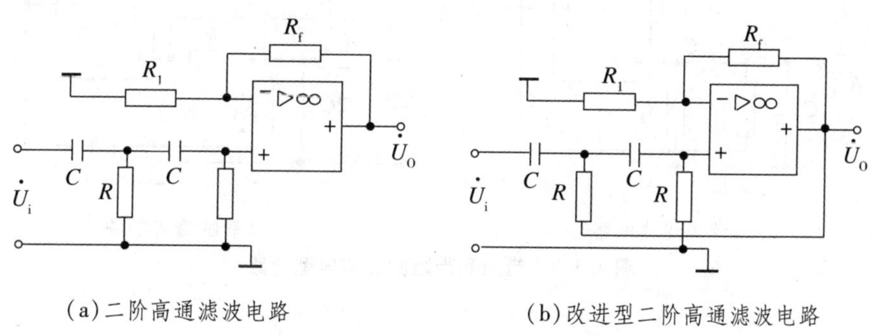

(a)二阶高通滤波电路　　(b)改进型二阶高通滤波电路

图4.3.7　二阶有源高通滤波器

四、带通滤波电路和带阻滤波电路

将截止频率为ω_h的低通滤波电路和截止频率为ω_l的高通滤波电路进行不同的组合，就可获得带通滤波电路和带阻滤波电路，如图4.3.8所示。

将一个低通滤波电路和一个高通滤波电路“串接”组成带通滤波电路，如图4.3.9(a)所示。$\omega>\omega_1$的信号被低通滤波电路滤掉，$\omega<\omega_1$的信号被高通滤波电路滤掉，只有当$\omega_h>\omega>\omega_1$时信号才能通过。显然，$\omega_h>\omega_1$才能组成带通电路。

将一个低通滤波电路和一个高通滤波电路“并联”组成的带阻滤波电路，如图4.3.9(b)所示。$\omega<\omega_h$信号从低通滤波电路中通过，$\omega>\omega_1$的信号从高通滤波电路通过，只有$\omega_h<\omega<\omega_1$的信号无法通过。

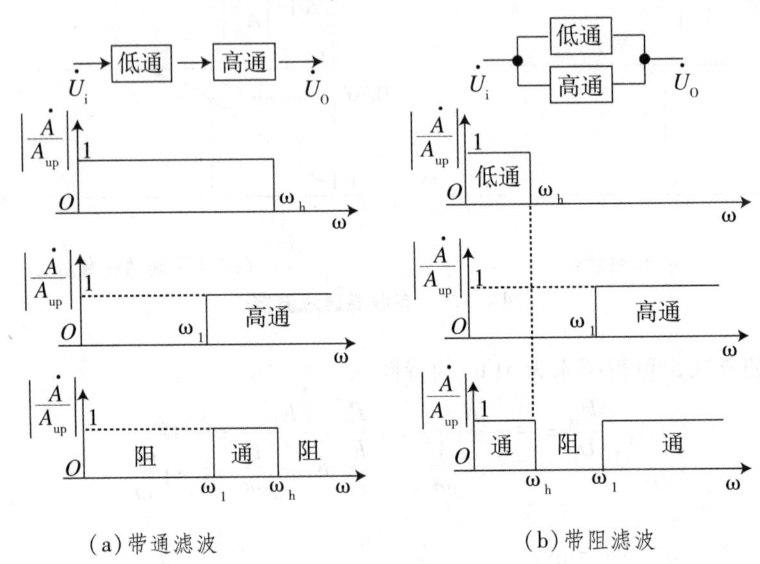

图4.3.8　带通和带阻滤波器原理

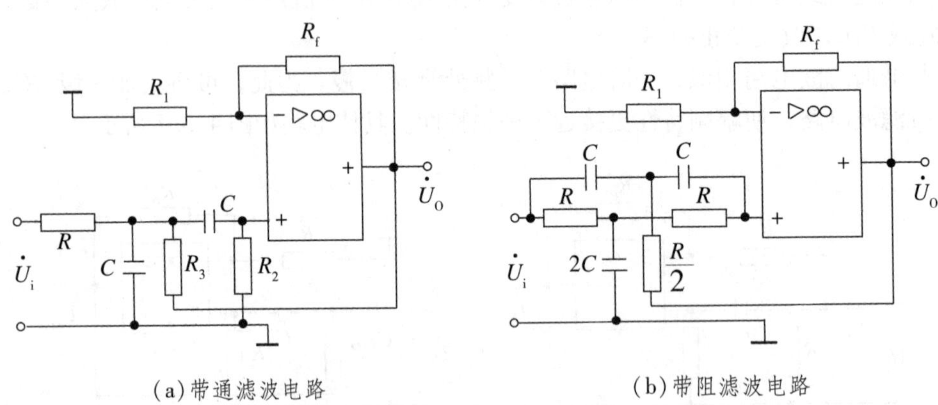

图4.3.9　带通和带阻滤波器典型电路

【任务实施】

实训 4.3.1　有源滤波电路的研究

一、实训目的

(1)掌握有源低通滤波器和有源高通滤波器的工作原理。

(2)学会对有源滤波电路的调试和频率特性的测试。

二、实训电路和工作原理

(1)图 4.3.10(a)所示为有源一阶低通滤波电路图。

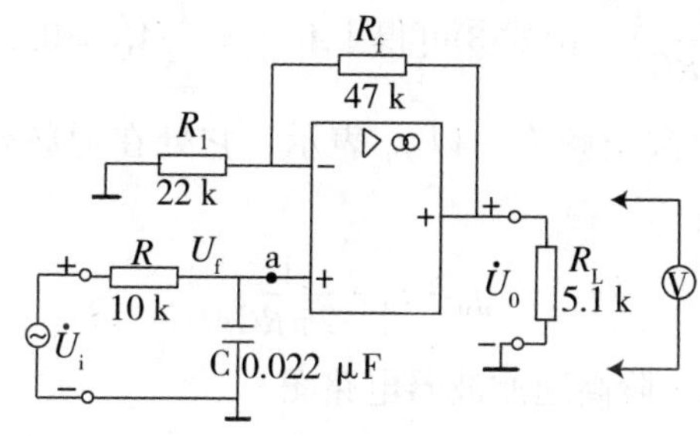

(a)电路图

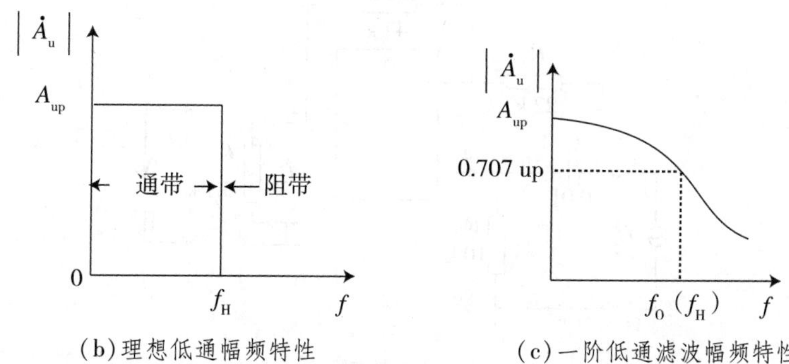

(b)理想低通幅频特性　　(c)一阶低通滤波幅频特性

图 4.3.10　有源一阶低通滤波器电路图及低通滤波幅频特性

在图 4.3.10 中由运放器、反馈电阻 R_f 与反相输入的电阻 R_1 构成一个正相比例放大器，它的电压放大倍数

$$A_{UP}=\frac{U_0}{U_\alpha}=1+\frac{R_f}{R_1} \quad ①$$

在正相输入端，信号源电压 U_i 经 RC 网络分压后，在电容 C 上的电压，即正相输入端 a 点的电压，由分压公式可得

$$\dot{U}_a=\frac{1/j\omega c}{R+1/j\omega c}\dot{U}_i=\frac{1}{1+j\omega RC}\dot{U}_i \quad ②$$

由式①和式②，便可得到滤波电路的频率特性。

$$A_U(j\omega)=\frac{\dot{U}_O}{\dot{U}_\alpha}\times\frac{U_\alpha}{\dot{U}_O}=\left(1+\frac{R_f}{R_1}\right)\left(\frac{1}{1+j\omega RC}\right) \quad ③$$

由式③可以看出，$\dot{A}_U$是角频率 ω 的函数。所以，$\dot{A}_U$可写成 $A_U(j\omega)$，$A_U(j\omega)$即滤波器的频率特性。频率特性 $A_U(j\omega)$ 可表达为幅频特性 $A(\omega)$ 和相频特性 $\varphi(\omega)$。图 4. 3. 10 (b)为理想的低通滤波幅频特性。图中 f_H 为截止频率，它在通频带的高频端。图 4. 3. 10(c)为一阶低通滤波电路的幅频特性。

由式③不难看出：当 $\omega(\omega=2\pi f)$ 愈低，则$\dot{A}_{Uj\omega}$的幅值 $|\dot{A}_U|$ 就愈大；当 $\omega=0$ 时$\dot{A}_U=\left(1+\frac{R_f}{R_1}\right)=A_{UP}$，$A_{UP}$为最大值(或峰值)(角标 P 为峰值 peak 的第一个字母)。反之，当 ω 愈高，则 $|\dot{A}_U|$ 愈小。由此可以看出，图 4. 3. 10 电路，构成一个低通滤波器。此外，当 $\omega=\frac{1}{RC}$(即$f_0=\frac{1}{2\pi RC}$)，由式③可得 $|\dot{A}_U|=\frac{1}{\sqrt{2}}A_{UP}=0.707A_{UP}$。

此时对应的频率称为截止频率，以 f_0 表示，它处在通频带的高频端，又以 f_H 表示，此时

$$f_0=f_H=\frac{1}{2\pi RC}$$

图 4. 3. 11(a)为有源一阶高通滤波器电路图。

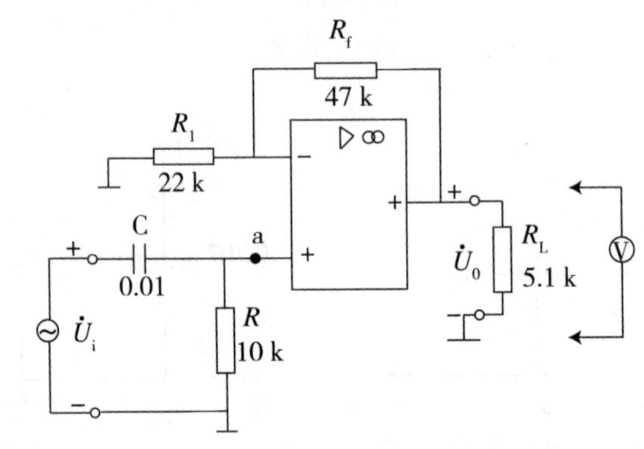

(a)电路图

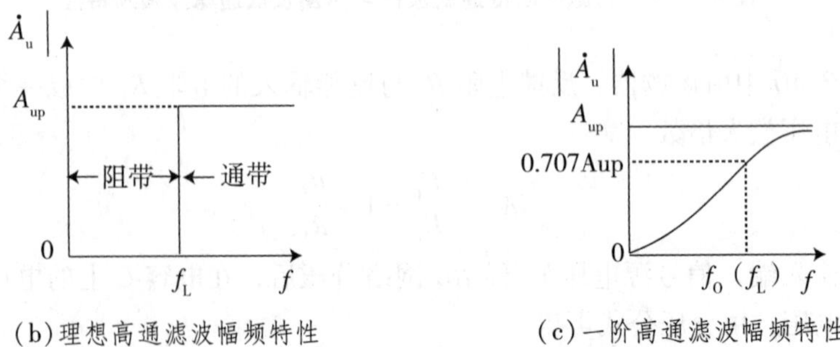

(b)理想高通滤波幅频特性　　(c)一阶高通滤波幅频特性

图 4. 3. 11　有源一阶高通滤波器电路图及高通滤波幅频特性

对照图 4. 3. 10 与图 4. 3. 11，不难发现两者的差别：在正相输入端前的 RC 网络中，

R 与 C 做了互换。于是由分压公式可得$\dot{U}_a$为

$$\dot{U}_a = \frac{R}{R+1/j\omega C}\dot{U}_i = \frac{1}{1+\frac{1}{j\omega RC}}\dot{U}_i \qquad ⑤$$

于是有源高通频波电路的频率特性为：

$$\dot{A}_{j\omega} = \frac{\dot{U}_O}{\dot{U}_i} = \frac{\dot{U}_O}{\dot{U}_a} \times \frac{\dot{U}_a}{\dot{U}_i} = \frac{1}{1+\frac{1}{j\omega RC}} \qquad ⑥$$

由式⑥可见，ω 愈低，则$|\dot{A}_U|$愈小，（$\omega=0$，$|\dot{A}_U|=0$）。反之，ω 愈大，当 $\omega\to\infty$ 时，$|\dot{A}_U|\to 1+\frac{R_f}{R_1}=A_{UP}$。图 4. 3. 10(b)为理想高通滤波幅频特性，图中f_L 为截止频率，它在通频带的低频(the low end)端。图 4. 3. 10(c)为一阶高通滤波电路的幅频特性。由以上分析可知，图 4. 3. 11 所示电路构成了一个高通滤波器。

同理，在它的截止频率 $f_0=\frac{1}{2\pi RC}$时，$|\dot{A}_U|\frac{1}{\sqrt{2}}A_{UP}=0.07A_{UP}$。称为高通截止频率。以$f_L$ 表示，它处在通频带的低频端。

三、实训设备

(1)装置中的直流 ±12 V 电源(作运放器工作电源)、函数信号发生器、双踪示波器、晶体管毫伏表(或数字万用表)。

(2)单元：AX9、R_{06}、R_{14}、C_{02}。

四、实训内容与实训步骤

1. 有源低通滤波电路的研究

(1)按图 4. 3. 10(a)所示电路完成接线(包括运放器 ±12 V 工作电源线和地线的接线)。

(2)输入端接函数信号发生器的正弦信号输出。

调节使 U_{iPP}(峰 - 峰值) = 4 V，频率 f 由 200 Hz、500 Hz、700 Hz、800 Hz、1.0 kHz、3.0 kHz、5.0 kHz、10 kHz，逐渐加大函数信号发生器输出频率(频率也可用示波器测量)，观察输出电压波形。要求在整个频带内不失真。若失真，则调节输入电压 U_{iPP}幅值(一般降低 U_{iPP})，使波形不失真。

(3)记录上述不同频率下的输出电压峰 - 峰值 U_{OPP}，并计算出滤波电路的电压放大倍数 $A_U=\frac{U_{OPP}}{U_{iPP}}$。

(4)截止频率f_0 的测试，在频率f改变时，当 $U_{OPP}=0.707U_{OmPP}$时对应的频率，即为截止频率f_0(上式中 U_{OmPP}为 U_{OPP}的最大值)。

(5)将以上测得的数据填入表 4. 3. 1 中。

表 4.3.1 有源一阶低通滤波器的幅频特性

基本参数	U_{iPP} =4.0 V			U_{OmPP} = V			f_0 = kHz	
输入信号频率 f/kHz	0.20	0.50	0.70	0.80	1.0	3.0	5.0	10.0
输出电压 U_{OPP}/V								
放大倍数 $A_U=\frac{U_{OPP}}{U_{iPP}}$								

2. 有源高通滤波器电路的研究

(1)按图 4.3.11(a)所示电路完成接线。

(2)与有源低通滤波器实训步骤相同，将所得数据填入表 4.3.2 中(频率 f 由高到低进行测试)。

表 4.3.2 有源一阶高通滤波器的幅频特性

基本参数	U_{iPP} =4.0 V			U_{OmPP} = V			f_0 = kHz	
输入信号频率 f/kHz	10.0	5.0	2.0	1.5	1.0	0.8	0.5	0.2
输出电压 U_{OPP}/V								
放大倍数 $A_U=\frac{U_{OPP}}{U_{iPP}}$								

五、实训注意事项

(1)本实训项目涉及较多电工基础理论，所以要注意复习已学的电工基础知识。

(2)注意输入信号经滤波器后，输出不仅幅值会发生变化，而且相位也会发生变化($\dot{U}_0$与$\dot{U}_i$会出现相位差)。

(3)在改变信号源 U_i 的频率时，要注意保持 U_i 的峰－峰值 U_{iPP}不变。

(4)元件、电路和系统的频率特性，在分析它们的性能时很有用，因此对它们要加深理解。

六、实训报告要求

(1)从理论(公式)计算出电路频率特性的截止频率 f_0，并与测量值进行比较，分析有差别的原因。

(2)由表4.3.1所列数据，画出有源一阶低通滤波器的幅频特性曲线 $A_U(f)$(以 A_U 为纵坐标，f 为横坐标)。

(3)由表4.3.2所列数据，画出有源一阶高通滤波器的幅频特性曲线 $A_U(f)$(以 A_U 为纵坐标，f 为横坐标)。

【习题四】

一、填空题

1. 在差动放大电路中，差模电压放大倍数与共模电压放大倍数之比，称为______，在理想差动放大电路中其值为________。

2. 差动放大电路具有电路结构________的特点，因此具有很强的________零点漂移的能力。它能放大________模信号，而抑制________模信号。

3. 当差动放大电路输入端加入大小相等、极性相反的信号时，称为________输入；当加入大小和极性都相同的信号时，称为________输入。

4. 滤波器按其通过信号频率范围的不同，可以分为________滤波器、________滤波器、________滤波器、________滤波器和全通滤波器。

5. 低频信号能通过而高频信号不能通过的电路称为________滤波电路，高频信号能通过而低频信号不能通过的电路称为________滤波电路。

6. 当有用信号频率高于1 kHz时，为滤除低频信号，应采用截止频率为________的________通滤波电路。

7. 理想集成运放的开环差模电压增益为________，差模输入电阻为________，输出电阻为________，共模抑制比为________，失调电压、失调电流以及它们的温度系数均为________。

二、选择题

1. 选用差动放大电路的主要原因是(　　)。

A. 减小温漂　　B. 提高输入电阻

C. 稳定放大倍数　　D. 减小失真

2. 差动放大电路由双端输入改为单端输入，则差模电压放大倍数(　　)。

A. 不变　　B. 提高一倍

C. 提高两倍　　D. 减小为原来的一半

3. 为了减小温度漂移，集成放大电路输入级大多采用(　　)。

A. 共基极放大电路　　B. 互补对称放大电路

C. 差分放大电路　　D. 电容耦合放大电路

4. 已知输入信号的频率为40 Hz ~ 10 kHz，为了防止干扰信号的混入，应选用(　　)滤波电路。

A. 带阻　　B. 低通　　C. 带通　　D. 带阻

5. 欲从混入高频干扰信号的输入信号中取出低于100kHz的有用信号，应选用(　)滤波电路。

A. 带阻　　B. 低通　　C. 带通　　D. 带阻

6. 理想集成运放具有以下特点(　)。

A. 开环差模增益 $A_{ud}=\infty$，差模输入电阻 $R_{id}=\infty$，输出电阻 $R_o=\infty$

B. 开环差模增益 $A_{ud}=\infty$，差模输入电阻 $R_{id}=\infty$，输出电阻 $R_o=0$

C. 开环差模增益 $A_{ud}=0$，差模输入电阻 $R_{id}=\infty$，输出电阻 $R_o=\infty$

D. 开环差模增益 $A_{ud}=0$，差模输入电阻 $R_{id}=\infty$，输出电阻 $R_o=0$

三、计算题

1. 电路如图4.1所示，已知 V_1、V_2 的 $\beta=80$，$U_{BEQ}=0.7$ V，$r_{bb'}=200$ Ω，试求：(1) V_1、V_2 的静态工作点 I_{CQ} 及 U_{CEQ}；(2)差模电压放大倍数 $A_{ud}=u_o/u_i$；(3)差模输入电阻 R_{id} 和输出电阻 R_o。

2. 电路如图4.2所示，已知三极管 $\beta=100$，$r_{bb'}=200$ Ω，$U_{BEQ}=0.7$ V，试求：(1) V_1、V_2 的静态工作点 I_{CQ} 及 U_{CEQ}；(2)差模电压放大倍数 $A_{ud}=u_o/u_i$；(3)差模输入电阻 R_{id} 和输出电阻 R_o。

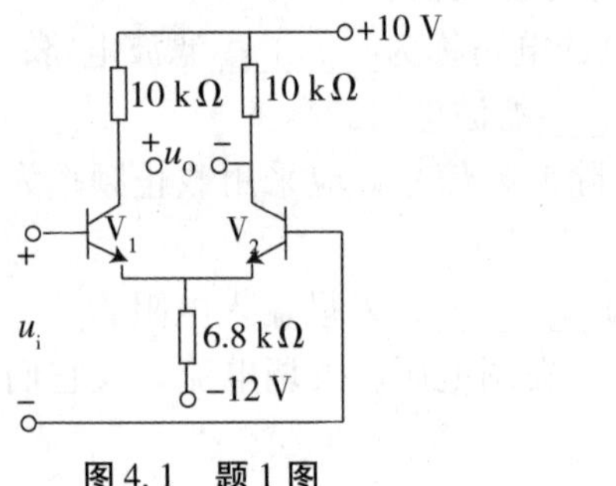

图4.1　题1图

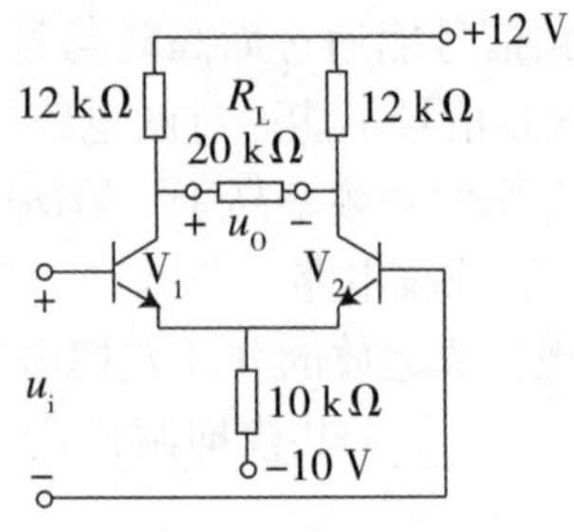

图4.2　题2图

3. 具有电流源的差分电路如图4.3所示，已知 $U_{BEQ}=0.7$ V，$\beta=100$，$r_{bb'}=200$ Ω，试求：(1) V_1、V_2 静态工作点 I_{CQ}、U_{CQ}；(2)差模电压放大倍数 A_{ud}；(3)差模输入电阻 R_{id} 和输出电阻 R_o。

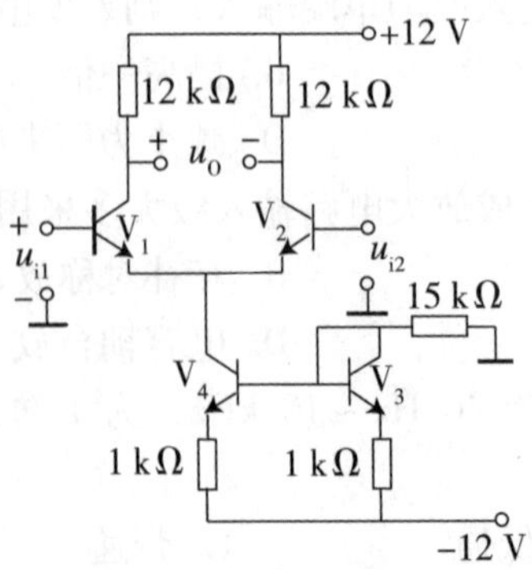

图4.3　题3图

4. 写出图 4.4 所示各电路的名称，分别计算它们的电压放大倍数和输入电阻。

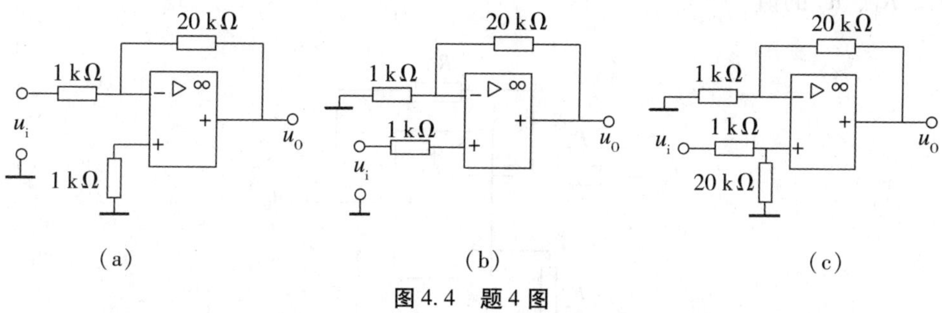

图 4.4　题 4 图

5. 运算电路如图 4.5 所示，试分别求出各电路输出电压的大小。

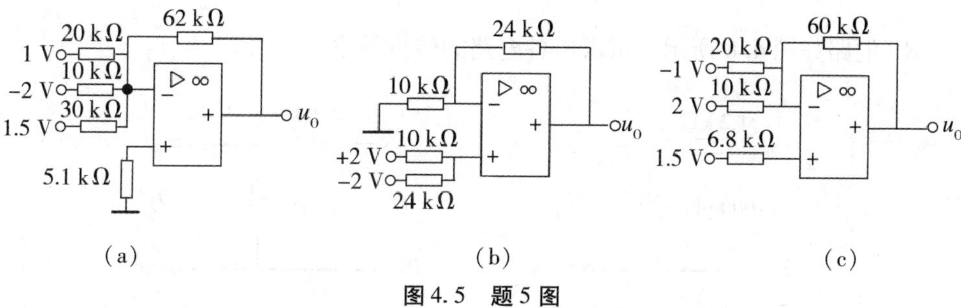

图 4.5　题 5 图

6. 运放应用电路如图 4.6 所示，试分别求出各电路的输出电压 U_o 值。

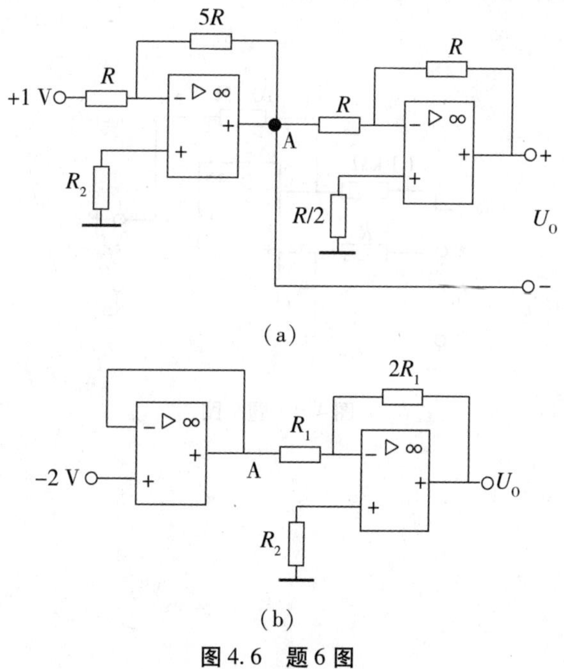

图 4.6　题 6 图

7. 图 4.7 所示的电路中，当 $u_I = 1$ V 时，$u_o = -10$ V，输入电阻为 3 kΩ，试求电阻 R_F、R_1、R_2 的值。

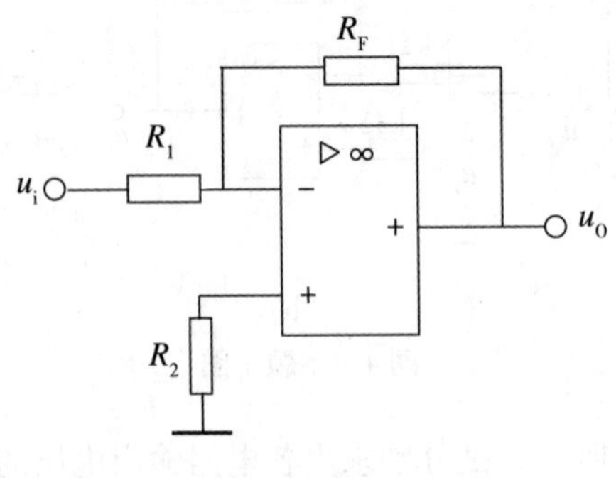

图 4.7　题 7 图

8. *RC* 电路如图 4.8 所示，试求出各电路的转折频率。

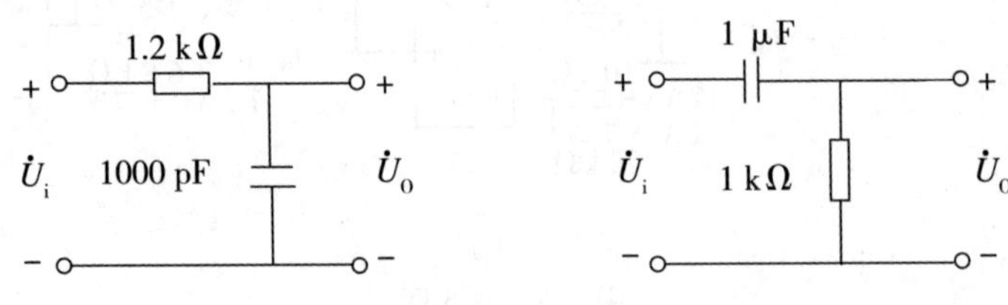

图 4.8　题 8 图

9. 有源低通滤波器如图 4.9 所示，已知 $R = 1$ kΩ、$C = 0.16$ μF，试求出电路的截止频率。

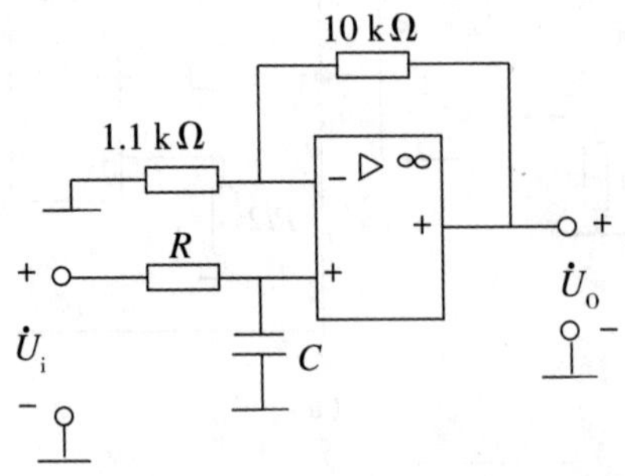

图 4.9　题 9 图

项目五　信号产生电路

任务一　*RC* 正弦波振荡电路

【任务描述】

（1）了解正弦波产生电路的工作条件。
（2）学会 *RC* 正弦波振荡电路的分析。

【知识学习】

一、正弦波产生电路

正弦波的应用最为广泛，正弦波产生电路又称为正弦波振荡器。

正弦波产生电路的基本结构是引入正反馈的反馈网络和放大电路。如图 5.1.1 所示，$\dot{X}_i$ 表示输入信号，$\dot{X}_i'$表示开环放大器的净输入信号，$\dot{X}_f$ 表示正反馈信号，$\dot{X}_o$ 表示输出信号，$\dot{A}$表示放大器，$\dot{F}$表示正反馈网络。接入正反馈是产生振荡的首要条件，也称为相位条件，可以表示为：

$$\varphi_{AF} = \varphi_A + \varphi_F = \pm 2n\pi,\ n = 1、2、3\cdots\cdots$$

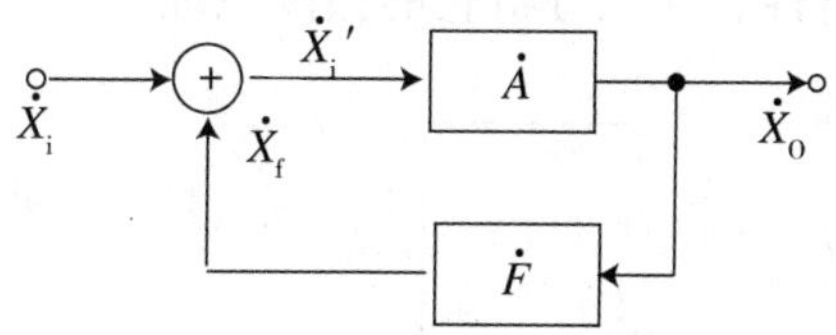

图 5.1.1　正弦波产生电路的基本结构

为了使电路在没有外加信号时（$X_i = 0$）就产生振荡，还要求电路在起振时满足

$$|\dot{X}_f| > |\dot{X}_i'| \text{或} |\dot{A}\dot{F}\dot{X}_i'| > |\dot{X}_i'| \text{即} |\dot{A}\dot{F}| > 1$$

此时，只要满足相位条件，电路中任何微小的扰动，通过闭合后，信号就可以得到不断的加强，产生振荡。我们称上式为产生振荡必须满足的幅度条件，又称为起振条件。

如果不采取措施，输出信号将随时间逐渐增大，当大到一定程度后，放大电路中的管子就会进入饱和区和截止区，输出波形就会失真（饱和失真和截止失真），这是需

要避免的现象。所以，振荡电路应具有稳幅措施，当幅度到一定大小时要使 $|\dot{A}\dot{F}|=1$，使输出幅度稳定，波形又不失真。

为了使输出波形为单一频率的正弦波，要求振荡电路必须具有选频特性，选频特性通常由选频网络实现。选频网络可设置在放大电路中，使 $\dot{A}$ 具有选频特性；也可设置在反馈网络中，使 $\dot{F}$ 具有选频特性。因此，在振荡电路中仅使某一频率的信号满足相位条件和幅值条件，该信号的频率就是该振荡电路的振荡频率。正弦波产生电路一般应包括以下四个基本组成部分：放大电路、反馈网络、选频网络和稳幅电路。判断一个电路是否为正弦波振荡器，就看其组成是否含有上述四个部分。

在分析一个正弦波振荡器时，首先要判断它是否振荡，判断振荡的一般方法是：

(1) 是否满足相位条件：$\varphi_{AF}=\varphi_A+\varphi_F=\pm 2n\pi$，即电路是否为正反馈，只有满足相位条件才有可能振荡。

(2) 放大电路的结构是否合理，有无放大能力，静态工作点是否合适。

(3) 分析是否满足幅值条件，检验 $|\dot{A}\dot{F}|$，若：

① $|\dot{A}\dot{F}|<1$，则不可能振荡。

② $|\dot{A}\dot{F}|>1$，能起振，若无稳幅措施，则输出波形失真。

③ $|\dot{A}\dot{F}|>1$，能起振，振荡稳定后 $|\dot{A}\dot{F}|=1$，再加上稳幅措施，振荡稳定，而且输出波形失真小。

按选频网络所用的元件类型，可以把正弦波振荡电路分为 *RC* 正弦波振荡电路、*LC* 正弦波振荡电路及石英晶体正弦波振荡电路。

二、*RC* 正弦波振荡电路

如图 5.1.2 所示，常见的正弦波振荡电路是 *RC* 串并联式正弦波振荡电路，又称为文氏电桥正弦波振荡电路。*RC* 串并联网络在此作为选频和反馈网络，所以我们必须了解 *RC* 串并联网络的选频特性，才能分析它的振荡原理。

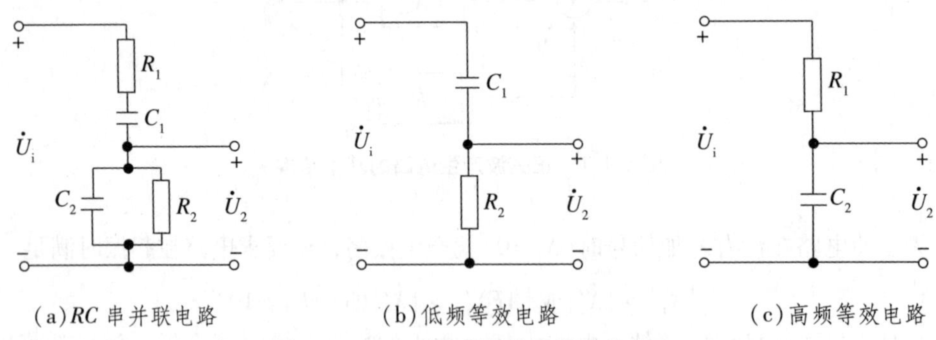

图 5.1.2　*RC* 串并联网络及其等效电路

1. *RC* 串并联网络的选频特性

我们根据电路推导出它的频率特性：

$$\frac{\dot{U}_2}{\dot{U}_i}=\frac{R_2 /\!/ \frac{1}{j\omega C_2}}{\left(R_1+\frac{1}{j\omega C_1}\right)+R_2 /\!/ \frac{1}{j\omega C_2}}=\frac{\frac{R_2}{1+j\omega C_2}}{\left(R_1+\frac{1}{j\omega C_1}\right)+\frac{R_2}{1+j\omega C_2}}$$

$$\frac{\dot{U}_2}{\dot{U}_i}=\frac{1}{\left(1+\frac{C_2}{C_1}+\frac{R_1}{R_2}\right)+j\left(\omega R_1 C_1-\frac{1}{\omega R_2 C_1}\right)}$$

通常取 $R_1=R_2=R$，$C_1=C_2=C$，令 $\omega_0=1/RC$，则有

$$\frac{\dot{U}_2}{\dot{U}_i}=\frac{1}{3+j\left(\frac{\omega}{\omega_0}-\frac{\omega_0}{\omega}\right)}$$

上式的幅频特性为

$$\left|\frac{\dot{U}_2}{\dot{U}_i}\right|=\frac{1}{\sqrt{3^2+\left(\frac{\omega}{\omega_0}-\frac{\omega_0}{\omega}\right)^2}}$$

相频特性为

$$\varphi=-\arctan\frac{1}{3}\left(\frac{\omega}{\omega_0}-\frac{\omega_0}{\omega}\right)$$

当 $\omega<\omega_0$ 即频率低时，U_2超前于 U_i；$\omega>\omega_0$，即频率较高时，U_2滞后于 U_i。

可见，当 $\omega=\omega_0=\frac{1}{RC}$时，$\left|\frac{\dot{U}_2}{\dot{U}_i}\right|=\frac{1}{3}$达到最大值，而且相移 $\varphi=0$。

$$f_0=\frac{\omega_0}{2\pi}=\frac{1}{2\pi RC}$$

因此，可以判定，在高频与低频之间存在一个频率f_0，其相位关系既不是超前也不是滞后，输入与输出电压同相位。这就是 RC 串并联网络的频率特性，如图 5.1.3 所示。

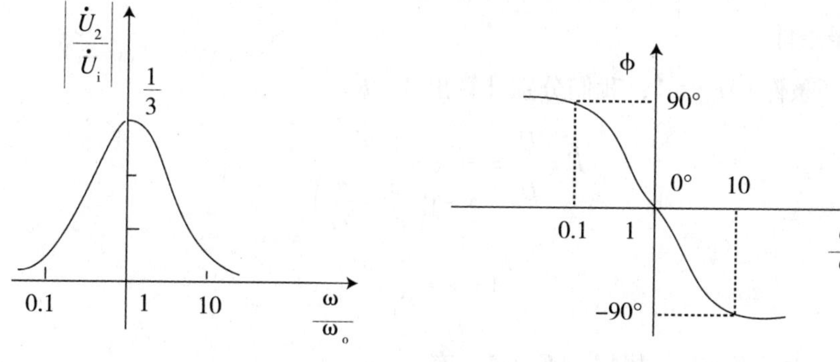

图 5.1.3　RC 串并联网络的频率特性

2. RC 串并联网络正弦波振荡电路

(1)电路组成。

如图 5.1.4 所示为 RC 串并联网络正弦波振荡电路，其放大电路为同相比例电路，反馈网络和选频网络由串并联电路组成。

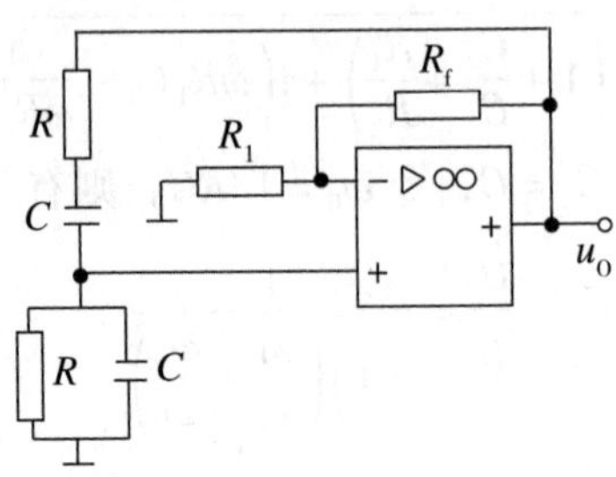

图 5.1.4　RC 串并联网络正弦波振荡电路

(2)相位条件。

由 RC 串并联网络的选频特性得知，在 $\omega=\omega_0=\frac{1}{RC}$时，其相移 $\varphi_F=0$，为了使振荡电路满足相位条件

$$\varphi_{AF}=\varphi_A+\varphi_F=\pm 2n\pi$$

要求放大电路的相移 φ_A 也为 0°(或 360°)，所以放大电路可选用同相输入方式的集成运算放大电器或两级共发射极分立元件放大电路等。

(3)选频。

由于 RC 串并联网络的选频特性，所以使信号通过闭合环路 AF 后，仅有 $\omega=\omega_0$ 的信号才满足相位条件，因此，该电路振荡频率为 ω_0，从而保证了电路输出为单一频率的正弦波。

$$f_0=\frac{\omega_0}{2\pi}=\frac{1}{2\pi RC}$$

(4)起振条件。

根据起振条件 $|\dot{A}\dot{F}|>1$，我们分别计算出 A，F。

$$\dot{F}=\frac{\dot{U}_f}{\dot{U}_o}=\frac{1}{3+j\left(\frac{\omega}{\omega_0}-\frac{\omega_0}{\omega}\right)}$$

$$\dot{A}=1+\frac{R_f}{R_1}$$

当 $\omega=\omega_0$ 时，$F=\frac{1}{3}$。根据 $|\dot{A}\dot{F}|>1$，有

$$A=1+\frac{R_f}{R_1}>3$$

$$R_f>2R_1$$

(5)稳幅措施。

因为振荡以后，振荡器的振幅会不断增加，由于受运放输出电压的限制，输出波形将产生非线性失真。为此，只要设法使输出电压的幅值增大到一定程度，$|\dot{A}\dot{F}|$适当减小，就可以维持 U_o 的幅值基本不变。

通常利用二极管或稳压管的非线性特性、场效应管的可变电阻性以及热敏电阻等非线性特性，来自动地稳定振荡器输出的幅度。图 5.1.5 所示为二极管稳幅电路。

RC 振荡器只能产生较低频率的正弦波，$f<1$ MHz。

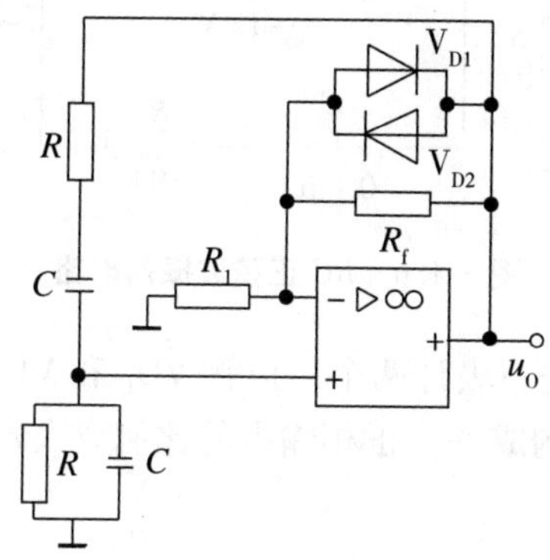

图 5.1.5　二极管稳幅电路

【任务实施】

实训 5.1.1　*RC* 正弦波振荡器的制作与调试

一、实训目的

(1)掌握 *RC* 正弦波振荡器的工作原理。

(2)学会对 *RC* 正弦波振荡器进行调试和测定。

二、实训电路与工作原理

1. 实训电路

图 5.1.6 所示为 *RC* 正弦波振荡电路。

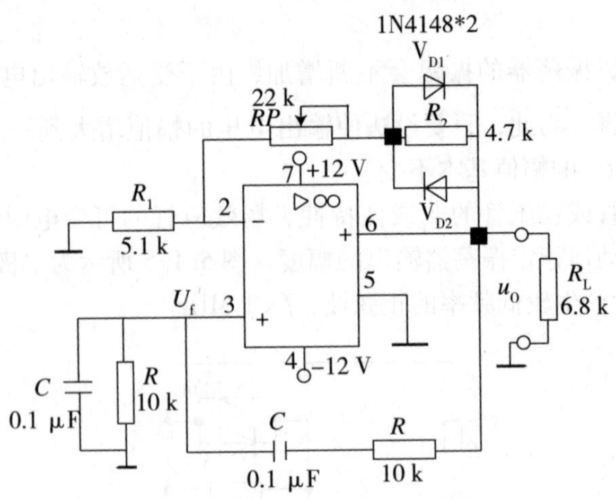

图 5.1.6 *RC* 正弦波振荡电路

在分析图 5.1.6 时，可先不去计两个二极管 VD_1 和 VD_2，由运放器、反馈电阻(R_P+R_2)及反相输入端处的 R_1 构成一个正相输入的比例放大器。

2. 振荡电路的构建

R、*C* 串联电路再与 *R*、*C* 并联电路串接后，便构成一个 *RC* 选频网络。在 $f=f_0=\dfrac{1}{2\pi RC}$ 时，其输出电压 U_f 的幅值为总电压的 $\dfrac{1}{3}$，即 $|\dot{U}_f|=|\dot{U}_O|\times\dfrac{1}{3}$ $\left(\text{即反馈系数 } F=\dfrac{1}{3}\right)$，而且 U_f 与 U_O 的相位相同，即相位差 $\Phi=0$。U_f 又接在运放器的正相输入端，于是与 U_O 同相的 U_f 即构成正反馈。

3. 起振条件

由正反馈放大电路可知，其振荡条件为

$$|\dot{A}\dot{F}|\geqslant 1 \qquad ①$$

在式①中，$|\dot{A}|=1+\dfrac{R_P+R_2}{R_1}$，$|\dot{F}|=\dfrac{1}{3}$，代入式①有

$$\left(1+\frac{R_P+R_2}{R_1}\right)\times\frac{1}{3}>1$$

即

$$\frac{R_P+R_2}{R_1}>2$$

$$(R_P+R_2)>2R_1 \qquad ②$$

上式中未计二极管的影响。

在图 5.1.6 中，$R_1=5.1\ \text{k}\Omega$，$R_P=0\sim22\ \text{k}\Omega$，$R_2=4.7\ \text{k}\Omega$，只要 R_P 调节稍大些，完全可以满足式③所列条件。

为了使输出电压波形幅度稳定，在图 5.1.6 所示的电路中，利用二极管在电流较大时电阻较小的非线性来实现自动稳幅。由图可见，在负反馈电路中，正反向二极管

VD_1、VD_2 与电阻 R_2 并联。不论输出信号在正半周还是在负半周，总有一个二极管正向导通。若两个二极管参数一致，则电压放大倍数

$$A = 1 + \frac{R_P + (R_2 // r_d)}{R_1} \quad ③$$

式中，r_d 为二极管正向交流电阻。

在振荡电路起振时，输出电压幅值较小，根据二极管电流小时等效电阻较大的特性，此时它的正向交流电阻 r_d 阻值将变大，使放大倍数 A_f 变大，有利于起振。当输出电压幅值增大后，通过二极管的电流增大，r_d 将变小，使放大倍数下降，从而达到自动稳定输出的目的。

4. 振荡频率

由于同相比例放大电路的输出阻抗可视为零，而输入阻抗远比 RC 串联网络的阻抗大得多，因此，电路的振荡频率可以认为只由串联网络选频性的参数决定，即

$$f_0 = \frac{1}{2\pi RC} = \frac{1}{2\pi \times 10 \times 10^3 \times 0.1 \times 10^{-6}} = 159\ \text{Hz}。$$

三、实训设备

(1)装置中的直流 ±12 V 电源、双踪示波器、频率计(用示波器亦可测得频率)、晶体管毫伏表(或数字万用表)。

(2)单元：AX9、R_{05}、R_{06}、R_{14}、R_{15}、C_{03}、C_{14}、RP_7。

四、实训内容与实训步骤

(1)按图 5.1.6 连接线路，用示波器观察 U_O，调节负反馈电位器 R_P，使输出 U_O 产生稳定的不失真的正弦波。

(2)用示波器测量输出电压 U_O 的频率 f_0，填入表下中。与理论值比较，计算相对误差。另选一组 R、C，(希望 f_0 = 1000 Hz 左右)重复上述过程。

	R	C	f_o		误差( )
			测量值	理论值	
第一组数据	10 k	0.1 μF			
第二组数据					

(3)测量反馈系数 F，在振荡电路输出为稳定、不失真的正弦波的条件下，测量 U_O 和 U_f，计算反馈系数 $F = U_f / U_O$。

五、实训注意事项

(1)调节反馈电位器 R_P 时，应注意阻值适中，若 R_P 阻值过小，不能满足起振条件，无法形成振荡。若 R_P 阻值过大，则又会造成严重失真。

(2)在接线时，要注意条理，若接线太乱，因分布电容影响，会影响电路稳定，并使波形失真。

六、实训报告要求

(1)由表中数据分析f_0的测量值与计算值(理论值)间产生误差的原因。

(2)若要求$f_0 = 1000$ Hz(左右)，试选择另一组R、C的数值(在现成单元中选取。)

(3)计算出反馈系数F。

任务二　LC 正弦波振荡电路

【任务描述】

(1)了解LC正弦波振荡电路的组成。

(2)了解变压器反馈式LC正弦波振荡电路。

(3)学会对三点式LC正弦波振荡电路进行分析。

(4)了解石英晶体正弦波振荡电路。

【知识学习】

一、LC 正弦波振荡电路

LC正弦波振荡电路可产生频率高达 1000 MHz 以上的正弦波信号。由于普通集成运放的频带较窄，而高速集成运放的价格高，所以LC正弦波振荡电路一般用分立元件组成。

1. LC 并联回路的选频特性

如图 5.2.1 所示，最简单的LC并联回路只包含一个电感和一个电容，R表示回路的等效损耗电阻，其数值一般很小，电路由电流i激励。回路的等效阻抗为

$$Z=\frac{\frac{1}{\mathrm{j}\omega C}(R+\mathrm{j}\omega L)}{\frac{1}{\mathrm{j}\omega C}+\mathrm{R}+\mathrm{j}\omega L}\approx\frac{\frac{1}{\mathrm{j}\omega C}\mathrm{j}\omega L}{R+\mathrm{j}\left(\omega L-\frac{1}{\omega L}\right)}=\frac{\frac{L}{C}}{\mathrm{R}+\mathrm{j}\left(\omega L-\frac{1}{\omega C}\right)}$$

对于某个特定的频率ω_0，满足$\omega_0 L=\frac{1}{\omega_0 C}$，即：

$$\omega_0=\frac{1}{\sqrt{LC}}\text{或}f_0=\frac{1}{2\pi\sqrt{LC}}$$

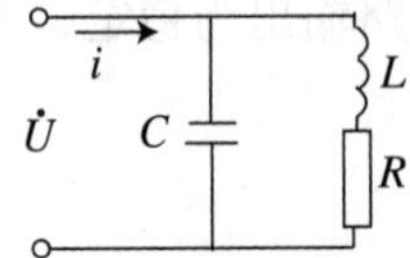

图 5.2.1　LC 并联电路

此时电路产生并联谐振，所以f_0叫作谐振频率。在谐振时，回路的等效阻抗呈现电阻性质，且达到最大值，称为谐振阻抗Z_0，这时

$$Z_0=\frac{L}{RC}=Q\omega_0 L=\frac{Q}{\omega_0 C}=Q\sqrt{\frac{L}{C}}$$

$$C=\frac{1}{\omega_0^2 L}\qquad L=\frac{1}{\omega_0^2 C}$$

其中

$$Q=\frac{\omega_0 L}{R}=\frac{1}{R\omega_0 C}=\frac{1}{R}\sqrt{\frac{L}{C}}$$

Q 称为品质因数，它是 LC 并联回路的重要指标。损耗电阻 R 愈小，Q 值愈大，谐振时的阻抗也愈大。

LC 并联回路谐振时的输入电流为

$$\dot{I}=\frac{\dot{U}}{Z_0}=\frac{\dot{U}}{Q\omega_0 L}$$

而流过电感的电流和电容的电流为

$$|\dot{I}_L|=\frac{U}{\omega_0 L}\qquad |\dot{I}_C|=U\omega_0 C=\frac{U}{\omega_0 L}$$

可见

$$|\dot{I}_L|=|\dot{I}_C|=Q|\dot{I}|$$

通常 $Q>>1$，所以

$$|\dot{I}_L|=|\dot{I}_C|>>|\dot{I}|$$

在谐振时，LC 并联电路的回路电流比输入电流大得多，此时谐振回路受外界的影响可忽略。

谐振时阻抗的虚部为 0，所以电压与电流的相移也为 0。

综上所述，可画出 LC 并联电路的频率特性，如图 5.2.2 所示。可见 LC 并联回路具有选频特性。

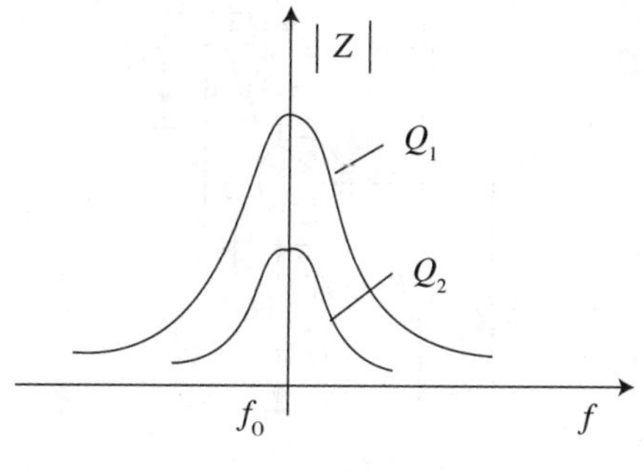

(a)阻抗频率特性($Q_1>Q_2$)

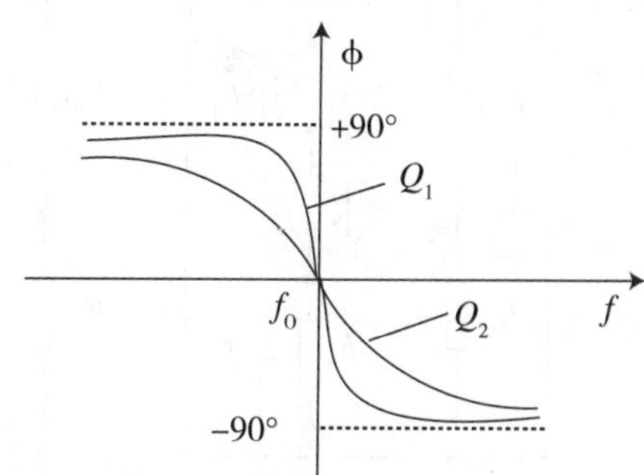

(b)相频特性($Q_1>Q_2$)

图 5.2.2　LC 并联电路的频率特性

利用 LC 并联谐振回路组成的振荡器，其选频网络常常就是放大器的负载(负载电阻 R_c 用 LC 并联谐振回路代替)，所以放大电路的增益具有选频特性。由于在谐振时，LC 电路呈现电阻性，所以对放大电路相移的分析与电阻负载的相同。

$$A_u = -\frac{\beta R'_L}{r_{be}}$$

2. 变压器反馈式 LC 正弦波振荡电路

如图 5.2.3 所示为变压器反馈式 LC 振荡器的几种常见接法，其中图(a)、(b)为共射极接法，图(c)为共基极接法。要判断是否起振，还得判断是否满足相位条件和幅值条件。

由于三极管共基极的截止频率远远大于共射极的截止频率。所以为了提高振荡频率，LC 振荡器也采用共基极放大电路。

(1)反馈极性的判别。

反馈极性的判别即相位条件的判别，采用瞬时极性法。首先在反馈信号的引入处假设一个输入信号的瞬时极性，然后依次判别出电路中各处的电压极性。如反馈电压 U_f 的极性与假设输入信号极性一致，则为正反馈，且满足相位条件的要求。如不满足，通过改变变压器同名端的连接，可十分方便地改变 U_f 的极性，使之满足振荡器的相位条件。

(2)振荡的幅值条件。

起振时要满足 $|\dot{U}_f| > |\dot{U}_i|$，只需变压器的匝数比设计恰当就可满足。

(3)稳幅措施。

LC 正弦波振荡电路的稳幅措施是利用放大电路的非线性实现的。当振幅大到一定程度时，虽然三极管进入截止或饱和状态，集电极电流会产生明显失真，但是由于集电极的负载是 LC 并联谐振电路，具有良好的选频作用，因此输出电压波形一般失真不大。

(4)输出频率(振荡频率)。

$$f_0 = \frac{1}{2\pi\sqrt{LC}}$$

注意区别谐振回路的谐振电容和耦合电容及旁路电容以及其余各电容的作用。

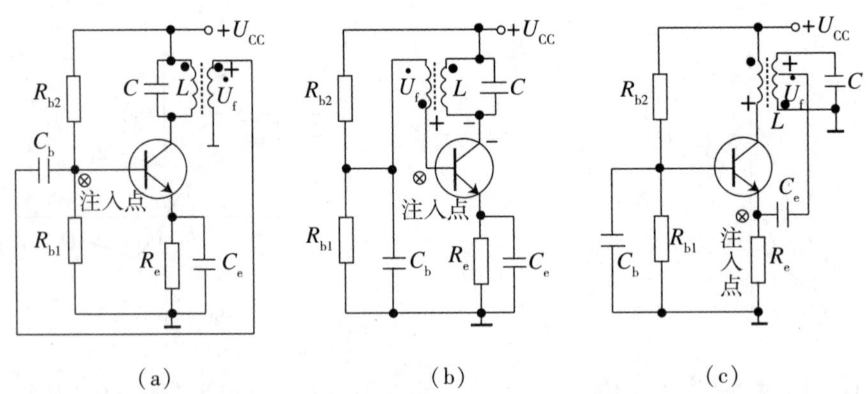

图 5.2.3　变压器反馈式 LC 正弦波振荡电路

3. 三点式 LC 正弦波振荡电路

如图 5.2.4 所示，因为这类 LC 振荡电路的谐振回路都有三个引出端子，分别接至三极管的三个电极上，所以统称为三点式振荡电路。根据电路的接法，又分为电感三点式和电容三点式。

(1)电感三点式。

如图 5.2.4(a)、(b)所示，电感三点式正弦波振荡电路的振荡频率基本上等于 LC 并联回路的谐振频率，即

$$f_0 \approx \frac{1}{2\pi\sqrt{L'C}}$$

其中，L'是谐振回路的等效电感，即

$$L' = L_1 + L_2 + 2M$$

M 为绕组 N_2 和绕组 N_1 之间的互感.

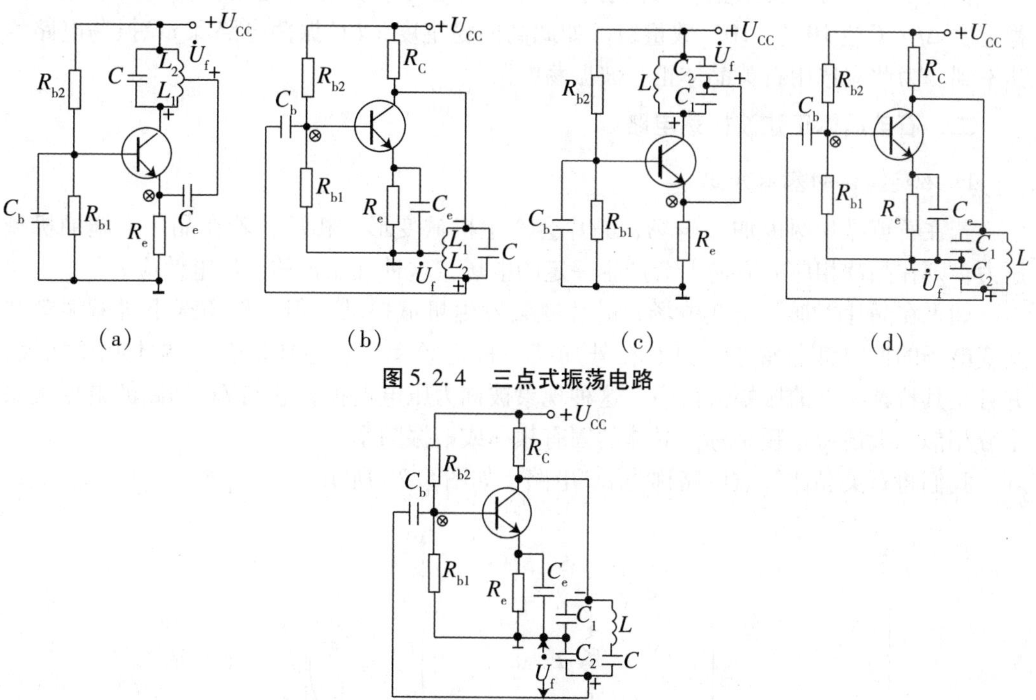

图 5.2.4　三点式振荡电路

图 5.2.5　电容三点式改进型振荡电路

电感三点式正弦波振荡电路容易起振，而且采用可变电容器在较宽范围内调节振荡频率，所以在需要经常改变频率的场合得到广泛的应用。但是由于它的反馈电压取自感 L_2，对高次谐波阻抗较大，因此输出波形中含有高次谐波。

(2)电容三点式。

如图 5.2.4(c)、(d)所示，电容三点式正弦波振荡电路的振荡频率近似等于 LC 并联电路的谐振频率，即

$$f_0 \approx \frac{1}{2\pi\sqrt{LC'}} \qquad C' = \frac{C_1C_2}{C_1 + C_2}$$

由于电容三点式正弦波振荡电路的反馈电压取自电容 C_2，反馈电压中高次谐波分量小，因此输出波形较好。电容 C_1、C_2 的容量可以选得较小，并可将管子的极间电容

计算到 C_1、C_2中去，所以振荡频率可达 100 MHz 以上。但管子的极间电容随温度等因素变化，对振荡频率有一定的影响。为了减少这种影响，可在电感 L 支路中串接电容 C，使谐振频率主要由 L 和 C 决定，而 C_1和 C_2只起分压作用，如图 5.2.5 所示。对于该电路有

$$\frac{1}{C'}=\frac{1}{C}+\frac{1}{C_1}+\frac{1}{C_2}$$

在选取参数时，可使 $C_1 \gg C$，$C_2 \gg C$，即

$$C' \approx C，f_0 \approx \frac{1}{2\pi\sqrt{LC}}$$

在实用中，常常要求振荡器的振荡频率十分稳定，如作为定时标准，要求振荡的稳定度 $\Delta f / f_0$ 达 $10^{-9} \sim 10^{-7}$ 数量级。如此高的稳定度，RC 振荡电路和 LC 振荡电路均达不到。为此应选用石英晶体正弦波振荡电路。

二、石英晶体正弦波振荡电路

1. 石英晶体的基本知识

若在石英晶片两极加一电场，晶片会产生机械变形。相反，若在晶片上施加机械压力，则在晶片相应的方向上会产生一定的电场，这种现象被称为压电效应。

如果在晶片上加一交变电场，晶片就会发生机械振动，但一般情况下机械振动和交变电场的振幅都非常小。只有在外加某一特定频率交变电压时，振幅才明显加大，并且比其他频率下的振幅大得多，这种现象被称为压电谐振，它与 LC 回路的谐振现象十分相似。上述特定频率称为晶体的固有频率或谐振频率。

我们将石英晶体等效电路称为 LC 电路，如图 5.26 所示。

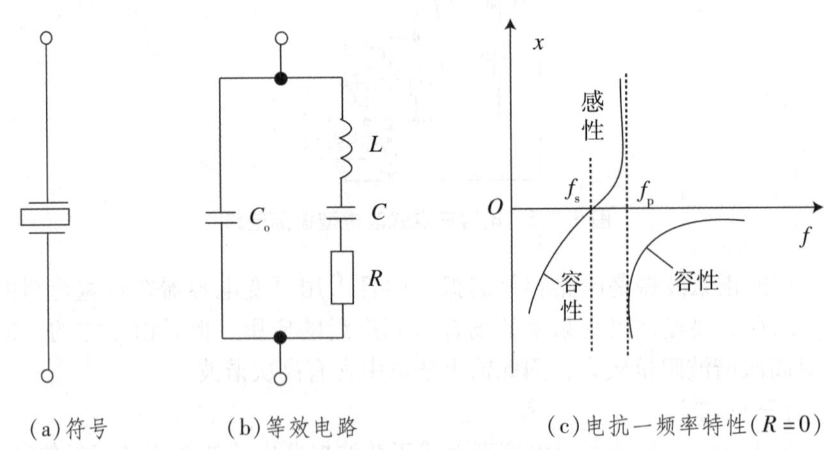

(a)符号　　(b)等效电路　　(c)电抗—频率特性($R=0$)

图 5.2.6　石英晶体谐振器

C_o——静电电容与晶片的几何尺寸和电极面积有关；

L——机械振动的惯性用 L 等效，值为几十毫亨至几百毫亨；

C——晶体的弹性，值为 0.0002 pF ~ 0.1 pF；

R——振动时的摩擦损耗，值约为 100 Ω；

Q——$10^4 \sim 10^6$。

晶片的谐振频率基本上只与晶片的切割方式、几何形状及几何尺寸有关，而且这些可以做的很精确，因此利用石英谐振器组成的振荡电路可获得很高的频率稳定度。

从石英晶体谐振器的等效电路可知，它有两个谐振频率，即当 RLC 支路发生谐振时，它的等效阻抗最小(等于 R)。串联谐振频率为

$$f_s = \frac{1}{2\pi\sqrt{LC}}$$

当频率高于 f_s 时，LCR 支路呈感性，可与电容 C_0 发生并联谐振，并联谐振的频率为

$$f_p \approx \frac{1}{2\pi\sqrt{L\dfrac{CC_0}{C+C_0}}} = f_s\sqrt{1+\frac{C}{C_0}}$$

由于 $C \ll C_0$，因此 f_s 和 f_p 非常接近。

由石英晶体的等效电路可见：当 f 在 f_s 与 f_p 之间时，石英晶体呈电感性，其余频率下呈电容性。

增大电容 C_0 可使 f_p 更接近 f_s，因此可在石英晶体两端并联一个电容器 C_L，通过调节电容器 C_L 的大小实现频率微调。但 C_L 的容量不能太大，否则 Q 值太小。一般石英晶体产品所标的频率是指并联负载电容($C_L = 30$ pF)时的并联谐振频率。

2. 石英晶体振荡器

石英晶体振荡器有多种电路形式，但基本电路只有两类：

(1)把振荡频率选择在 f_s 与 f_p 之间，使石英谐振器呈现电感特性。

(2)把振荡频率选在 f_s，得用此时 $x=0$ 的特性，把石英谐振器设置在反馈网络中，构成串联谐振电路。

图 5.2.7 为串联型石英晶体正弦波振荡电路，它利用 $f = f_s$ 时石英晶体呈纯阻性、相移为零的特性。R_5 用来调节正反馈的反馈量，若阻值过大，则反馈量太小，电路不能振荡。若阻值太小，则反馈量太大，会使输出波形失真。

图 5.2.8 为并联型石英晶体正弦波振荡电路，用石英晶体代替电容三点式改进型正弦振荡电路中的 LC 支路。其等效电路如图 5.2.8 所示。

振荡频率：

$$f_0 = \frac{1}{2\pi\sqrt{L\dfrac{C(C_0+C')}{C+C_0+C'}}}$$

式中，$C' = \dfrac{C_1C_2}{C_1+C_2}$，由于 $C_0 + C' >> C$，所以 $f_0 \approx f_s$，此时石英晶体的阻抗呈电感性。

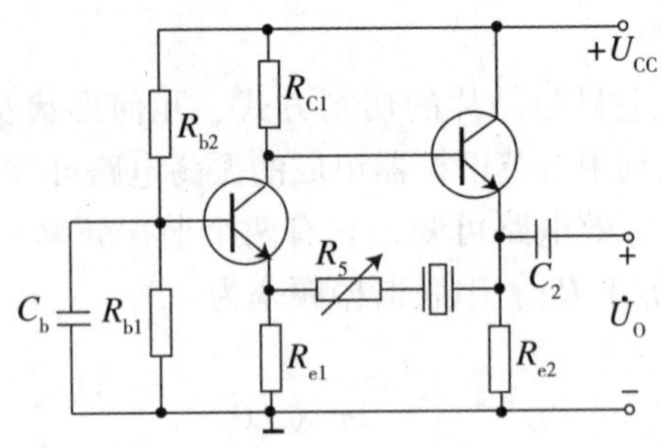

图 5.2.7　串联型石英晶体正弦波振荡电路

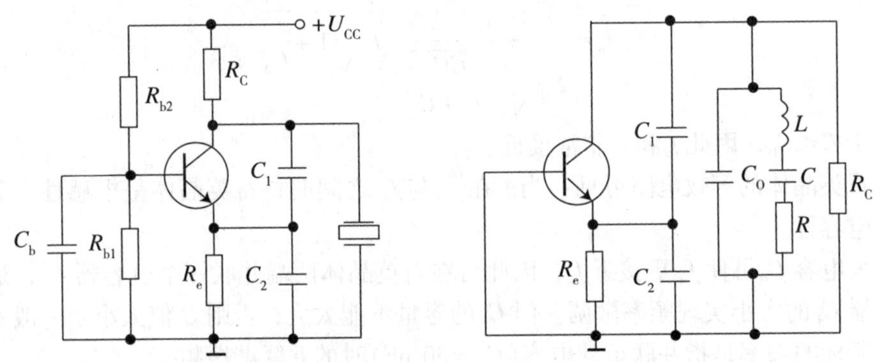

图 5.2.8　并联型石英晶体正弦波振荡电路及其交流等效通路

由于石英晶体特性好，而且仅有两根引线，安装和调试方便，容易起振，所以石英晶体在正弦波振荡电路和矩形波产生电路中获得广泛应用。

【任务实施】

实训 5.2.1　电容三点式 LC 正弦波发生器

一、实训目的

(1)掌握电容三点式 LC 正弦波发生器的工作原理。

(2)学会对 LC 正弦振荡电路进行调试。

二、实训电路与工作原理

(1)图 5.2.9(a)为电容三点式 LC 正弦波振荡电路。

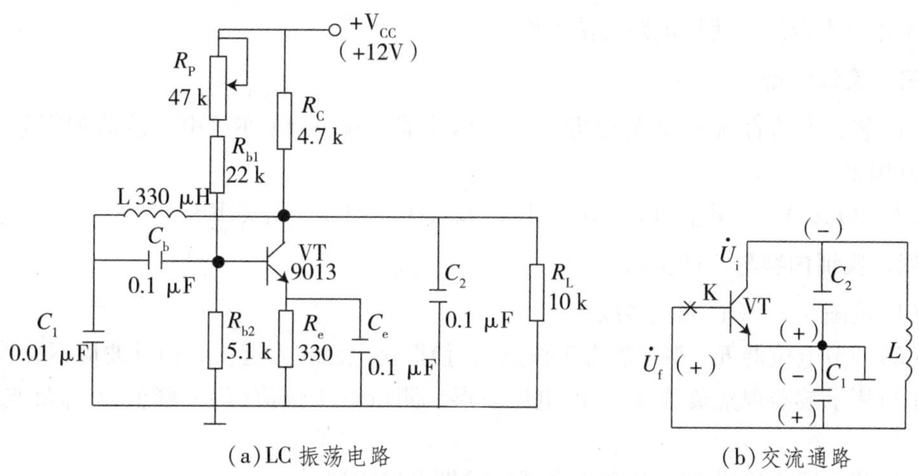

图 5.2.9　电容三点式 LC 振荡电路

从图 5.2.9 中可以看，C_1、C_2、L 组成并联谐振回路。由于 C_b 和 C_e 数值较大，对于高频振荡信号可视为短路，它的交流通路如图 5.2.9(b)所示。电容 C_1 上的电压为反馈电压。根据交流通路，可以用瞬时极性法来判断反馈电压$\dot{U}_f$的极性。若设三极管 VT 基极电位某瞬间极性为(+)，则三极管集电极电位极性便为(−)(三极管电路对交流构成一个反相器)，而电容 C_2 与 C_1 串联后与电感 L 构成并联谐振回路，于是由电容 C_2 上端瞬间极性为(−)、下端为(+)，便可推出电容 C_1 的极性亦为上(−)、下(+)，如图 5.2.9(b)所示(同一条支路中，充放电电流方向是相同的)。由图可见，反馈电压 U_f 和放大电路输入电压 U_i 极性相同，从而构成了正反馈，为振荡形成建立了基本构架。

(2)振荡频率。

由于与电感并联的是两个串联的电容 C_1 和 C_2，所以其等效电容 $C=\dfrac{C_1C_2}{C_1+C_2}$，若 $C_1=C_2=0.01\ \mu F$，则 $C=\dfrac{1}{2}C_1=0.005\ \mu F$。

由电工基础知识可知，并联谐振电路的振荡频率

$$f_0=\frac{1}{2\pi\sqrt{LC}} \qquad ①$$

以 $L=330\ \mu H$ 及 $C=0.005\ \mu F$ 代入上式有

$$f_0=\frac{1}{2\pi\sqrt{LC}}=\frac{1}{2\pi\sqrt{330\times10^{-6}\times0.005\times10^{-6}}}\approx124\ kHz$$

(3)由图 5.2.9(b)可见，三极管 VT 的三个电极分别与电容 C_1 和 C_2 的三个端子相接，所以该电路属于电容三点式振荡电路。

图 5.2.9 中 C_e 为高频旁路电容，如果把 C_e 去掉，信号在发射极电阻 R_e 上将产生损失，放大倍数降低，甚至难以起振。C_b 为高频耦合电容，它将振荡信号耦合到三极管基极上。如果将 C_b 电容去掉，则三极管基极直流电位与集电极电位近似相等，由于

静态工作点不合适，所以电路无法工作。

三、实训设备

(1)装置中的直流 +12 V 电源、双踪示波器、频率计(亦可由示波器测得频率)、数字万用表。

(2)单元：VT_3、R_{03}、R_{06}、R_{14}、L_{01}、L_{03}、C_{02}、C_{03}、C_{14}、RP_9。

四、实训内容与实训步骤

(1)按图 5.2.9(a)完成接线。

(2)调节电位器 R_P(整定静态工作点)，使振荡电路正常起振，而且波形不失真。

(3)用示波器观察负载 R_L 上的电压波形，测量电压幅值(峰 - 峰值)U_{oPP}及波形频率 f。

(4)将电感 L 换成 30 mH 的大电感，重做上述实训。

五、实训注意事项

(1)振荡电路中各元件的参数配置不好，可能不起振，因此要注意元件的参数的配置。

(2)若三极管 VT 的静态工作点设置不恰当，会造成振荡波形失真，甚至不起振。

六、实训报告要求

(1)画出电容三点式 LC 振荡电路，并简要叙述其工作原理。

(2)记录当 $L=330\ \mu H$ 及 $L=30$ mH 时，振荡电路负载上的电压波形频率 f 及电压峰 - 峰值 U_{oPP}。

(3)若要求振荡频率 f 连续可调，请提出改进方案。

任务三　电压比较器

【任务描述】

(1)了解电压比较器的基本概念。

(2)了解简单电压比较器。

(3)掌握滞回比较器的传输特性及应用。

【知识学习】

一、电压比较器简介

电压比较器的功能是比较两个电压的大小，通过输出电压的高电平或低电平来表示两个输入电压的大小关系。电压比较器可以由集成运算放大器组成，也可用专用的集成电压比较器。电压比较器一般有两个输入端和一个输出端。其输入信号通常是两个模拟量，在一般情况下，其中一个输入信号是固定不变的参考电压，另一个输入信号则是变化的信号电压。而输出信号只有两种可能的状态：高电平或低电平。我们可以认为，比较器的输入信号是连续变化的模拟量，而输出信号则是数字量。因此，电压比较器可以作为模拟电路和数字电路的“接口”。电压比较器还是波形产生和转换的基本单元电路。

电压比较器中的集成运放通常工作在非线性区，满足以下关系：

当 $U_+ > U_-$ 时，$U_o = U_{OH}$；当 $U_+ < U_-$ 时，$U_o = U_{OL}$；当 $U_+ = U_-$ 时，$U_{OL} < U_o < U_{OH}$，输出状态不定；而只有 $U_+ = U_-$ 时，输出才能发生状态转变。

1. 比较器的阈值

比较器的输出状态发生跳变的时刻，所对应的输入电压值叫作比较器的阈值电压，简称阈值，或叫门限电压，简称门限，用 U_{TH} 表示。

2. 比较器的传输特性

比较器的输出电压与输入电压之间的对应关系叫作比较器的传输特性。可用曲线表示，也可用方程表示。

二、简单电压比较器

简单电压比较器通常只含有一个运放，而且在多数情况下，运放是开环工作的。它只有一个门限电压，所以又叫作单限比较器。图 5. 3. 1 是两个最简单的电压比较器，其中图(a)为反相比较器，图(b)为同相比较器。按照阈值的定义，可以求得这两个比较器的阈值 U_{TH} 均为 U_R，U_R 是参考电压，它可以是正值、负值，也可以是零。当 $U_R > 0$ 时，它们的传输特性如图 5. 3. 2 所示。

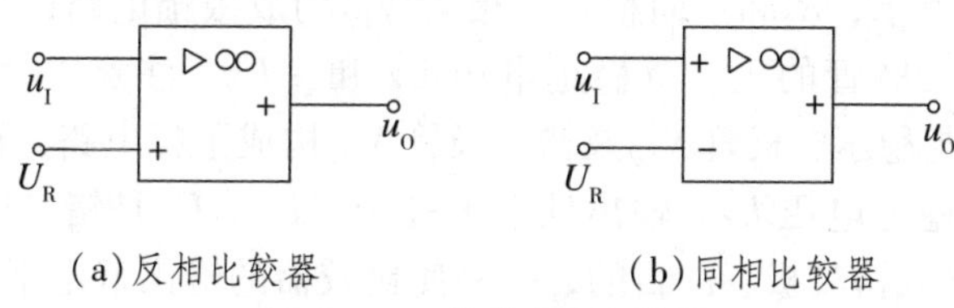

(a)反相比较器　　(b)同相比较器

图 5. 3. 1　简单电压比较器

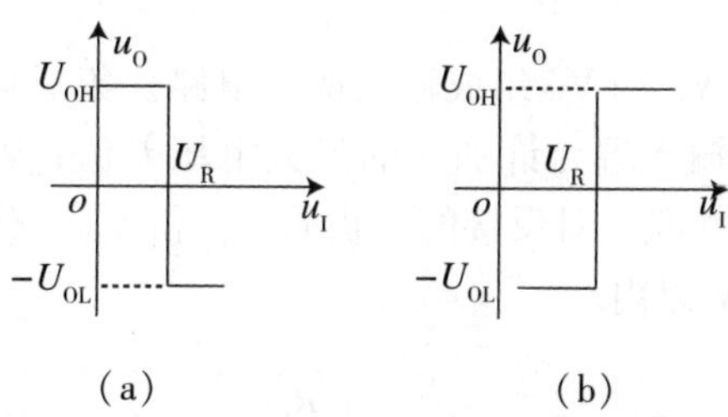

(a)　　(b)

图 5. 3. 2　简单电压比较器的传输特性

利用简单电压比较器，可以把正弦波或其他周期波形变换成同频率的矩形波或方波(方波是高电平持续时间与低电平持续时间相等的矩形波)。

【例 5. 3. 1】在图 5. 3. 1(a)所示的电路中，输入电压 u_I 为正弦波，画出 $U_R > 0$，$U_R < 0$，$U_R = 0$ 时的输出电压波形。

解：由图 5. 3. 1(a)可见阈值为 $U_{TH} = U_R$

所以，当 $U_R>0$ 时，$U_{TH}>0$；当 $U_R<0$ 时，$U_{TH}<0$；当 $U_R=0$ 时，$U_{TH}=0$。这三种情况下的输出电压波形如图 5.3.3 所示。

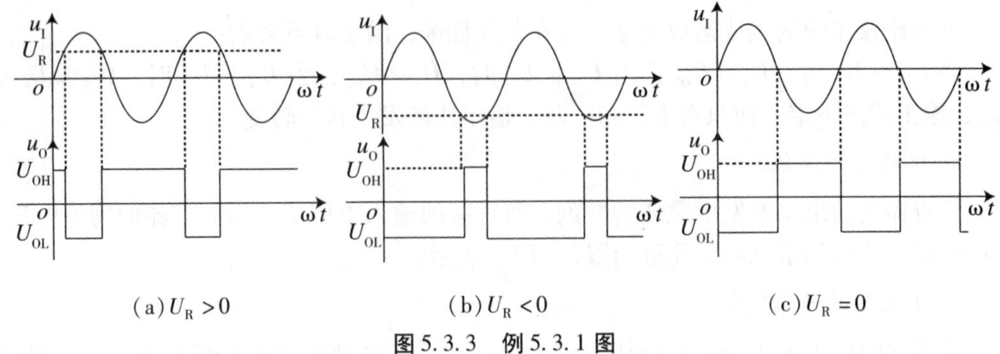

图 5.3.3　例 5.3.1 图

由本例可以看出，改变参考电压 U_R，就会改变阈值 U_{TH}，从而改变输出电压波形的占空比(矩形波的高电平持续时间与其周期之比叫作矩形波的占空比)。

阈值为 0 的简单比较器又叫作过零比较器。

上例所示的比较器，其输出的高电平和低电平与运放的输出高电平和低电平相等。有时为了需要(如驱动数字电路的 TTL 电路)，必须减小比较器的输出电压幅值，即在比较器的输出回路中设置限幅电路。

(1)输出电压限幅。

如图 5.3.4(a)所示，R_2 和双向稳压二极管 V_{DZ} 构成限幅电路，其输出高电平和低电平等于双向稳压二极管的正、负稳定电压 Uz 和 $-Uz$。注意 R_2 为限流电阻。如图 5.3.4(b)所示，R_2 与稳压二极管 V_{DZ} 及锗二极管 V_{D3} 构成限幅电路，输出的高电平电平等于稳压二极管的稳定电压 Uz。输出低电平等于 $-U_D$。U_D 是锗二极管的正向导通电压，约为 0.2 V。接入锗二极管的目的，一是使比较器的输出低电平更加接近于 0，二是提高比较器的输出状态的跳变速度。

(2)输入电压限幅。

图 5.3.4(a)、(b)中 V_{D1} 和 V_{D2} 组成输入保护电路。集成运放有一项技术指标称为最大差模输入电压，是两输入端允许加入的最大电压差值，若超过，则会损坏集成运放。为此，通常在输入端并联一对反接的二极管 V_{D1} 和 V_{D2}，使运放两输入端之间的差模输入电压限制在 ±0.7 V 以内。

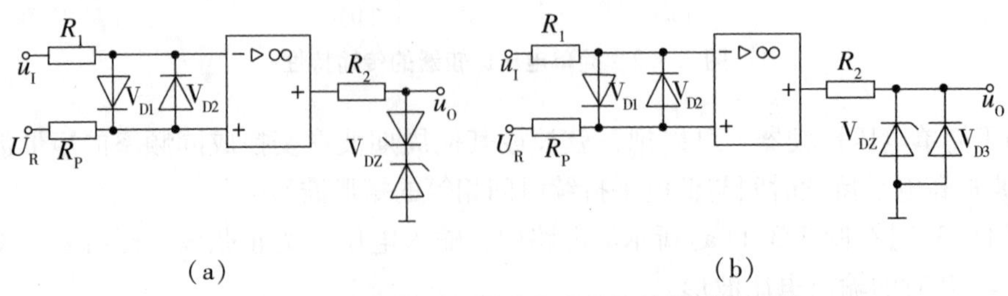

图 5.3.4　具有输入保护和输出限幅的电压比较器

三、滞回比较器

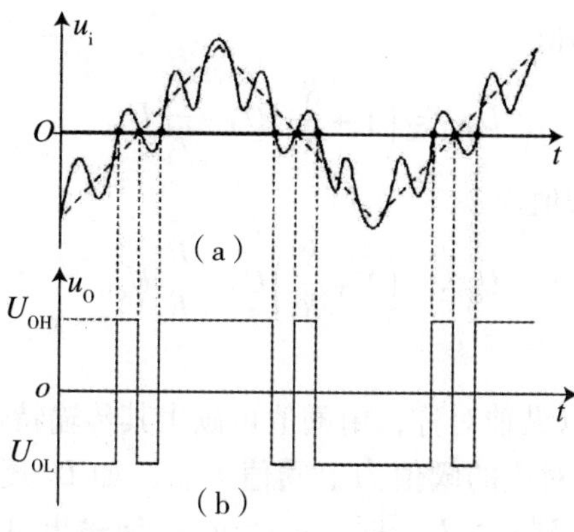

图 5.3.5　噪声干扰对简单比较器的影响

简单电压比较器结构简单、灵敏度高，但它的抗干扰能力差，如果输入信号因受干扰在阈值附近变化，输出电压将发生跳变。用此输出电压控制电机等设备，将出现错误操作。图 5.3.5 所示为噪声干扰对简单比较器的影响。

滞回比较器能克服简单比较器抗干扰能力差的缺点，具体电路如图 5.3.6 所示。

滞回比较器具有两个阈值，可通过电路引入正反馈获得。可见，和简单比较器相比，滞回比较器一般引入正反馈。

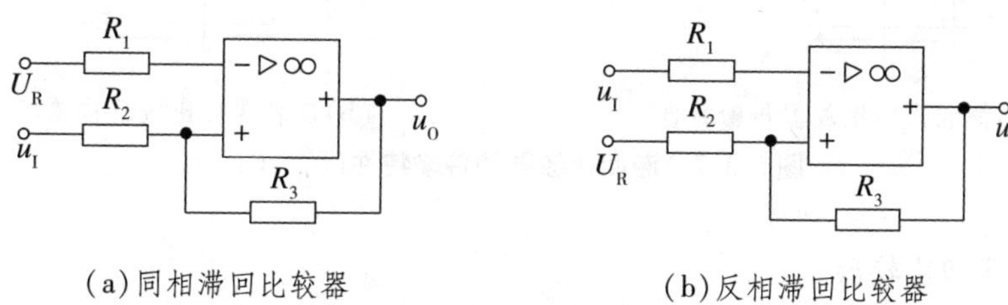

(a)同相滞回比较器　　　(b)反相滞回比较器

图 5.3.6　滞回比较器

1. 同相滞回比较器

同相滞回比较器如图 5.3.6(a)所示。

(1)阈值。

输出电压发生跳变的临界条件为

$$u_+ = u_-$$

$$u_- = U_R$$

$$u_+ = \frac{R_2}{R_2 + R_3}u_O + \frac{R_3}{R_2 + R_3}u_I$$

当 $u_+ = u_-$ 时，所对应的 u_I 值就是阈值

$$U_R = \frac{R_2}{R_2 + R_3}u_O + \frac{R_3}{R_2 + R_3}u_I$$

$$U_{TH} = \left(1 + \frac{R_2}{R_3}\right)U_R - \frac{R_2}{R_3}u_0$$

当 $u_o = U_{OL}$时，得上阈值

$$U_{TH1} = \left(1 + \frac{R_2}{R_3}\right)U_R - \frac{R_2}{R_3}U_{OL}$$

当 $u_o = U_{OH}$时，得下阈值。

$$U_{TH2} = \left(1 + \frac{R_2}{R_3}\right)U_R - \frac{R_2}{R_3}U_{OH}$$

(2)传输特性。

设 $U_R = 0$，传输特性以纵轴对称，由阈值可画出其传输特性。假设 u_I为负电压，此时 $u_+ < u_-$，输出为 U_{OL}，对应的阈值为上阈值 U_{TH1}。如 U_I 逐渐上升，只要 $u_I < U_{TH1}$，则输出 $u_o = U_{OL}$将不变；直到 $u_I \geqslant U_{TH1}$时，$u_+ \geqslant u_-$，使输出电压由 U_{OL}突跳至 U_{OH}，对应其阈值为下阈值 U_{TH2}。u_I再继续上升，$u_+ > u_-$关系不变，所以输出 $u_o = U_{OH}$不变。之后 u_I逐渐减少，只要 $u_I > U_{TH2}$，输出仍维持不变，直至时 $u_I \leqslant U_{TH2}$，$u_+ \leqslant u_-$，输出再次突变，由 U_{OH}下跳至 U_{OL}，如图 5.3.7(a)所示。

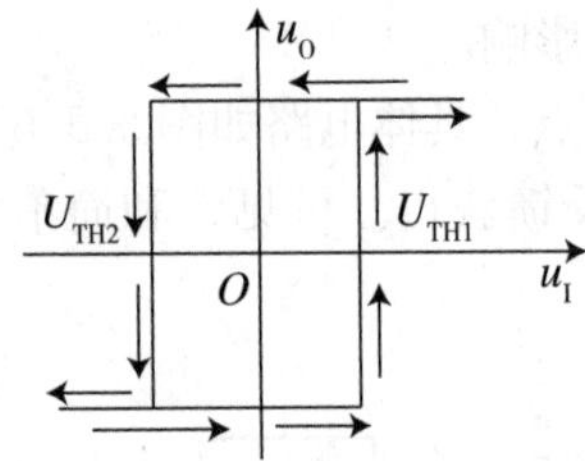

(a)同相滞回比较器传输特性

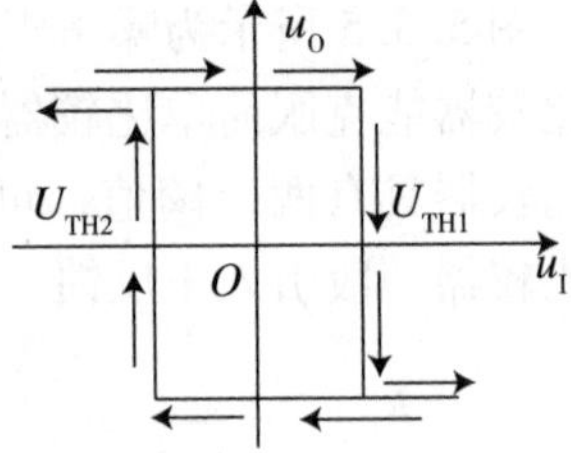

(b)反相滞回比较器传输特性

图 5.3.7 滞回比较器的传输特性($U_R = 0$)

2. 反相滞回比较器

反相滞回比较器如图 5.3.6(b)所示。

(1)阈值。

$$u_- = u_I$$

$$u_+ = \frac{R_2}{R_2 + R_3}u_o + \frac{R_3}{R_2 + R_3}U_R$$

当 $u_o = U_{OH}$时，得上阈值

$$U_{TH1} = \frac{R_3}{R_2 + R_3}U_R + \frac{R_2}{R_2 + R_3}U_{OH}$$

当 $u_o = U_{OL}$时，得下阈值

$$U_{TH2} = \frac{R_3}{R_2 + R_3}U_R + \frac{R_2}{R_2 + R_3}U_{OL}$$

(2)传输特性。

设 $U_R = 0$，传输特性以纵轴对称，由阈值可画出其传输特性。改变 U_R就可改变阈

值，从而改变了传输特性，如图 5.3.7(b)所示。

3. 举　例

【例 5.3.2】指出，图 5.3.8 中各电路属于何种类型的比较器，并画出相应的传输特性。设集成运放 $U_{OH}=12$ V，$U_{OL}=-12$ V，各稳压管的稳压值 $U_z=6$ V，V_{DZ}和 V_D的正向导通压降 $U_D=0.7$ V。

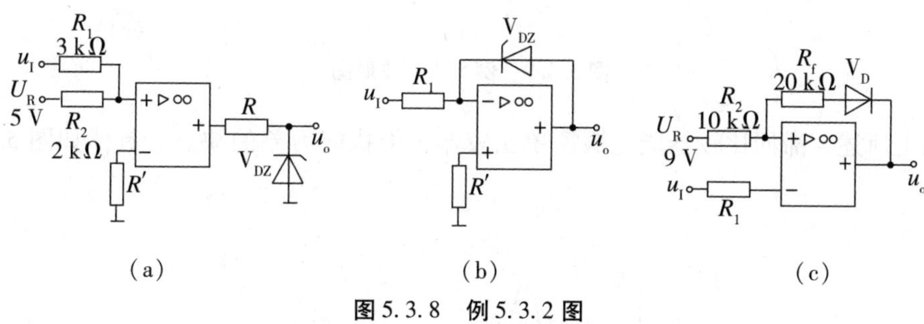

图 5.3.8　例 5.3.2 图

解：

(1)图 5.3.8(a)是一个简单同相电压比较器(开环)。

因为 $i_+=i_-=0$，所以可利用叠加原理求得

$$u_+=\frac{R_2}{R_1+R_2}u_I+\frac{R_1}{R_1+R_2}U_R$$

而 $u_-=0$，则有

$$u_I=-\frac{R_1}{R_2}U_R$$

$$U_{TH}=-\frac{R_1}{R_2}U_R=-7.5(\text{V})$$

$$U'_{OH}=6(\text{V})\qquad U'_{OL}=-0.7(\text{V})$$

(2)图 5.3.8(b)是一个反相简单比较器，或反相过 0 比较器，$U_{TH}=0$。

当 $u_i<0$，U_0应为 12 V，此时 V_{DZ}导通，使得输出 $U_{OH}=0.7$ V；当 $u_i>0$，U_0应为 −12 V，此时 V_{DZ}反向击穿，起到稳压作用，使得输出 $U_{OL}=-6$ V。

(3)图 5.3.8(c)是反相滞回比较器。

上阈值：当 u_I 较低，小于 9 V 时，或由小增大时，输出为 12 V，此时 V_D截止，可视为开路。在此情况下，运放相当于开环工作。当 u_I 大于 9 V 时，输出变为 −12 V。

$$U_{TH1}=U_R=9(\text{V})$$

下阈值：当 u_I 较高，大于 9 V 时，或由大减小时，输出为 −12 V，此时 V_D导通，可视为短路。

$$u_+=\frac{R_f}{R_2+R_f}U_R+\frac{R_2}{R_2+R_f}U_{OL}$$

$$U'_{TH2}=\frac{R_f}{R_2+R_f}U_R+\frac{R_2}{R_2+R_f}U_{OL}=2(\text{V})$$

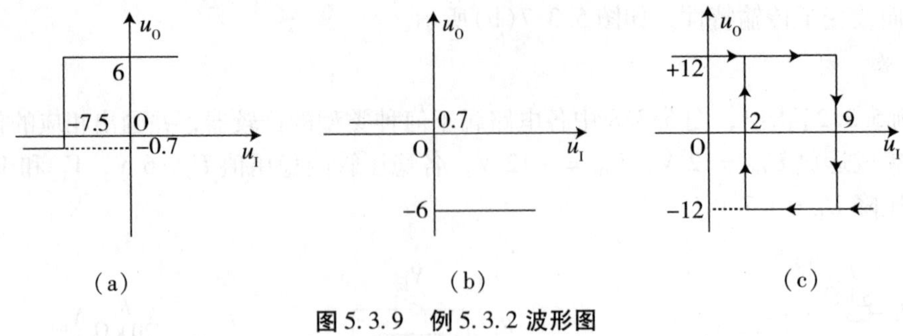

图 5. 3. 9　例 5. 3. 2 波形图

综上所述，滞回比较器能克服简单比较器抗干扰能力差的缺点。具体如图 5. 3. 10 所示。

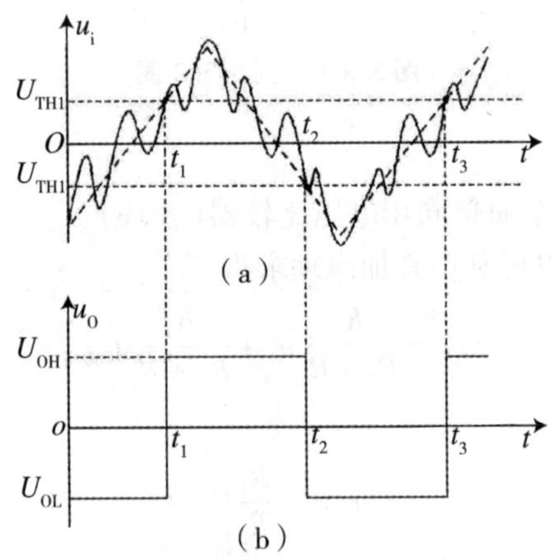

图 5. 3. 10　滞回比较器抗干扰能力优于简单比较器

【任务实施】

实训 5. 3. 1　对由运放器组成的电压比较器传输特性的研究

一、实训目的

(1)掌握电压比较器的电路构成及其特点。

(2)掌握比较器的使用方法。

二、实训电路与工作原理

1. 电压比较器

电压比较器是集成运放非线性应用电路，它将一个模拟量(电压信号)和一个参考电压相比较，在二者幅度相等的附近，输出电压将产生跃变，相应输出高电平或低电平。

图 5.3.11 为一个最简单的电压比较器电路图，U_R 为参考电压，加在运放的同相输入端。输入电压 u_i 加在反相输入端(虚线部分暂不考虑)。

(1)当 $u_i < U_R$ 时，由于 $R_{01} = R_{02}$，这样便有 $i_{01} < i_{02}$。而反馈回路开路，运放器放大倍数极大(大于10^5)，这将使运放器输出升至饱和值，由于输出电路有正向限幅，输出电压 u_O 即稳压管的限幅值 $u_Z = 8.2$ V。

(2)当 $u_i > U_R$ 时，则运放器迅速升至负饱和值，由于稳压管反向限幅，输出电压 u_O 便为稳压管的反向限幅值 $-u_Z = -8.2$ V。

(3)当 u_i 变化时，u_O 跟随 u_i 变化的关系 $u_O = f(u_i)$ 称为传输特性，此曲线的突变转折点便是基准参考电压的值 U_R。

在常用的电压比较器中，有过零比较器和具有滞回特性滞回比较器。

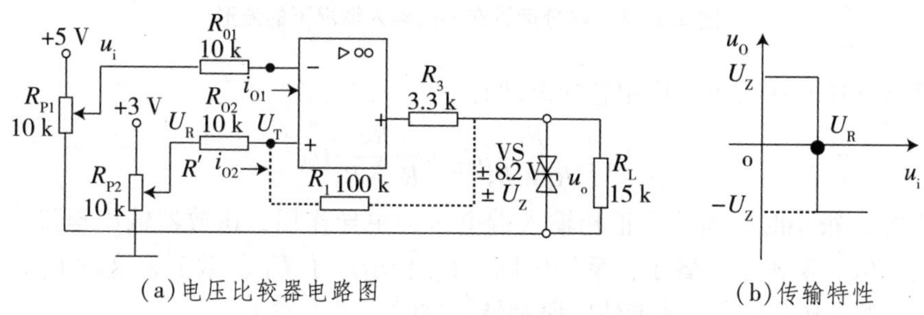

(a)电压比较器电路图　　(b)传输特性

图 5.3.11　电压比较器电路及传输特性

2. 过零比较器

图 5.3.12(a)为过零比较器电路图。图中反馈回路开路，正相输入端接地(以 0 V 为参考电压)，输入电压 ±5 V 电源经电位器 R_P 调节供电，使 u_i 在 ±0 V 左右调节，输出端经 5.1 kΩ 限流电阻输出。输出电压受双向稳压管(±8.2 V)限幅后，稳压输出电压为 $\pm u_Z$，u_Z 为双向稳压管的稳压值。

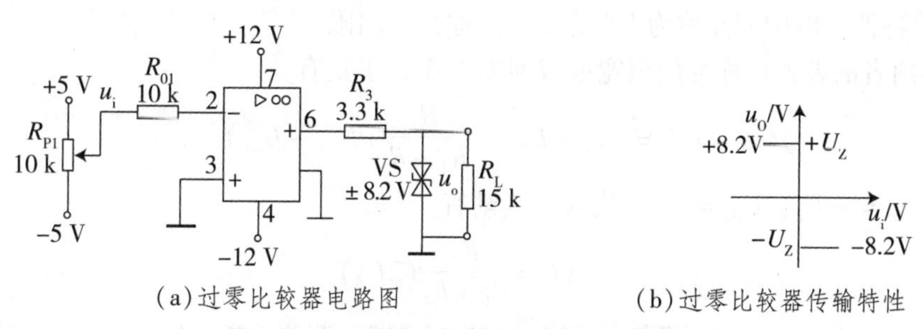

(a)过零比较器电路图　　(b)过零比较器传输特性

图 5.3.12　过零比较器电路图及传输特性

3. 滞回比较器

上面所介绍的比较器，在参考电压 U_R(以称门限电压)处(不论 U_R 是否是零)，输入电压 u_i，若有微小干扰，运放器电路就会翻转，这不利于系统稳定。为了克服这个缺点，常用的方法就是从输出处引入一个正反馈回路(反馈电阻为 R_f)，引至正相输入端，见图 5.3.11(a)中的虚线。

引入正反馈后，U_T 端的电位不单是参考电位 U_R，这时 U_T 的电位为 U_R 与 u_O 两个电源的同时作用的迭加。其等效电路如图 5.3.13(b)所示。

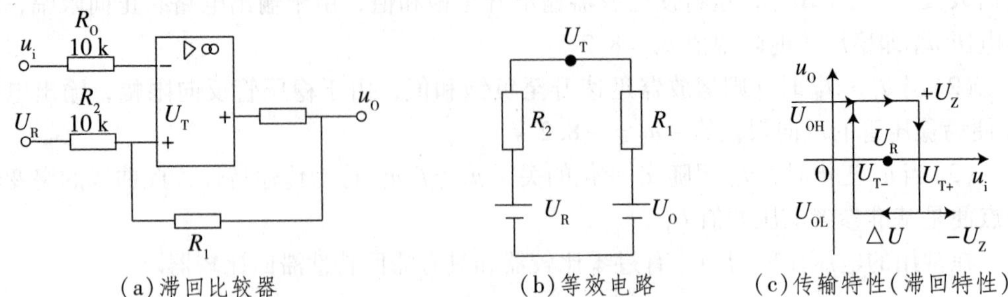

(a)滞回比较器　　(b)等效电路　　(c)传输特性(滞回特性)

图 5.3.13　积分运算在不同输入情况下的波形

由 5.3.13(b)图可见，应用叠加定理有

$$U_T = \frac{R_1}{R_1 + R_2}U_R + \frac{R_2}{R_1 + R_2}U_O \qquad ①$$

(1)当 u_i 很小时，运放器正相输入端电压起主导作用，运放器输出至最大值，即 $U_O = U_{OH} = U_Z$，又由于设置了正反馈电路，U_O 会增加了 U_T 的数值，这时 U_i 需要增至较 U_R 更高的电压(U_{T+})，才能使电路翻转。这时

$$U_{T+} = \left(\frac{R_1}{R_1 + R_2}U_R + \frac{R_2}{R_1 + R_2}U_{OH}\right) > U_R(U_{OH} = +U_Z) \qquad ②$$

(2)当 $U_i > U_{T+}$ 后，由于 U_i 为反相输入端输入，电路将翻转至负限幅值，$U_O = U_{OL} = -U_Z$。这时 U_T 的电位为

$$U_{T-} = \left(\frac{R_1}{R_1 + R_2}U_R + \frac{R_2}{R_1 + R_2}U_{OL}\right) < U_R(U_{OL} = -U_Z) \qquad ③$$

若要使电路再翻转，U_i 必须减少到 $U_i < U_{i-}$，由此可得到如图 5.3.13(c)所示的滞回的传输特性。图中 U_{T+} 称为上门限，U_{T-} 称为下门限。

(3)两者的差△U 称为门限宽度或回差电压，于是有

$$\triangle U = U_{T+} - U_{T-} = \frac{R_2}{R_1 + R_2}(U_{OH} - U_{OL}) \qquad ④$$

若 $U_{OH} = +U_Z$，$U_{OL} = -U_Z$ 代入上式则有

$$\triangle U = \frac{R_2}{R_1 + R_2}(2U_Z) \qquad ⑤$$

由式⑤可见，改变 R_1 或 R_{02}[图 5.3.11(a)]即可调节△U，△U 越大，比较器抗干扰能力越强，但分辨率变差。

在图 5.3.11(a)中，若将 U_R 与 U_i 互换，也是可以的，只是 U_{T+} 与 U_{T-} 数值将会改变。

三、实训设备

(1)装置中的可调稳压电源、±12 V 直流电源、数字万用表、±5 V 电源、双踪示波器。

(2)单元：AX9(AX9 模块中有两只 10K 电位器)、VS3(8.2 V)、R_{05}、R_{06}、R_{15}。

四、实训内容与实训步骤

(1)按图 5.3.12 完成接线。将示波器探头接在负载 R_L 两端。

(2)调节 R_P，在表 5.3.1 中记录下输入电压的数值与输出电压的幅值与波形。

表 5.3.1　过零比较器传输特性

输入电压 u_i/V	−2.0 V	−1.0 V	+1.0 V	+2.0 V		
输出电压 u_O/V						

(3)按图 5.3.11 完成接线，并将虚线部分接入，其中 R_1 取 100 kΩ。

(4)调节 R_{P2}，使 $U_R = +2.0$ V。然后调节 R_{P1}，使 u_i 由 1.0 V 逐渐加大到 3.0 V。记下滞回比较器翻转时的输入电压值 U_{T-} 及 U_{T+}。并记录下输入电压的数值与输出电压的幅值与波形。

(5)将 R_1 改为 $R_1 = 47$ kΩ，并调节 R_{P2}，使 $U_R = 0$；以幅值 $U_{iPP} = 5$ V，$f = 200$ HZ 的正弦信号，作为 u_i 的输入信号，用双踪示波器记录输入 u_i 及输出 u_O 的电压波形。

表 5.3.2　滞回比较器传输特性

输入电压 u_i/V	1.0 V	2 V	3.0 V			
输出电压 u_O/V						

五、实训注意事项

(1)用双踪示波器同时检测输出与输入电压波形时，Y_1 和 Y_2 的两个探头的"地"端要接同一个检测点(此处即地线)。

(2)在实训时，为使输出波形更典型，可适当调节输入信号的频率(当然，在实际中，通常通过改变输入和输出回路元件的参数来实现)。

六、实训报告要求

(1)由表 5.3.1 数据，画出过零比较器的传输特性曲线 $u_O = f(u_i)$。

(2)由表 5.3.2 数据，画出滞回比较器的传输特性曲线 $u_O = f(u_i)$。

(3)画出实训步骤五所采用的线路，并上下对照画出输入电压与输出电压波形图。

(4)比较上述三种情况有什么共同处。

任务四　非正弦波产生与变换电路

【任务描述】

认识矩形波、锯齿波、三角波等非正弦波产生与变换电路及其各组成部分的主要作用。

【知识学习】

矩形波、锯齿波、三角波等非正弦波，实质是脉冲波形。产生这些波形一般是利用元件电容 C 和电感 L 的充放电来实现的，由于电容使用起来方便，所以在实际中主要用电容。

一、矩形波产生电路

1. 基本原理

利用积分电路(RC 电路的充放电时的电容器的电压)产生三角波，用电压比较器(滞回)(作为开关)将其转换为矩形波。

2. 工作原理

电路如图 5.4.1 所示。

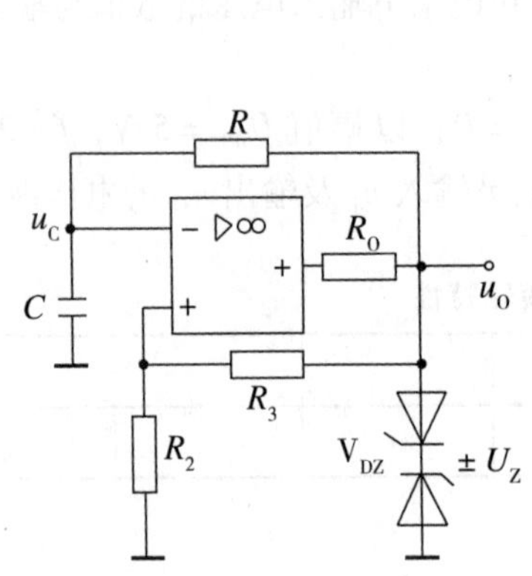

图 5.4.1 矩形波产生电路

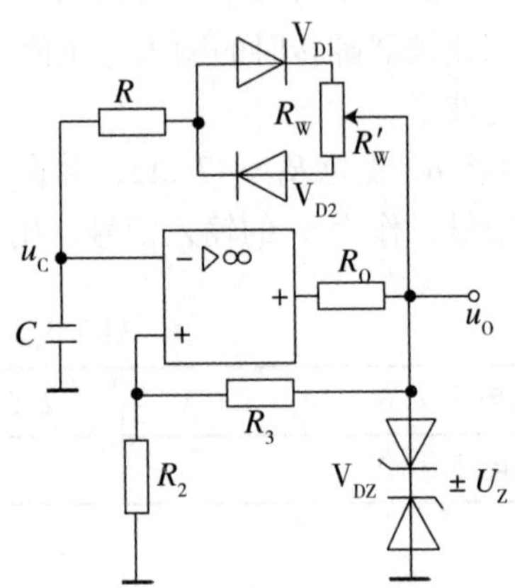

图 5.4.3 占空比可调的矩形波产生电路

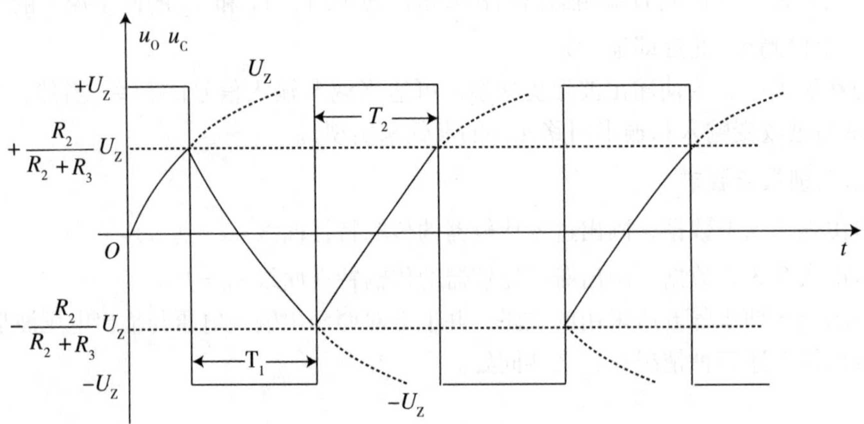

图 5.4.2 矩形波产生电路波形图

在电容的充电过程中，当充电电压 $u_c(t)=U_{TH1}=+\dfrac{R_2}{R_2+R_3}U_Z$ 时，

输出 Uo 为 $-Uz$，电容开始放电；当放电电压 $u_c(t)=U_{TH2}=-\frac{R_2}{R_2+R_3}U_Z$ 时，输出 Uo 为 $+Uz$，电容又开始充电。如此循环，电路输出端就可得到矩形波，如图 5.4.2 所示。

振荡周期为

$$T=T_1+T_2=2RC1n\left(1+\frac{2R_2}{R_3}\right)$$

矩形波的占空比为

$$D=\frac{T_2}{T}$$

占空比可调电路如图 5.4.3 所示，调节 R_W 就可以调节占空比。

二、三角波产生电路

1. 电路组成

从矩形波产生电路中的电容器上的输出电压，如图 5.4.1 所示的 u_c，可得到一个近似的三角波信号。由于它不是恒流充电，随时间 t 的增加 u_c 上升，而充电电流

$$i_{充}=\frac{u_o-u_c}{R}$$

$i_{充}$ 随时间而下降，因此 u_c 输出的三角波线性较差。为了提高三角波的线性，只要保证电容器恒流充放电即可。用集成运放组成的积分电路代替 RC 积分电路即可。电路如图 5.4.4 所示。

集成运放 A_1 组成滞回比较器，A_2 组成积分电路。

2. 工作原理

设合上电源开关时 t = 0，$u_{o1}=+U_z$，电容器恒流充电，$i_{充}=\frac{U_Z}{R}$，$U_O=-U_C=-\frac{U_Z}{R}t$ 线性下降，当下降到一定程度，A_1 的 $U_+\leqslant U_-=0$，u_{o1} 从 $+U_z$ 跳变为 $-U_z$ 后，电容器恒流放电，则输出电压线性上升。

u_{o1} 和 u_o 波形如图 5.4.5 所示。

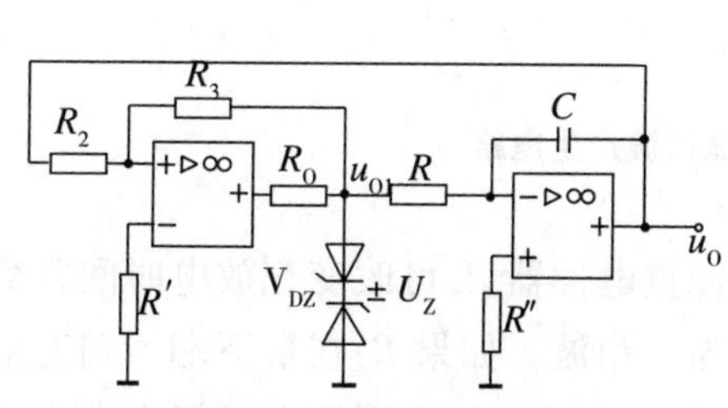

图 5.4.4　三角波产生电路

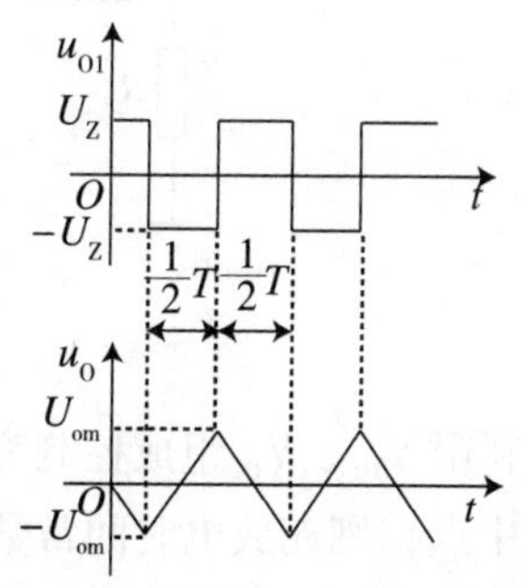

图 5.4.5　三角波产生电路波形图

3. 三角波的幅值

u_o 幅值从滞回比较器产生突变时刻求出，对应 A_1 的 $U_+ = U_- = 0$ 时的 $-U_o$ 值就为幅值。从图 5.4.4 中看出

$$U_+ = \frac{R_3}{R_2+R_3}u_o + \frac{R_2}{R_2+R_3}u_{o1}$$

因为 $U_+ = U_- = 0$，所以

$$U_{om} = -\frac{R_2}{R_3}u_{o1}$$

则当 $u_{o1} = +U_z$ 时

$$U_{om} = -\frac{R_2}{R_3}U_z$$

当 $u_{o1} = -U_Z$ 时

$$U_{om} = \frac{R_2}{R_3}U_Z$$

4. 三角波的周期

由积分电路可求出周期

$$T = \frac{4RCR_2}{R_3}$$

$$f = \frac{1}{T} = \frac{R_3}{4RCR_2}$$

三、锯齿波产生电路

1. 电路组成及原理

三角波产生电路的条件是电容充放电时间常数相等，如果二者相差较大，就为锯齿波产生电路。具体电路如图 5.4.6 所示。

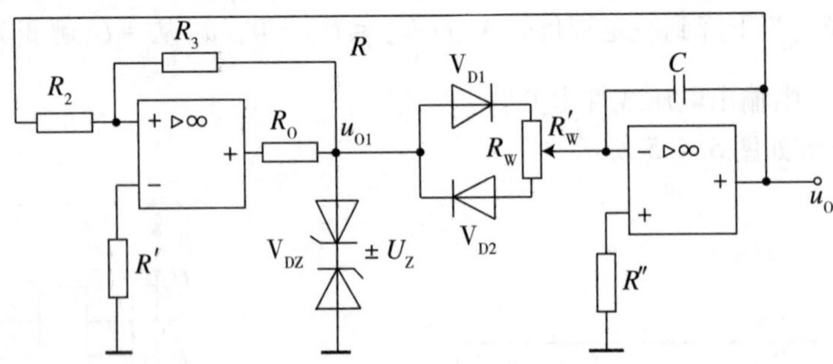

图 5.4.6　锯齿波产生电路

利用 V_{D1}、V_{D2} 组成控制充放电回路，调整电位器 R_w 可改变充放电时间常数。如果 R_w 在中点，则充放电时间常数相等，输出为三角波。如果 R_w 在最下端，则充电时间常数大于放电时间常数，得负向锯齿波。如果 R_w 在最上端，则充电时间常数小于放电时

间常数，得正向锯齿波

2. 锯齿波的幅值

锯齿波的幅值与三角波相似

$$U_{+}=\frac{R_3}{R_2+R_3}u_{o}+\frac{R_2}{R_2+R_3}u_{o1}$$

$$U_{om}=-\frac{R_2}{R_3}u_{o1}$$

当 $u_{o1}=+U_Z$ 时，$U_{om}=-\frac{R_2}{R_3}U_Z$；当 $u_{o1}=-U_Z$ 时，$U_{om}=\frac{R_2}{R_3}U_Z$

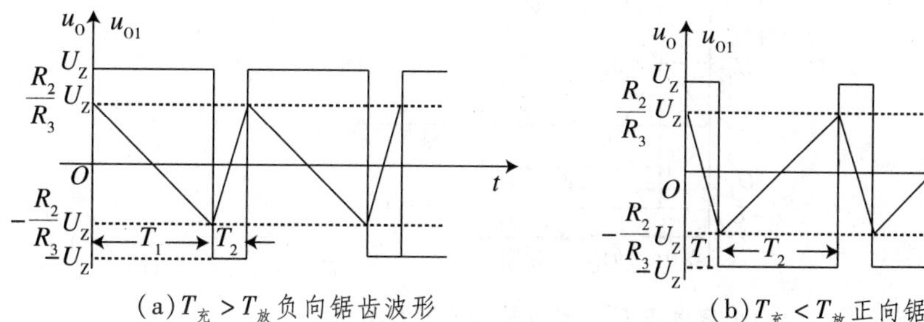

(a) $T_{充}>T_{放}$ 负向锯齿波形　(b) $T_{充}<T_{放}$ 正向锯齿波形

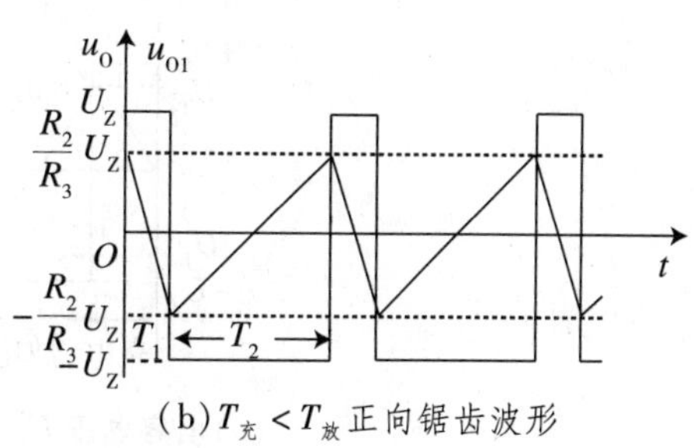

图 5.4.7　锯齿波产生电路波形图

【任务实施】

实训 5.4.1　方波、三角波和锯齿波发生器电路的研究与测试

一、实训目的

(1) 掌握由运放器电路构成的方波、三角波和锯齿波发生器电路的工作原理。

(2) 学会对方波、三角波和锯齿波发生器进行调试和整定参数。

二、实训电路与工作原理

(1) 图 5.4.8 为方波发生器电路图及电压波形图。

对照图 5.4.8 与图 5.3.11，不难发现有两处不同，一是反相输入端对地接入一只电解电容 C，并从输出端 U_O 处经反馈电阻 R_f 接进反相输入处（电容 C 的 + 端）；二是参考基准电压 $U_R=0$（即正相输入端接地）。

由此可知，图 5.4.8 仍为一个滞回比较器，它的上门限与下门限电压，由项目十五式②和式③，以 $U_R=0$ 代入可得

$$U_{T+}=\frac{R_2}{R_1+R_2}U_{OH}=\frac{R_2}{R_1+R_2}U_Z \quad ①$$

$$U_{T-}=\frac{R_2}{R_1+R_2}U_{OL}=\frac{R_2}{R_1+R_2}(-U_Z) \quad ②$$

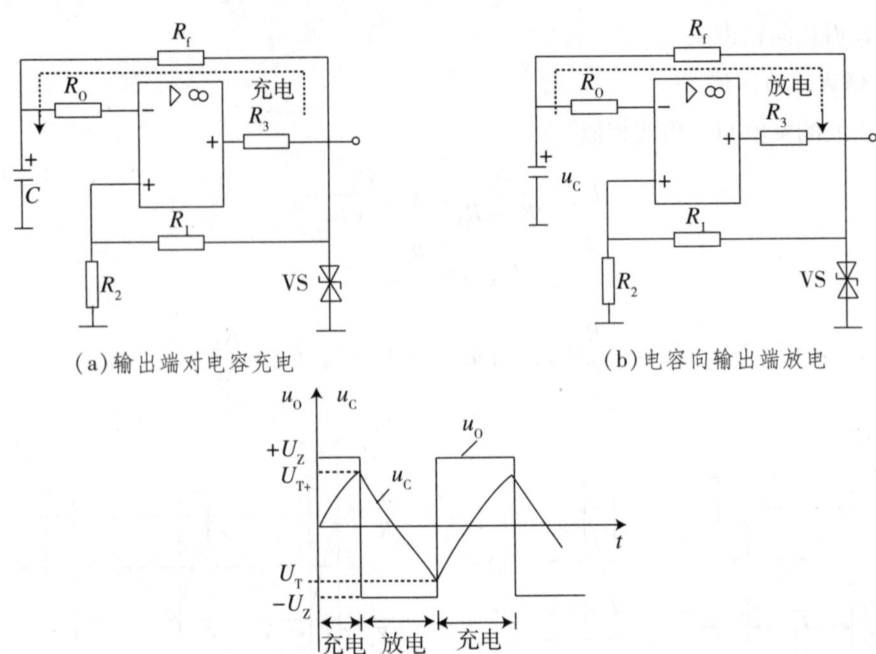

(a)输出端对电容充电

(b)电容向输出端放电

(c)电容电压 U_c 波形及输出电压 U_o 波形

图 5.4.8　方波发生器电路及电压波形图

由图 5.4.8 可见，由 R_1 电路构成的是一个正反馈电路，它将使整个电路构成一个振荡电路。当电路的振荡达到稳定后，电容 C 就交替充电和放电。

①当 $U_O = U_{OH} = U_Z$ 时，U_O 对电容 C 充电，电流流向如图 5.4.8(a)所示，电容两端电压 U_C 不断上升(按指数曲线)；而此时同相端电压为上门限电压 U_{T+}。

②$U_C > U_{T+}$ 时，输出电压变为低电平 $U_O = U_{OL} = -U_Z$，这时同相端电压变为下门限电压 U_{T-}，随后电容 C 开始放电，电流流向如图 5.4.8(b)所示，电容上的电压不断降低(按指数曲线)。

③当 U_C 降低到 $U_C < U_{T-}$ 时，U_O 又变为高电平 U_{OH}，电容又开始充电，重复上述过程。

以上电容充放电时，电容电压波形与运放器输出电压波形如图 5.4.8(c)所示。

由图 5.4.8(c)可见运算放大器的输出 U_O 为一方波电压。可以证明，它的振荡周期和频率分别为

$$T = 2R_f C_{\ln}\left(1 + \frac{2R_2}{R_1}\right) \qquad f = \frac{1}{T} \tag{③}$$

图 5.4.8 所示电路用来产生固定低频频率的方波信号，是一种较好的振荡电路。

(2)图 5.4.9 为频率可调的方波-三角波发生器。

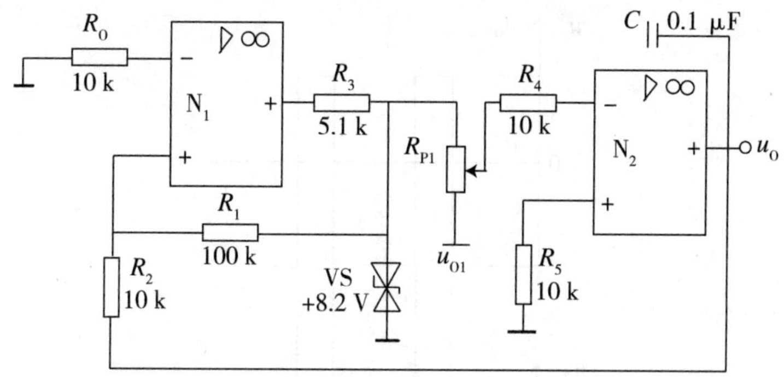

图 5.4.9　频率可调的方波－三角波发生器

①图 5.4.9 与图 5.4.8 对照，不难发现，由运放器 N_1 构成的电路即为方波发生器。(U_{O1}电压波形方波)。

由 N_2 运放器构成的是一个积分电路(参见图 4.2.5)。对积分电路，若输入为方波电压，则输出 U_O 将为三角波。

②在电路中，又将此三角波电压反馈到 N_1 的正相输入端，作为驱动信号。而 N_1 的反相输入端则接地，作为零参考电压。

③在图 5.4.9 中，可以证明，三角波的频率

$$f=\frac{R_1 a}{4R_2R_4C} \quad ④$$

(式中 α 为电位器的分压比)

由式④可见，调节电位器 R_P，即可调节三角波的频率 f。

(3)图 5.4.10 为频率可调占孔比可调的锯齿波发生器。

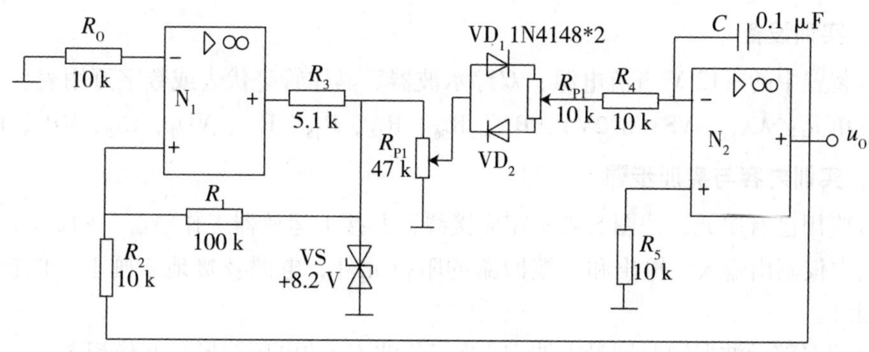

(a)锯齿波电路

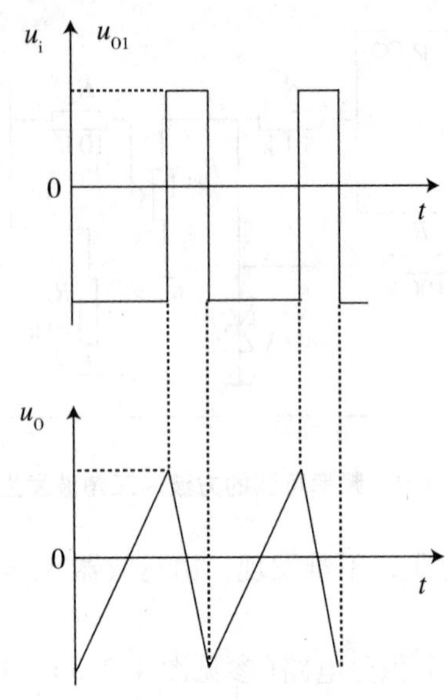

(b)锯齿波电压波形

图 5.4.10　锯齿波发生器电路及锯齿波电压波形图

对照图 5.4.9 与图 5.4.10，不难发现，两者的差别就在于：在原方波发生器输出处，增加了两个反并联的二极管 VD_1 和 VD_2，并在 VD_1 与 VD_2 的接线间增加了一个电位器 R_{P2}。由图可见，调节 R_{P2} 即可改变电容器 C 充电和放电回路的电阻，从而改变电容器 C 的充、放电的时间，使两者经历的时间不相同(即调节占空比)如图 5.4.10(b)所示。

于是三角波变成了近似的锯齿波。调节 R_{P1} 可调节锯齿波频率，调节 R_{P2} 即可调节锯齿波的占空比。

三、实训设备

(1)装置中的 ±12 V 直流电源、双踪示波器、晶体管毫伏表或数字万用表。

(2)单元：AX_{10}、VS3(8.2V)、R_{05}、R_{06}、R_{14}、R_{15}、R_{17}、VD_2、C_{02}、RP_6、RP_9。

四、实训内容与实训步骤

(1)应用已有单元，按图 5.4.9 完成接线，并接上运放器工作电源(±12 V)及地线(注：图中仅画出输入、输出和反馈回路的阻抗元件，电源及接地未画上，但接线时，都要接上)。

(2)用双踪示波器同时测量方波 U_{O1} 及三角波 U_O 的电压波形。并作记录。

(3)若要求三角波形频率 $f=2000$ HZ，由电路已有参数算出电位器分压比 α，调节电位器 R_{P2} 使频率 f 为 2000 HZ。

(4)在上述线路的基础上，如图 5.4.10 所示，增添 VD_1 和 VD_2 以及 R_{P2}，使电路产生锯齿波，用双踪示波器同时测定方波及锯齿波形。

(5)调节 R_{P2}，测定其占空比 q 的变化范围，并记录下占空比最大值 q_{max} 与最小值 q_{min} 时的锯齿波电压波形。

五、实训注意事项

(1)用双踪示波器同时检测输出与输入电压波形时，Y_1 和 Y_2 的两个探头的“地”端要接同一个检测点(此处即为地线)。

(2)实训时，为使输出波形更典型，可适当调节输入信号的频率(当然，在实用中，通常是改变输入和输出回路元件的参数来实现的)。

六、实训报告要求

(1)画出方波 - 三角波发生器电路，上下对应画出方波与三角形电压波形。

(2)计算频率 $f=2000$ HZ 时电位器 R_{P1} 的分压比 α。

(3)记录锯齿波发生器输出波形占空比的最大值 q_{max} 与最小值 q_{min} 的数值及对应的锯齿波电压的波形。

实训 5.4.2　三角波、方波及正弦波发生器的制作

图 5.4.11 所示为一个能产生多种波形的电路，它主要由四运放 LM324 组成，能产生方波、三角波和正弦波，频率在 0 ~ 14.7 kHZ 连续可调。除正弦波的波形不太理想外，其他波形良好。

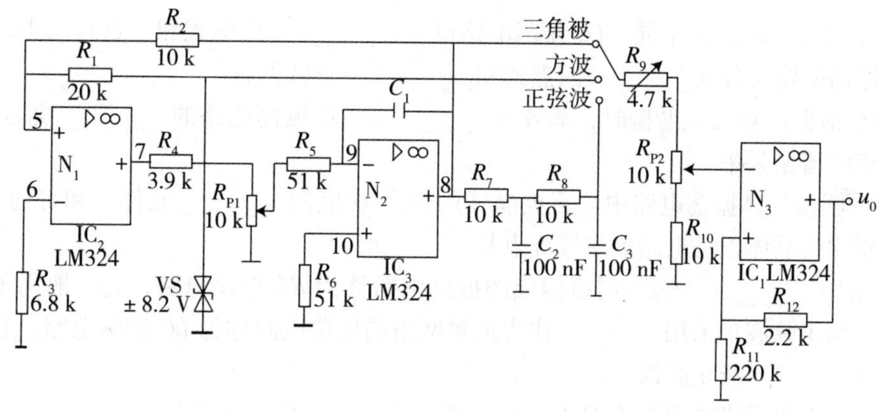

图 5.4.11　方波、三角波和正弦波发生电路

图 5.4.11 中 N_1 组成的电路为一滞回比较器，由 N_2 组成的电路为一积分电路(将矩形波转换成三角形波)；图中由 R_7、C_2 与 R_8、C_3 构成的滤波器，滤去高次谐波，将三角形转换成近似的正弦波(波形稍差些)；由 N_3 组成的是电压放大器。图中 VS 为双向稳压管，稳压值为 ±8.2 V。输出波形的频率 $f=\dfrac{R_1}{4R_2R_5C_1}$。

图中 LM324 是由四个独立的高增益、内部频率补偿的运放组成，不但能在双电源下工作(±1.5 V ~ ±15 V)，也可在宽电压范围的单电源下工作(3 ~ 30 V)，它具有输出电压幅值大、电源功耗小等特点。图 5.4.11 为 LM324 引脚排列图，此电路中电源采用 ±12 V 单电源。

实训要求尽快、正确完成如图 5.4.11 所示的电子线路，LM324 芯片用通用 14 芯插座（单元 IC_2）接线。接线完成后并用示波器测量方波、三角波及正弦波的波形，并测量它的频率范围。

在上述基础上，提出调节频率的方法，以及改善正弦波形的方法。当频率提高时，正弦波波形将会怎样改变。在实际中，一般不采用此线路产生正弦波（因波形差）。

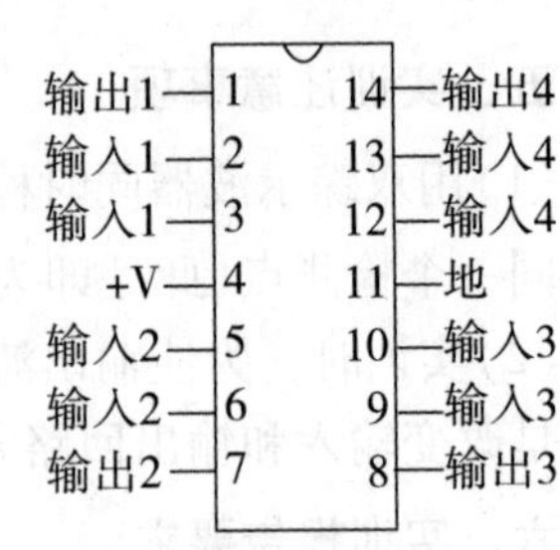

图 5.4.12　LM324 外引线排列图

以上为提高要求，以附加分形式给定分值。

【习题五】

一、填空题

1. 正弦波振荡电路的振幅平衡条件是________________________，相位平衡条件是________。

2. 正弦波振荡电路的振幅起振条件是__________，相位起振条件是________。

3. 在 *RC* 桥式正弦波振荡电路中，通过 *RC* 串并联网络引入的反馈是________反馈。

4. 根据反馈形式的不同，*LC* 振荡电路可分为________反馈式和三点式两类，其中三点式振荡电路又分为________三点式和________三点式两种。

5. *LC* 谐振回路发生谐振时，等效为________。*LC* 振荡电路的________决定于 *LC* 谐振回路的谐振频率。

6. 并联型晶体振荡电路中，石英晶体用作高 *Q* 值的________元件。和普通 *LC* 振荡电路相比，晶体振荡电路的主要优点是________。

7. 采用__________选频网络构成的振荡电路称为 *RC* 振荡电路，它一般用于产生________频正弦波；采用________作为选频网络的振荡电路称为 *LC* 振荡电路，它主要用于产生________频正弦波。

8. 集成运放用作电压比较器时，应工作于________环状态或引入________反馈。

9. 对于电压比较器，当同相端电压大于反相端电压时，输出________电平；当反相端电压大于同相端电压时输出________电平。

10. 比较器__________电平发生跳变时的________电压称为门限电压，过零电压比较器的门限电压是________。

11. 一迟滞电压比较器，当输入信号增大到 3 V 时输出信号发生负跳变，当输入信号减小到 −1 V 时发生正跳变，则该迟滞比较器的上门限电压是________，下门限电压是______，回差电压是________。

二、选择题

1. *RC* 桥式振荡电路中 *RC* 串并联网络的作用是（　　）。

A. 选频　　　　B. 引入正反馈

C. 稳幅和引入正反馈　　D. 选频和引入正反馈

2. 对于 RC 桥式振荡电路，(　　)。

A. 若无稳幅电路，将输出幅值逐渐增大的正弦波

B. 只有外接热敏电阻或二极管才能实现稳幅功能

C. 利用三极管的非线性不能实现稳幅

D. 利用振荡电路中放大器的非线性能实现稳幅

3. 设下图中的电路满足振荡的振幅起振条件，(　　)。

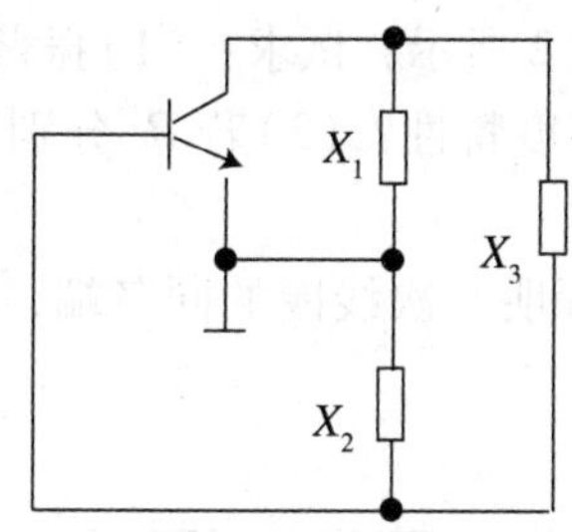

A. 若 X_1、X_2 和 X_3 同为电容元件，则构成电容三点式振荡电路

B. 若 X_1、X_2 和 X_3 同为电感元件，则构成电感三点式振荡电路

C. 若 X_1、X_2 为电感元件，X_3 为电容元件，则构成电感三点式振荡电路

D. 若 X_1、X_2 为电容元件，X_3 为电感元件，则构成电感三点式振荡电路

4. 一过零比较器的输入信号接在反相端，另一过零比较器的输入信号接在同相端，则二者的(　　)。

A. 传输特性相同　　B. 传输特性不同，但门限电压相同

C. 传输特性和门限电压都不同　　D. 传输特性和门限电压都相同

5. 下面说法正确的是(　　)。

A. 单限电压比较器只有一个门限电压，迟滞比较器有两个门限电压

B. 当电压从小到大逐渐增大时，单限电压比较器的输出发生一次跳变，迟滞比较器的输出发生两次跳变

C. 门限电压的大小与输入电压的大小有关

D. 只要有两个门限电压就是迟滞比较器

6. 某迟滞比较器的回差电压为 6 V，其中一个门限电压为 −3 V，则另一门限电压为(　　)。(请选择一个最恰当的答案)

A. 3 V　　B. −9 V　　C. 3 V 或 −9 V　　D. 9V

7. 由迟滞比较器构成的方波产生电路，电路中(　　)。

A. 需要正反馈和选频网络　　B. 需要正反馈和 RC 积分电路

C. 不需要正反馈和选频网络　　D. 不需要正反馈和 RC 积分电路

三、计算题

1. 如图 5.1 所示，RC 桥式振荡电路中，已知频率为 500 Hz，$C=0.047\ \mu F$，R_F 为负温度系数、20 kΩ 的热敏电阻，试求 R 和 R_1 的大小。

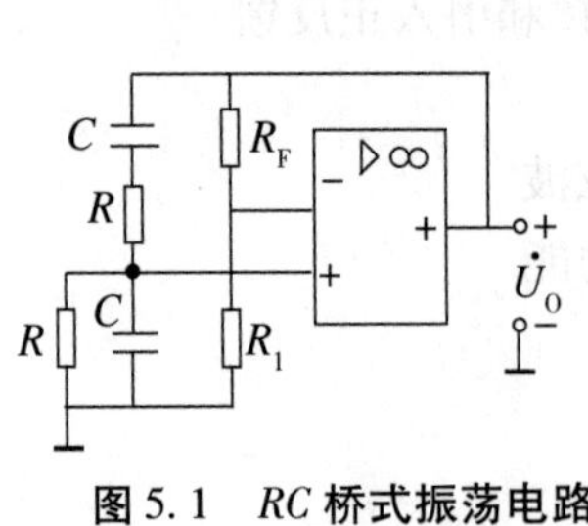

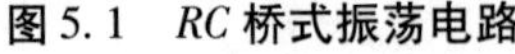
图 5.1　*RC* 桥式振荡电路

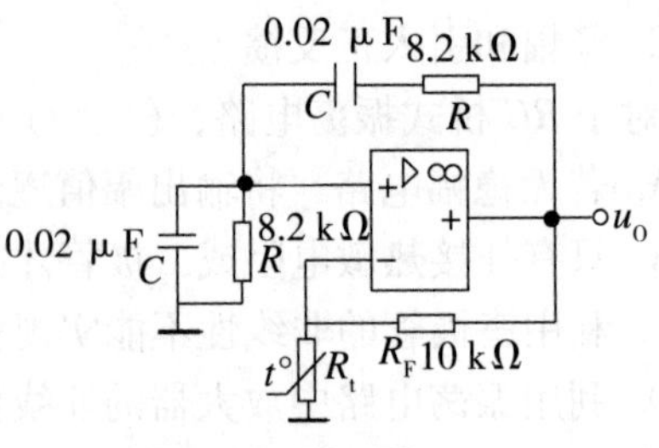

图 5.2　题 2 图

2. 已知 *RC* 振荡电路如图 5.2 所示，试求：(1) 振荡频率 f_o 的值。(2) 热敏电阻 R_t 的冷态阻值，R_t 应具有怎样的温度特性？(3) 若 R_t 分别采用 10 kΩ 和 1 kΩ 固定电阻，试说明输出电压波形的变化。

3. 分析图 5.3 所示电路，标明二次线圈的同名端，使之满足相位平衡条件，并求出振荡频率。

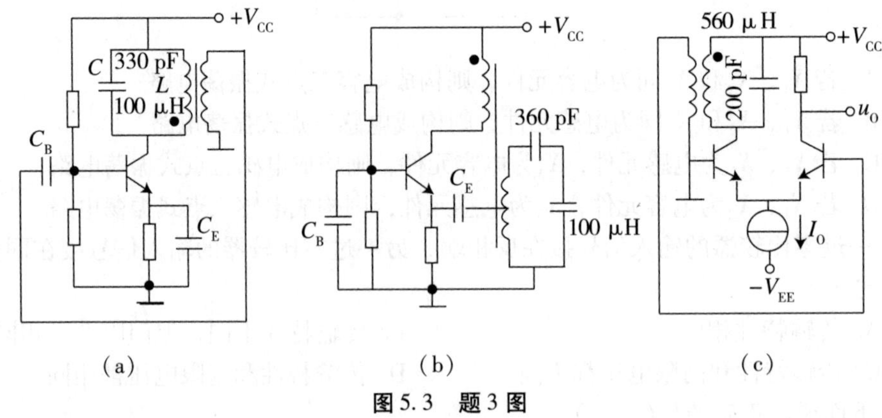

图 5.3　题 3 图

4. 根据自激振荡的相位条件，判断图 5.4 所示电路能否产生振荡，在能振荡的电路中求出振荡频率的大小。

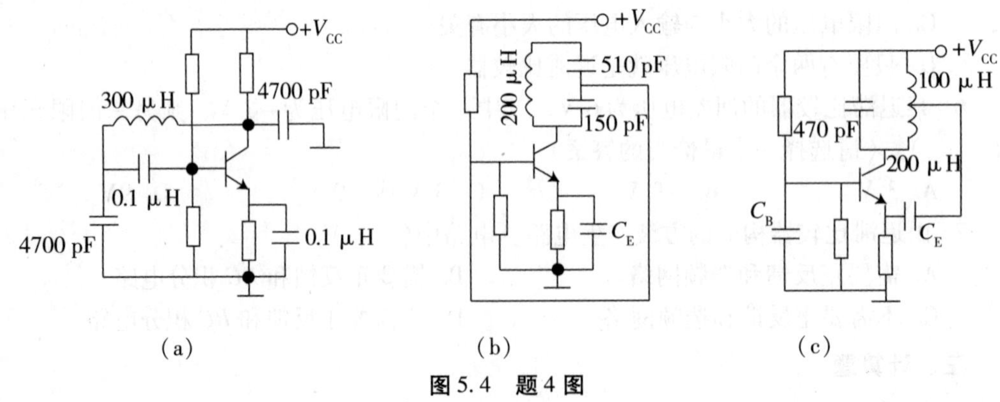

图 5.4　题 4 图

5. 振荡电路如图 5.5 所示，它是什么类型的振荡电路？有何优点？计算它的振荡频率。

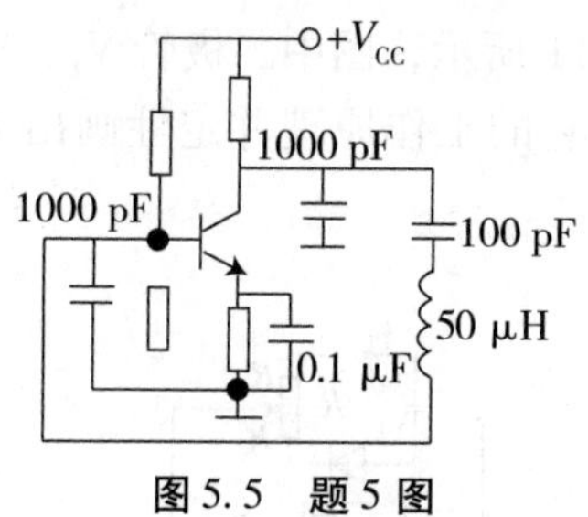

图 5.5　题 5 图

6. 如图 5.6 所示石英晶体振荡电路中，试说明它属于哪种类型的晶体振荡电路，并指出石英晶体在电路中的作用。

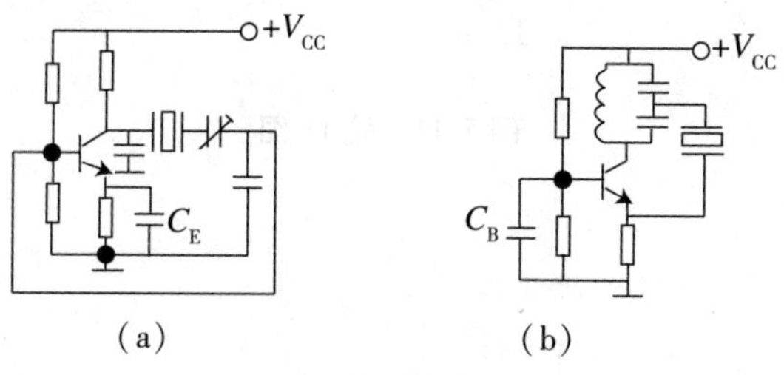

图 5.6　题 6 图

7. 试画出图 5.7 所示电压比较器的传输特性。

8. 迟滞电压比较器如图 5.8 所示，试画出该电路的传输特性；当输入电压为 $u_I = 4\sin\omega t(\mathrm{V})$ 时，试画出输出电压 u_O 的波形。

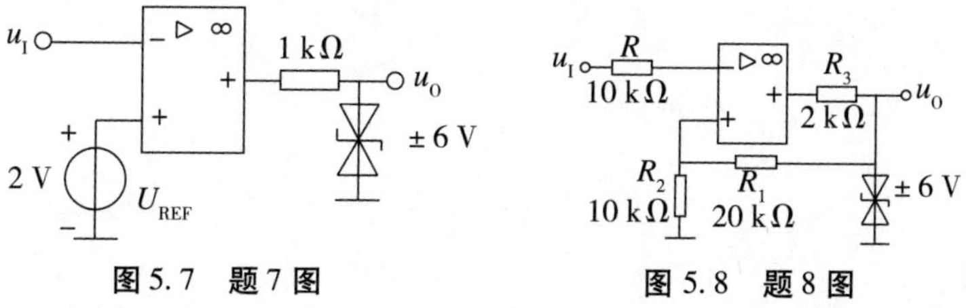

图 5.8　题 8 图

9. 迟滞比较器如图 5.9 所示，试计算门限电压 U_{TH}、U_{TL} 和回差电压，画出传输特性；当 $u_I = 6\sin\omega t(\mathrm{V})$ 时，试画出输出电压 u_O 的波形。

10. 电路如图 5.10 所示，试画出输出电压 u_O 和电容 C 两端电压 u_C 的波形，求出它们的最大值和最小值。

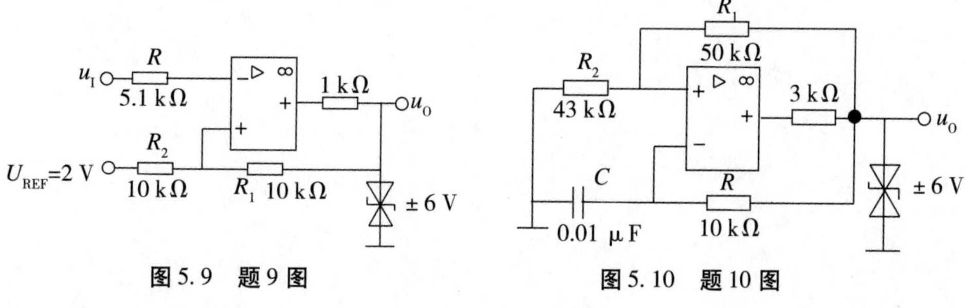

图 5.10　题 10 图

11. 方波发生电路如图5.11所示，图中二极管 V_1、V_2特性相同，电位器 R_P用来调节输出方波的占空比，试分析它的工作原理并定性画出 $R'=R''$，$R'>R''$，$R'<R''$时的振荡波形 u_O和 u_C。

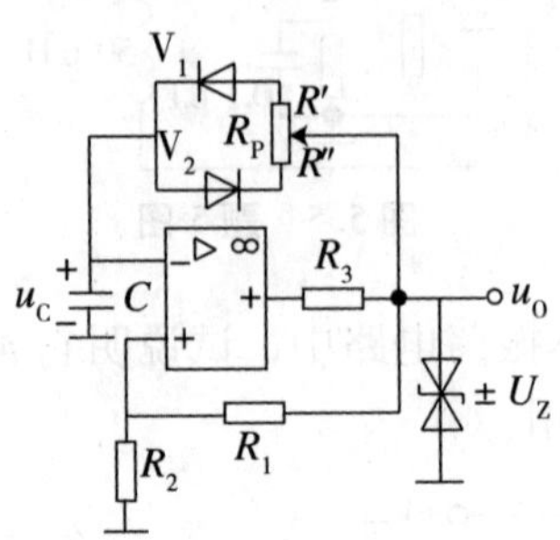

图5.11　题11图

项目六　直流稳压电源

任务一　整流、滤波及稳压电路的研究

【任务描述】

(1)掌握整流的概念及其分类。

(2)掌握半波整流、全波整流、桥式整流的电路组成及基本分析计算及波形图。

【知识学习】

一、半波整流电路

半波整流电路如图 6. 1. 1 所示。它由电源变压器 T_r、整流二极管 D 和负载电阻 R_L 组成，变压器的初级接交流电源，次级所感应的交流电压为

$$u_2 = U_{2m}\sin\omega t = \sqrt{2}U_2\sin\omega t$$

式中：U_{2m}为次级电压的峰值；U_2为有效值。

电路的工作过程是：在 u_2的正半周($\omega t = 0 \sim \pi$)，二极管因加正向偏压而导通，有电流 i_L流过负载电阻 R_L。由于将二极管看作理想器件，故 R_L上的电压 u_L与 u_2的正半周电压基本相同。

在 u_2的负半周($\omega t = \pi \sim 2\pi$)，二极管 D 因加反向电压而截止，R_L上无电流流过，R_L上的电压 $u_L = 0$。整流波形如图 6. 1. 2 所示。

可见，由于二极管的单向导电作用，使流过负载电阻的电流为脉动电流，电压也为一单向脉动电压，其电压的平均值(输出直流分量)为

$$\begin{aligned}U_1 &= \frac{1}{2\pi}\int_0^{2\pi}\sqrt{2}U_2\sin\omega t d(\omega t)\\ &= \frac{1}{2\pi}\int_0^{2\pi}\sqrt{2}U_2\sin\omega t d(\omega t)\\ &= \frac{\sqrt{2}}{\pi}U_2 = 0.45U_2\end{aligned}$$

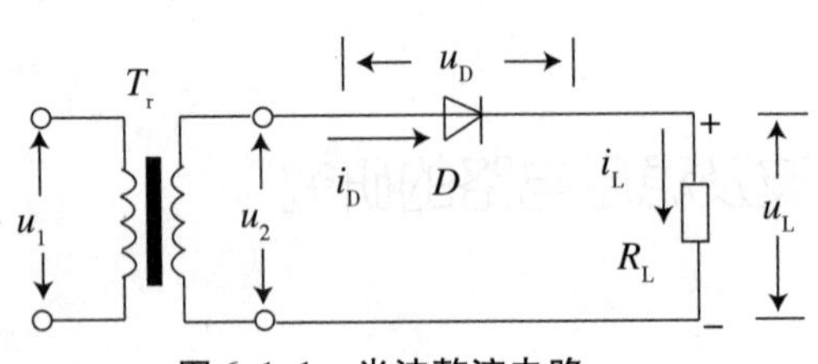

图 6. 1. 1　半波整流电路

图 6. 1. 2　半波整流电路的电压及电流波形

流过负载的平均电流为

$$I_L = \frac{U_L}{R_L} = 0.45\frac{U_2}{R_L}$$

流过二极管 D 的平均电流(即正向电流)为

$$I_D = I_L = \frac{U_L}{R_L} = 0.45\frac{U_2}{R_L}$$

加在二极管两端的最高反向电压为

$$U_{RM} = \sqrt{2}U_2$$

选择整流二极管时，应以 I_D 和 U_{RM}这两个参数为极限参数。

半波整流电路简单、元件少，但输出电压直流成分小(只有半个波)、脉动程度大、整流效率低，仅适用于输出电流小、允许脉动程度大、要求较低的场合。

二、全波整流电路

全波整流电路如图 6. 1. 3 所示。它是由次级具有中心抽头的电源变压器 T_r、两个整流二极管 D_1、D_2和负载电阻 R_L组成。变压器次级电压 u_{21}和 u_{22}大小相等，相位相反，即

$$u_2 = U_{2m}\sin\omega t = \sqrt{2}U_2\sin\omega t$$

式中：U_2是变压器次级半边绕组交流电压的有效值。

全波整流电路的工作过程是：在 u_2的正半周($\omega t = 0 \sim \pi$) D_1 正偏导通，D_2反偏截止，R_L上有自上而下的电流流过，R_L上的电压与 u_{21}相同。

在 u_2的负半周($\omega t = \pi \sim 2\pi$)，D_1反偏截止，D_2正偏导通，R_L上有自上而下的电流流过，R_L上的电压与 u_{22}相同，整流波形如图 6. 1. 4 所示。可见，负载上得到的也是一单向脉动电流和脉动电压，其平均值分别为：

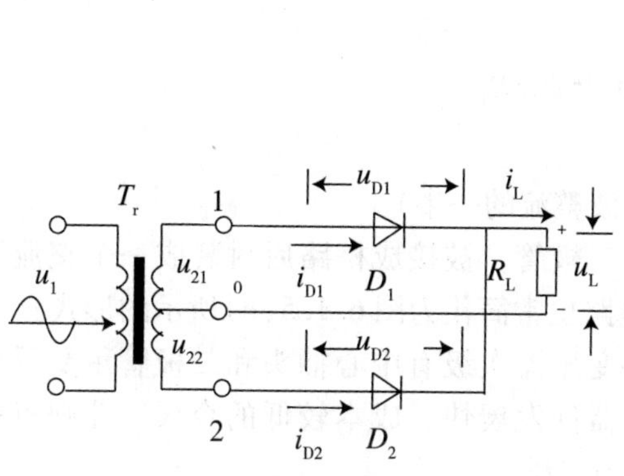

图 6.1.3　全波整流电路

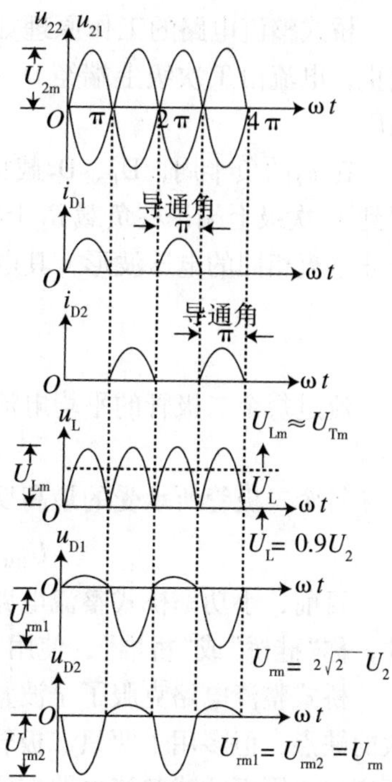

图 6.1.4　全波整流电路的电压及电流波形

$$U_L = \frac{1}{\pi}\int_0^{2\pi}\sqrt{2}U_2\sin\omega t d(\omega t)$$

$$= \frac{2\sqrt{2}}{\pi}U_2 = 0.9U_2$$

流过负载的平均电流为

$$I_L = \frac{U_L}{R_L} = 0.9\frac{U_2}{R_L}$$

流过二极管 D 的平均电流(即正向电流)为

$$I_{D1} = I_{D2} = \frac{1}{2}I_L = \frac{U_L}{R_L} = 0.45\frac{U_2}{R_L}\text{(同半波整流)}$$

加在二极管两端的最高反向电压为

$$U_{RM1} = U_{RM2} = 2\sqrt{2}U_2\text{(比半波整流大了一倍)}$$

选择整流二极管时，应以 I_D 和 U_{RM} 此二参数为极限参数。

全波整流输出电压的直流成分(较半波)增大，脉动程度减小，但变压器需要中心抽头、制造麻烦，整流二极管需承受的反向电压高，故一般适用于要求输出电压不太高的场合。

三、桥式整流电路

桥式整流电路如图 6.1.5 所示，其中图 6.1.5(a)、(b)、(c)是它的三种不同画法。它是由电源变压器、四只整流二极管 $D_1 \sim D_4$ 和负载电阻 R_L 组成。四只整流二极管接成电桥形式，故称桥式整流。

桥式整流电路的工作原理如图 6.1.6 所示。在 u_2的正半周，D_1、D_3导通，D_2、D_4截止，电流由 T_r次级上端经 $D_1 \to R_L \to D_3$回到 T_r次级下端，在负载 R_L上得到一半波整流电压。

在 u_2的负半周，D_1、D_3截止，D_2、D_4导通，电流由 T_r 次级的下端经 $D_2 \to R_L \to D_4$回到 T_r 次级上端，在负载 R_L上得到另一半波整流电压。这样就在负载 R_L上得到一个与全波整流相同的电压波形，其电流的计算与全波整流相同，即

$$U_L = 0.9U_2$$

$$I_L = 0.9U_2/R_L$$

流过每个二极管的平均电流为

$$I_D = I_L/2 = 0.45U_2/R_L$$

每个二极管所承受的最高反向电压为

$$U_{RM} = \sqrt{2}U_2 \text{（为全波整流的一半）}$$

目前，小功率桥式整流电路的四只整流二极管，被接成桥路后封装成一个整流器件，称“硅桥”或“桥堆”，使用方便，整流电路也常简化为图 6.1.5(c)所示的形式。

桥式整流电路克服了全波整流电路要求变压器次级有中心抽头和二极管承受反压大的缺点，但多用了两只二极管。在半导体器件发展快、成本较低的今天，此缺点并不突出，因而桥式整流电路在实际中应用较为广泛。

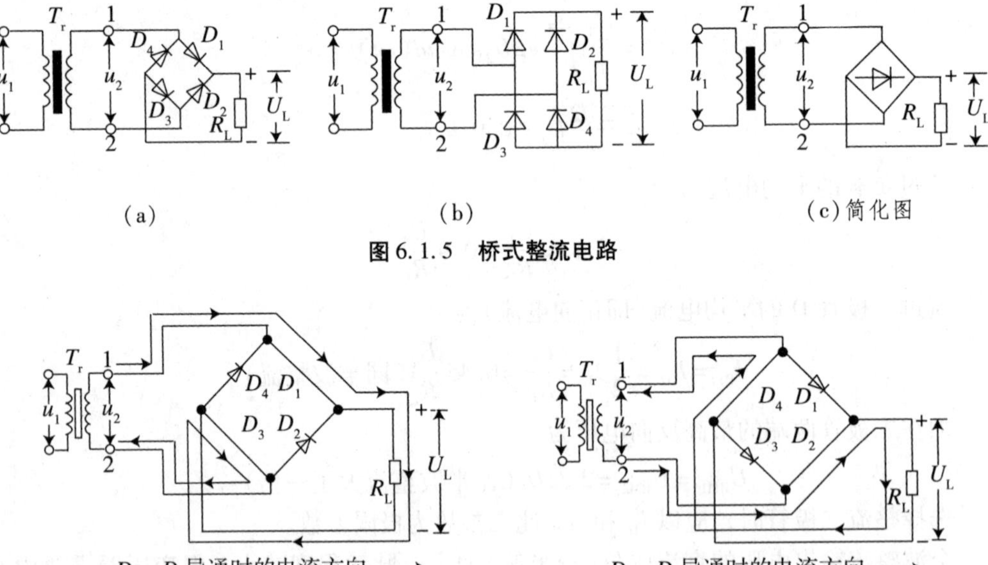

图 6.1.5　桥式整流电路

图 6.1.6　桥式整流电路工作时的电流方向

四、倍压整流电路

倍压整流电路由电源变压器、整流二极管、倍压电容和负载电阻组成。它可以输出高于变压器次级电压二倍、三倍或 n 倍的电压，一般用于高电压、小电流的场合。

二倍压整流电路如图6.1.7所示。其工作原理是：在u_2的正半周，D_1导通，D_2截止，电容C_1被充电到接近u_2的峰值U_{2m}，极性如图中6.1.8(a)所标；在u_2的负半周，D_1截止，D_2导通，这时变压器次级电压u_2与C_1所充电压极性一致，二者串联，且通过D_2向C_2充电，使C_2上充电电压可接近$2U_{2m}$。当负载R_L并接在C_2两端时(R_L一般较大)，R_L上的电压U_L也可接近$2U_{2m}$。

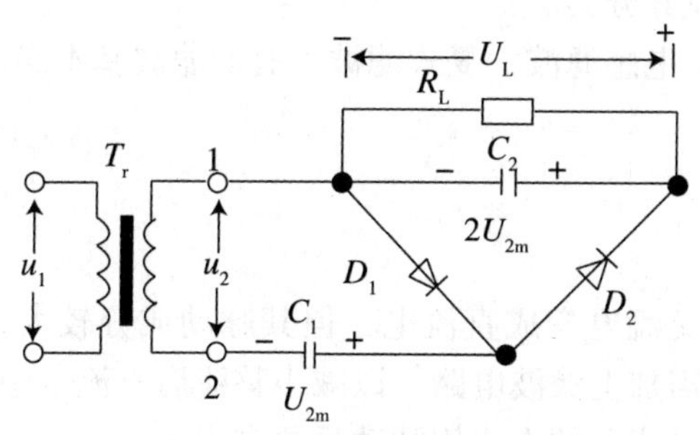

图6.1.7　二倍压整流电路

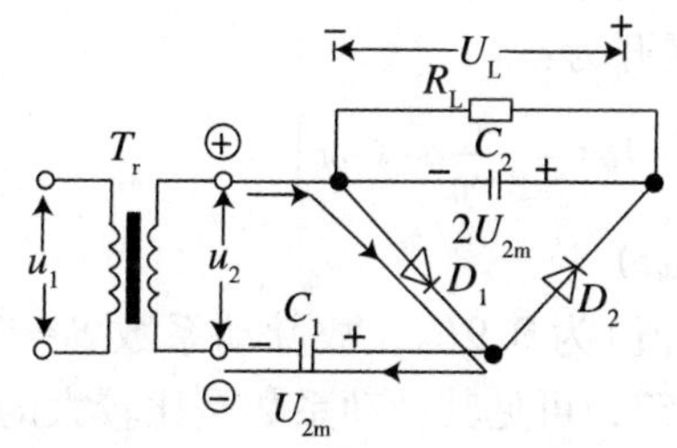

(a)u_2为正半周时的导电回路

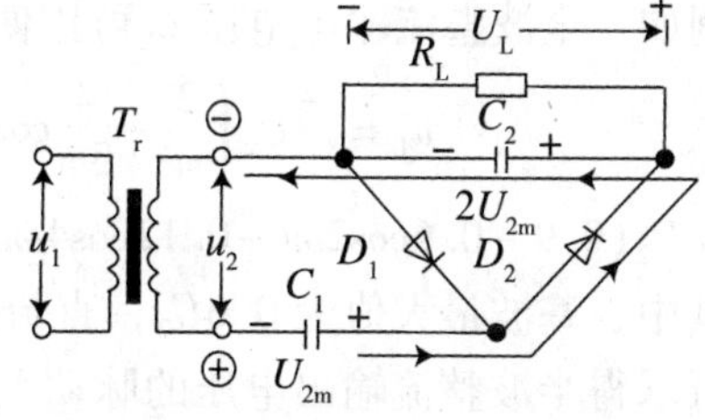

(b)u_2为负半周时的导电回路

图6.1.8　二倍压整流电路工作时的电流回路

图6.1.9为n倍压整流电路，整流原理相同。可见，只要增加整流二极管和电容的数目，便可得到所需要的n倍压(n个二极管和n个电容)电路。

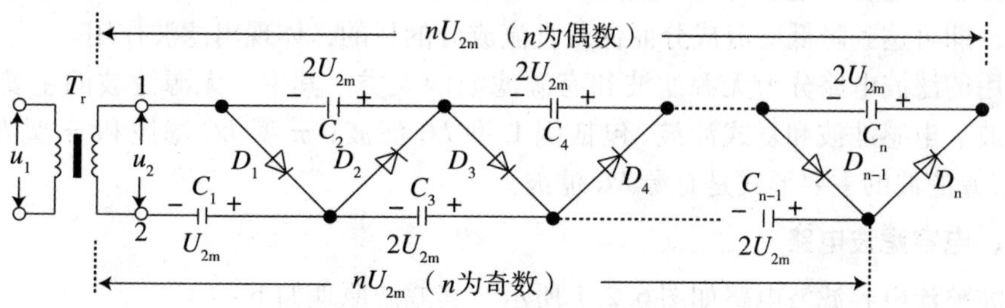

图6.1.9　n倍压整流电路

任务二　滤波电路

【任务描述】

(1)掌握滤波概念及其分类。

(2)掌握电容滤波、电感滤波、复式滤波、有源滤波基本组成及分析方法。

【知识学习】

一、滤波电路

整流电路虽然可将交流电变成直流电，但其脉动成分较大，在一些要求直流电平滑的场合是不适用的，需加上滤波电路，以减小整流后直流电中的脉动成分。

一般直流电中的脉动成分的大小用脉动系数来表示：

$$脉动系数(S)=\frac{输出电压的基波最大值}{输出电压的平均值}$$

例如，全波整流输出电压 u_L 可用傅里叶级数展开为：

$$u_L=\sqrt{2}U_2\left(\frac{2}{\pi}-\frac{4}{3\pi}\cos 2\omega t-\frac{4}{15\pi}\cos 4\omega t-\frac{4}{35\pi}\cos 6\omega t\right)$$

$$\approx U_2(0.9-0.6\cos 2\omega t-0.12\cos 4\omega t-0.05\cos 6\omega t)$$

其中，基波最大值为 $0.6U_2$，直流分量(平均值)为 $0.9U_2$，故脉动系数 $S\approx 0.67$。同理可求得半波整流输出电压的脉动系数为 $S=1.57$，可见其脉动系数是比较大的。一般电子设备所需直流电源的脉动系数小于 0.01，故整流输出的电压必须采取一定的措施，一方面尽量降低输出电压中的脉动成分，另一方面尽量保存输出电压中的直流成分，使输出电压接近于较理想的直流电源的输出电压，这一措施就是滤波。

基本的滤波元件是电感、电容。其滤波原理是：利用这些电抗元件在整流二极管导通期间储存能量、在截止期间释放能量的作用，使输出电压变得比较平滑；或从另一角度来看，电容、电感对交、直流成分反映出来的阻抗不同，把它们合理地安排在电路中，即可达到降低交流成分而保留直流成分的目的，体现出滤波作用。

常用的滤波电路分为无源滤波和有源滤波两大类。其中，无源滤波的主要形式有电容滤波、电感滤波和复式滤波(包括倒 L 型 *LC* 滤波，π 型 *LC* 滤波和 π 型 *RC* 滤波等)；有源滤波的主要形式是有源 *RC* 滤波。

二、电容滤波电路

半波整流电容滤波电路如图 6.2.1 所示。其滤波原理如下：

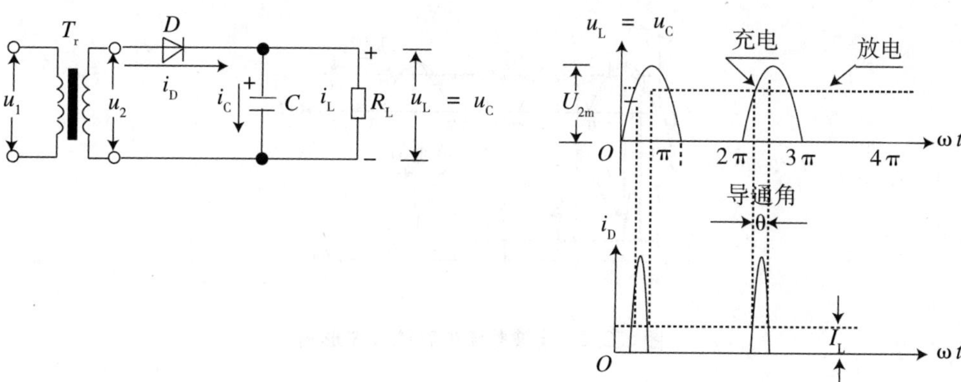

图 6.2.1　半波整流电容滤波电路及其电流电压波形

如图 6.2.1 所示，电容 C 并联于负载 R_L 的两端，$u_L = u_C$。在没有并入电容 C 之前，整流二极管在 u_2 的正半周导通，负半周截止。并入电容之后，设在 $\omega t = 0$ 时接通电源，则当 u_2 由零逐渐增大时，二极管 D 导通，除有一电流 i_L 流向负载外，还有一电流 i_C 向电容 C 充电，充电电压 u_C 的极性为上正下负。如忽略二极管的内阻，则 u_C 可充到接近 u_2 的峰值 U_{2m}。在 u_2 达到最大值以后开始下降，此时电容器上的电压 u_C 也将由于放电而逐渐下降，但是由于电容 C 是通过负载 R_L 放电，放电时间常数较大，使 u_C 的下降速率低于 u_2 的下降速率。当 $u_2 < u_C$ 时，D 因反偏而截止，于是 C 以一定的时间常数通过 R_L 按指数规律放电，同时 u_C 下降。直到下一个正半周，当 $u_2 > u_C$ 时，D 又导通。如此下去，输出电压的波形显然比未并电容 C 前平滑多了。

全波或桥式整流电容滤波的原理与半波整波电容滤波基本相同，滤波波形如图 6.2.2 所示。从以上分析可以看出：

(1) 加了电容滤波之后，输出电压的直流成分提高了，而脉动成分降低了，这是由于电容的储能作用造成的。电容在二极管导通时充电（储能），截止时放电（将能量释放给负载），不但使输出电压的平均值增大，而且使其变得比较平滑。

(2) 电容的放电时间常数（$\tau = R_L C$）愈大，放电愈慢，输出电压愈高，脉动成分也愈少，即滤波效果愈好。故一般 C 取值较大，R_L 也要求较大。实际中常按下式来选取 C 的值：

$$R_L C \geqslant (3 \sim 5)T\text{（半波）}$$

$$R_L C \geqslant (3 \sim 5)T/2\text{（全波、桥式）}$$

(3) 电容滤波电路中整流二极管的导电时间缩短了，即导通角小于 180°。而且，放电时间常数越大，导通角越小。因此，整流二极管流过的是一个很大的冲击电流，对二极管的寿命不利，因此选择二极管时，必须留有较大余量。电容滤波一般适用于负载电流变化不大的场合。

(4) 电容滤波电路输出电压的估算：

$$U_L = (0.9 \sim 1.0)U_2\text{（半波）}$$

$$U_L = (1.1 \sim 1.2)U_2\text{（全波）}$$

电容滤波电路结构简单、使用方便、应用较广。

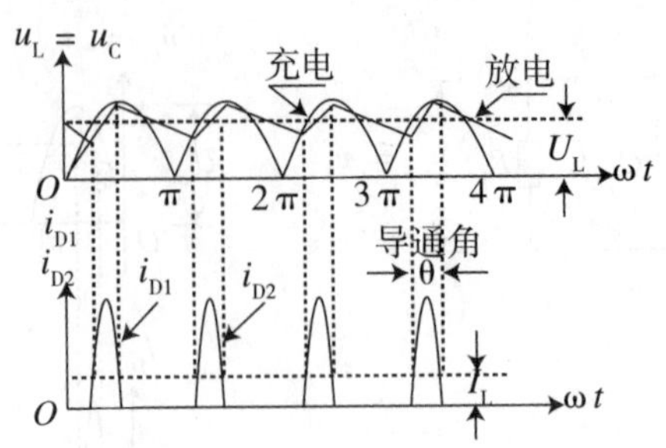

图 6.2.2　全波整流电容滤波波形图

三、电感滤波电路

带电感滤波的全波整流电路如图 6.2.3 所示。滤波元件 L 串接在整流输出与负载 R_L之间(电感滤波一般不与半波整流搭配)。其滤波原理可用电磁感应原理来解释，当电感中通过交变电流时，电感两端便产生一反电势阻碍电流的变化：当电流增大时，反电势会阻碍电流的增大，并将一部分能量以磁场能量储存起来；当电流减小时，反电势会阻碍电流的减小，电感释放出储存的能量。这就大大减小了输出电流的变化，使其变得平滑，达到滤波目的。当忽略 L 的直流电阻时，R_L上的直流电压 U_L与不加滤波时负载上的电压相同，即 $U_L = 0.9U_2$

电感滤波原理也可以用电感对交、直流分量感抗不同，使直流顺利通过，使交流得受阻的原理来解释。

与电容滤波相比，电感滤波有以下特点：

(1)电感滤波的外特性和脉动特性好。U_L随 I_L 的增大下降不多，基本上是平坦的(下降是 L 的直流电阻引起的)。

(2)电感滤波电路整流二极管的导通角 $\theta = \pi$。

(3)电感滤波输出电压较电容滤波为低。故一般电感滤波适用于输出电压不高，输出电流较大及负载变化较大的场合。

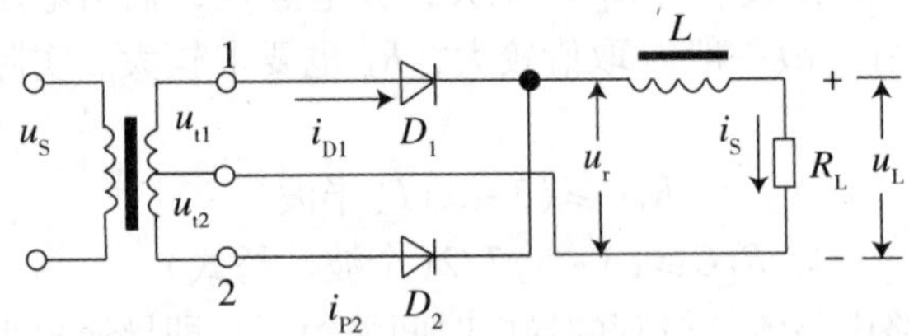

图 6.2.3　全波整流电感滤波电路

四、复式滤波电路

复式滤波电路常用的有 LC Γ 型、$LC\pi$ 型和 $RC\pi$ 型 3 种形式，如图 6.2.4 所示。它们的电路组成原则是，把对交流阻抗大的元件(如电感、电阻)与负载串联，以降落较大的纹波电压，而把对交流阻抗小的元件(如电容)与负载并联，以旁路较大的纹波电流。其滤波原理与电容、电感滤波类似，这里仅介绍 $RC\pi$ 型滤波。

图 6.2.4(c)为 $RC\pi$ 型滤波电路，它实质上是在电容滤波的基础上再加一级 RC 滤波电路。其滤波原理可以这样解释：经过电容 C_1 滤波之后，C_1 两端的电压包含一个直流分量与交流分量，作为 RC_2 滤波的输入电压，而对直流分量而言，C_2 可视为开路，对交流分量来说，C_2 可视通路，这样，R_L 上就可以得很好的滤波电压。

但是，电阻 R 要消耗功率，所以电路效率会有所降低。还有，R 愈小，输出的直流分量愈大；而 RC_2 愈大，输出的交流分量愈小，滤波效果愈好。所以 R 受两方面的制约，只能兼顾选择。这种滤波电路较单电容滤波效果好，但也只适用于负载电流不大的场合。

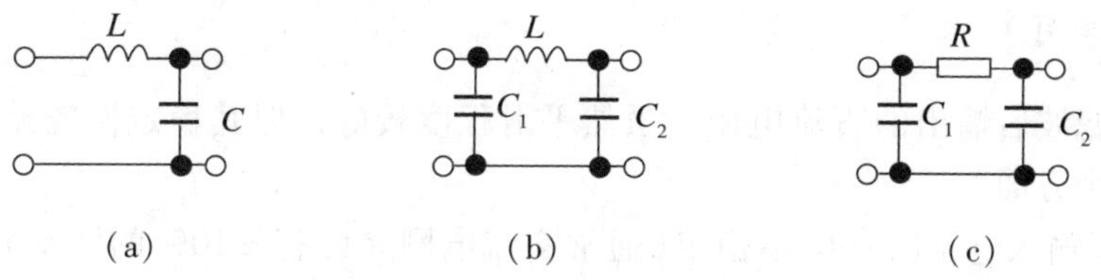

图 6.2.4　几种复式滤波电路

五、有源滤波电路

为了提高滤波效果，解决 π 型 RC 滤波电路中交、直流分量对 R 的要求相互矛盾的问题，在 RC 电路中增加了有源器件 - 晶体管，形成 RC 有源滤波电路。常见的 RC 有源滤波电路如图 6.2.5 所示，它实质上是由 C_1、R_b、C_2 组成的 π 型 RC 滤波电路与晶体管 T 组成的射极输出器连接而成的电路。该电路的优点是：

(1)滤波电阻 R_b 接于晶体管的基极回路，兼作偏置电阻，由于流过 R_b 的直流电流很小，为输出直流电流 I_e 的 $1/(1+\beta)$，故 R_b 可取较大的值(一般为几十千欧)，R_bC_2 就可以很大，使纹波得以较大的降落，输出的交流分量就很小，这样既不使直流损失太大，滤波效果又很好。

(2)滤波电容 C_2 接于晶体管的基极回路，便可以选取较小的电容，达到较大电容的滤波效果，也减小了电容的体积，便于小型化。如图 6.2.5 中接于基极的电容 C_2 折合到发射极回路就相当于 $(1+\beta)C_2$ 的电容的滤波效果(因 $i_e=(1+\beta)i_b$ 之故)。

这种滤波电路滤波特性较好，广泛地应用于一些小型电子设备之中。

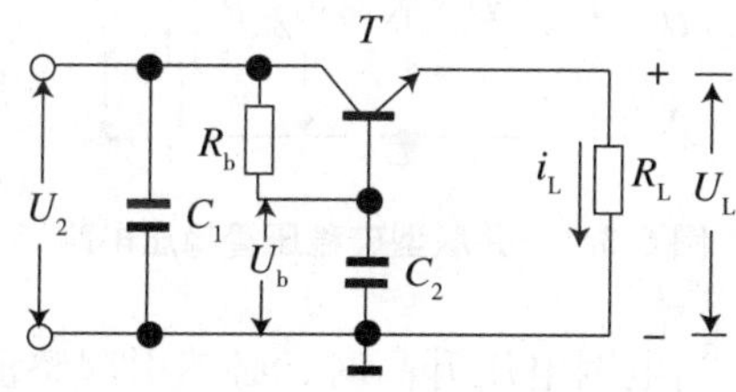

图 6.2.5　有源滤波电路

任务三 稳压电路

【任务描述】

(1)掌握稳压概念及其分类。

(2)掌握并联型硅稳压管稳压电路、串联型稳压电路、带有放大环节的串联型稳压电路、改进型稳压电路基本组成及分析方法。

【知识学习】

经整流滤波后输出的直流电压，虽然平滑程度较好，但其稳定性较差。其原因主要有以下几个方面：

(1)由于输入电压(市电)不稳定(通常交流电网允许有 ±10% 的波动)，而导致整流滤波电路输出直流电压不稳定；

(2)当负载 R_L 变化即负载电流 I_L 变化时，由于整流滤波电路存在一定的内阻，使得输出直流电压发生变化；

(3)当环境温度发生变化时，引起电路元件(特别是半导体器件)参数发生变化，导致输出电压发生变化。

所以，经整流滤波后的直流电压，必须采取一定的稳压措施，才能适合电子设备的需成。常用的稳压电路有并联型和串联型稳压电路两种类型。

一、并联型硅稳压管稳压电路

图 6.3.1 所示为硅稳压管稳压电路，因稳压元件 D_Z 与负载是并联连接的，故称并联型稳压电路。图中输入电压 U_i 就是整流滤波电路的输出电压，R 是限流、调压电阻，输出电压 U_L 就是稳压管 D_Z 的稳压值 U_Z，通过 R 的电流 $I = I_Z + I_L$，且 $U_L = U_Z = U_i - IR$，稳压管工作于反偏状态。

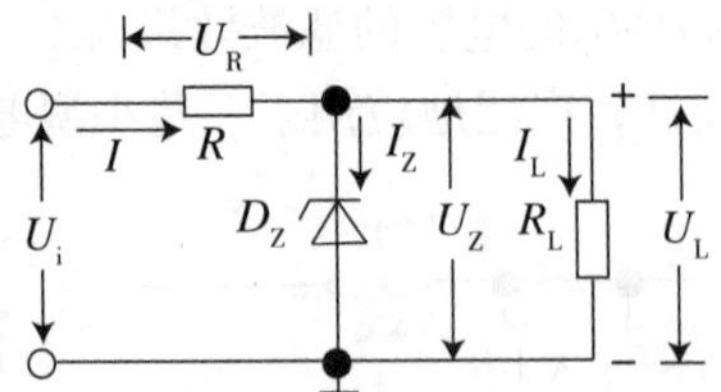

图 6.3.1 并联型硅稳压管稳压电路

该电路的稳压原理是：当电网电压升高时，必然引起整流滤波电路输出电压 U_i 升高，而 U_i 的升高又会引起输出电压 U_L(即 U_Z)的增大。由稳压管的稳压特性可知，U_Z 的增大，势必引起 I_Z 的较大增大；限流电阻 R 上的电流 I 增大，R 上的电压降也增大，这在很大程度上让 R 承担了 U_i 的变化，从而使 U_L 基本上趋于稳定($U_i\uparrow\rightarrow U_L\uparrow\rightarrow I_Z\uparrow\rightarrow I\uparrow\rightarrow U_R\uparrow\rightarrow U_L\downarrow$)。反之，当 U_i 下降而引起 U_L 变小时，也会引起 I_Z 减小，R 上的压

降 U_R减小，同样保持了 U_L的基本稳定。

同理，当负载电流 I_L变化(即 R_L变化)时，如 I_L增大，在 U_i在不变的情况下，势必会引起 U_L(即 U_Z)的减小，使 I_Z有较大的下降，因而保持了总电流 I($I = I_Z + I_L$)基本不变，使 U_L基本稳定。

由上分析可见，在这种稳压电路中，稳压管起着电流控制作用。即不论是由于 U_i或 I_L的变化，使输出电压 U_L发生较小的波动时，I_Z都会产生较大的变化或是改变了总电流的大小而调整了 R 上的压降，或是补偿了 I_L的变化，结果都使 U_L维持基本不变。R 在电路中起着限流和调压作用。如 $R = 0$，则会使 U_i(远大于 U_Z)直接加于 D_Z两端，引起过大的 I_Z，使 D_Z损坏。另外，$R = 0$ 时，始终是 $U_L = U_i$，电路不会有稳压性能。因此，这种电路的稳压作用是稳压管 D_Z和限流电阻 R 共同完成的。

二、串联型稳压电路

串联型稳压电路的稳压原理可用图 6.3.2(a)所示电路来说明。图中可变电阻 R 与负载 R_L相串联。若 R_L不变，当输入电压 U_i增大(或减小)时，增大(或减小)R 值使输入电压 U_i的变化全部降落在电阻 R 上，从而保持输出电压 U_L基本不变。同理，若 U_i不变，当负载电流 I_L变化时(导致 U_L变化)，也相应地调整 R 的值，以保持 R 上的压降不变，使输出电压 U_L也基本不变。

在实际的稳压电路中，则是用晶体三极管来代替可变电阻 R，如图 6.3.2(b)所示，利用负反馈的原理，以输出电压的变化量控制三极管集射极间的电阻值，以维持输出电压的基本不变。

最简单的串联型稳压电路如图 6.3.3 所示。晶体管 T 在电路中起电压调整作用，故称调整管，因它与负载 R_L是串联连接的，故称串联型稳压电路。图中 D_Z与 R_b组成硅稳压管稳压电路，给晶体管基极提供一个稳定的电压，叫基准电压 U_Z。R_b又是晶体管的偏流电阻，使晶体管工作于合适的工作状态，由电路可知

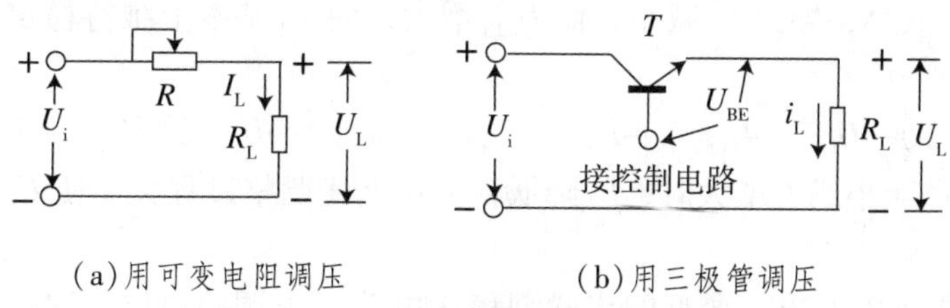

(a)用可变电阻调压　　(b)用三极管调压

图 6.3.2　串联型稳压电路的稳压原理

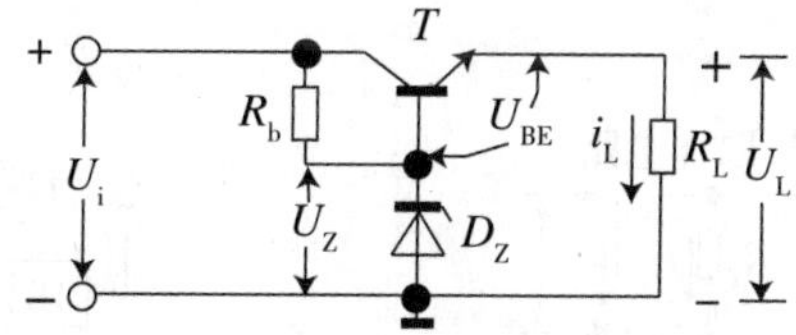

图 6.3.3　简单的串联型稳压电路

$$U_L = U_i - U_{CE}$$

$$U_{BE} = U_B - U_E = U_Z - U_L$$

该电路的稳压原理如下：当输入电压 U_i增加或负载电流 I_L减小，使输出电压 U_L增大时，三极管的 U_{BE}减小，从而使 I_B、I_C都减小，U_{CE}增加（相当于 R_{CE}增大）结果使 U_L基本不变。这一稳压过程可表示为：

$$U_i \uparrow (\text{或} I_L \downarrow) \rightarrow U_L \uparrow \rightarrow U_{BE} \downarrow \rightarrow I_B \downarrow \rightarrow I_C \downarrow \rightarrow U_{CE} \uparrow \rightarrow U_L \downarrow$$

同理，当 U_i减小或 I_L增大，使 U_L减小时，通过与上述相反的调整过程，也可维持 U_L基本不变。从放大电路的角度看，该稳压电路是一射极输出器（R_L接于 T 的射极），其输出电压 U_L是跟随输入电压 $U_B = U_Z$变化的，因 U_B是一稳定值，故 U_L也是稳定的，基本上不受 U_i与 I_L变化的影响。

该稳压电路，由于直接用输出电压的微小变化量去控制调整管，其控制作用较小，所以，稳压效果不好。如果在电路中增加一级直流放大电路，把输出电压的微小变化加以放大，再去控制调整管，其稳压性能便可大大提高，这就是带放大环节的串联型稳压电路。

三、带有放大环节的串联型稳压电路

带有放大环节的串联型稳压电路如图 6.3.4 所示。晶体管 T_1为调整管，起电压调整作用。电阻 R_1与 R_2，组成分压电路，输出电压变化量 ΔU_L通过 R_1、R_2分压，取出一部分，加到三极管 T_2的基极，所以把 R_1、R_2组成的电路叫取样电路。稳压管 D_Z与 R_3组成硅稳压管稳压电路，提供基准电压 U_Z。晶体管 T_2起比较与放大信号的作用，T_2的集电极输出信号加至 T_1管的基极，T_2构成比较放大级，用放大了的“变化量”去控制调整管。

该电路的稳压过程如下：当输入电压 U_i增加，或负载电流减小时，将会引起输出电压 U_L增加。U_L的增加量通过 R_1、R_2分压取样，使 T_2的基极电压 U_{B2}升高，由于 T_2的射极电压 $U_{E2} = U_Z$基本不变，所以，U_{BE2}（$U_{BE2} = U_{B2} - U_Z$）增加，I_{C2}增加，使 U_{C2}（$U_{C2} = U_{B1}$）下降，U_{BE1}减小，导致 I_{C1}减小，而 U_{CE1}增大，使 U_L基本上维持稳定。上述稳压过程可表示为：

$$U_i \uparrow (\text{或} I_L \downarrow) \rightarrow U_L \uparrow \rightarrow U_{BE2} \uparrow \rightarrow I_{C2} \uparrow \rightarrow U_{C2} \downarrow (U_{B1} \downarrow) \rightarrow U_{BE1} \downarrow \rightarrow I_{C1} \downarrow \rightarrow U_{CE1} \uparrow \rightarrow U_L \downarrow$$

同理，当 U_i减小或 I_L增大时，U_L降低，通过上述调整过程又会使 U_L上升，也维持 U_L基本稳定。

由上述分析可以看出，典型的串联型稳压电路是由调整电路、取样电路、基准电源和比较放大电路四个基本部分组成。其框图如图 6.3.5 所示。

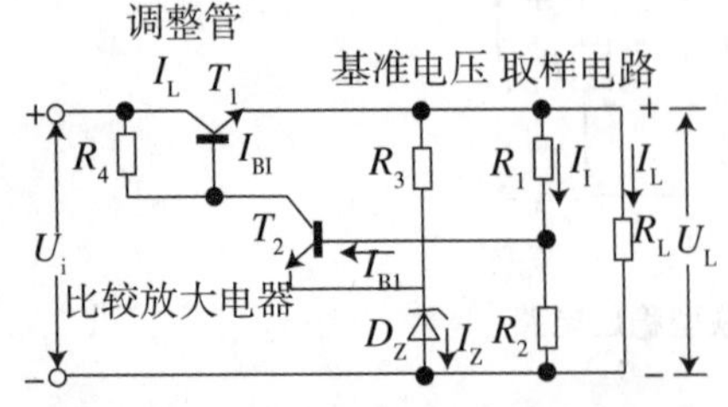

图 6.3.4 带有放大环节的串联型稳压电路

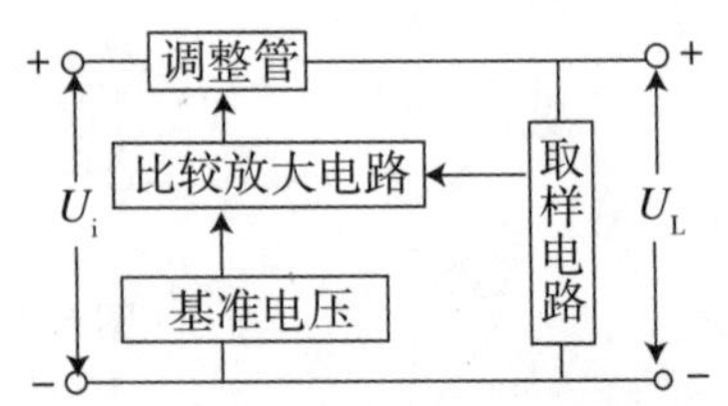

图 6.3.5 串联型稳压电路方框图

四、改进型稳压电路

为了进一步提高稳压性能，在实际应用中常采用改进型电路，其改进措施如下：

1. 改变取样比，以调节输出电压范围

在取样电路中接入电位器 R_W，如图 6.3.6 所示。调节 R_W时，可使输出电压 U_L在一定范围内连续可调。由图可见：

$$\frac{R_2+R'_W}{R_1+R_2+R_W}U_L=nU_L\approx U_Z$$

则：

$$U_L\approx\frac{U_Z}{n}$$

式中取；样比 $n=\frac{R_2+R'_W}{R_1+R_2+R'_W}n$ 的取值为 0.5 ~0.8。

2. 调整管采用复合管

串联型晶体管稳压电路中，全部负载电流 I_L都要通过调整管。I_L大时调整管的基极电流 I_{B1}也要大。比如 $I_L=1$ A，$\beta_1=50$，则 $I_{B1}=20$ mA，这么大的电流要让比较放大管 T_2的集电极电流提供是很困难的，如果调整管改用复合管这个问题就会得到解决。如图 6.3.7 所示，T_1、T_2组成复合管，如 $\beta_1=\beta_2=50$，复合管的 $\beta=2500$，则复合管的 $I_{B1}=0.4$ mA。只要比较放大管的集电极工作电流为 1 ~2 mA，则完全可以保证提供这么大电流。

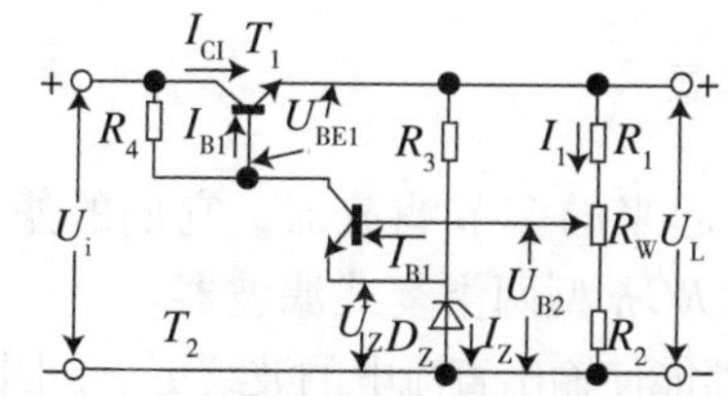

图 6.3.6　输出电压可调的稳压电路

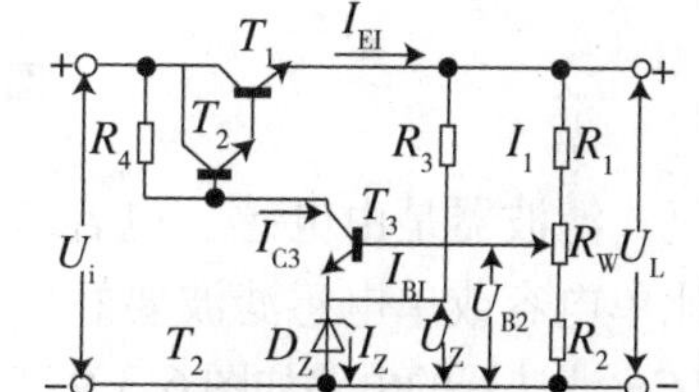

图 6.3.7　调整管采用复合管的稳压电路

【任务实施】

实训 6.3.1　整流、滤波及稳压电路的研究

一、实训目的

(1)学会对整流滤波电路进行分析与研究。

(2)学会对稳压管稳压电路进行研究。

(3)学会对串联型稳压电源进行研究。

二、实训电路和工作原理

(1)图 6.3.8 所示为组合模块 AX1，在它上面可以实现上述三种电路的研究。图中

C_1 和 C_2 为滤波电路（滤中低频谐波），C_3 亦为滤波电容（滤高频谐波）。

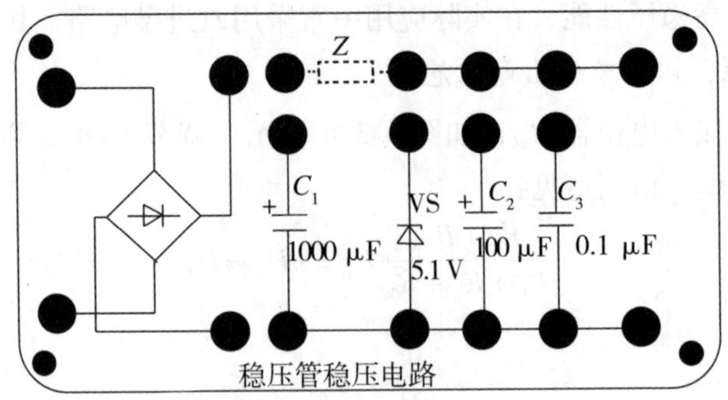

图 6.3.8　AX1 组合模块

（2）图 6.3.9 为桥式整流和 $LC\pi$ 型滤波电路。

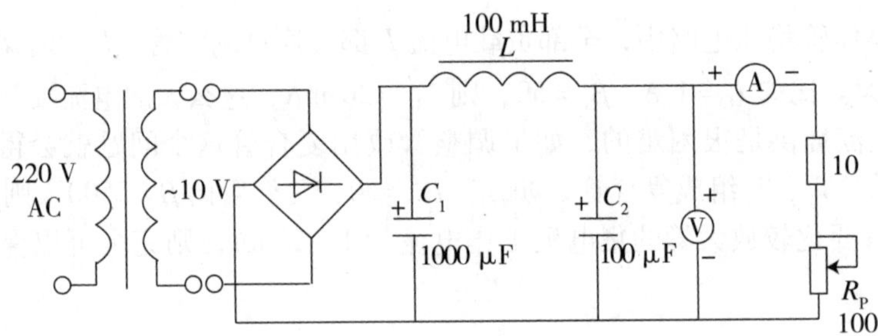

图 6.3.9　$LC\pi$ 型滤波器

复式滤波器是由电感、电容或电阻、电容组合起来的多节滤波器，它们的滤波效果要比单电容或单电感滤波要好。常见的有 $LC\pi$ 和 $RC\pi$ 型两类复式滤波器。

$LC\pi$ 滤波器的电路如图 6.3.9 所示。$LC\pi$ 型滤波器能使输出直流电的波纹更小，因为脉动直流电先经电容 C_1 滤波，然后再经 L 和 C_2 的滤波，使交流成分大大降低，在负载 R_L 上得到平滑的直流电压。$LC\pi$ 型滤波器的滤波效果好，但电感的体积较大、成本较高。

（3）图 6.3.10 为桥式整流与 $RC\pi$ 型滤波电路。

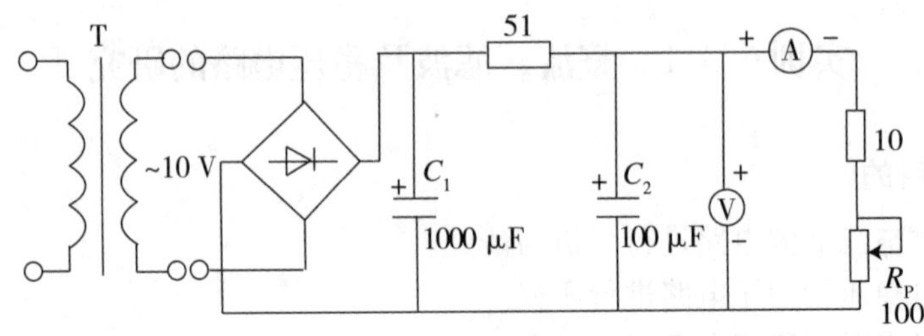

图 6.3.10　$RC\pi$ 型滤波器

在电流较小、滤波要求不高的情况下，常用电阻 R 代替 π 型滤波器的电感 L，构成 $RC\pi$ 型滤波器。

$RC\pi$ 型滤波器成本低、体积小、滤波效果较好。但由于电阻 R 的存在，会使输出电压降低。

(4)图 6. 3. 11 为稳压管稳压电路。

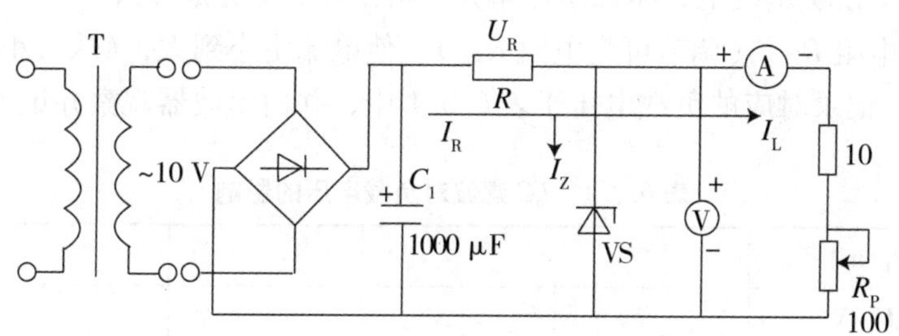

图 6. 3. 11　稳压二极管并联型稳压电路

稳压原理：若负载 R_L 阻值变小而使电流增大时，电阻 R 上的压降 U_R 将增加，从而造成输出电压 U_L 下降。这时稳压二极管的电压 U_Z 也下降，这导致稳压二极管电流 I_Z 显著减小，这样，流过限流电阻 R 的电流 I_R 将减小，导致电阻 R 上的压降 U_R 也减小，从而抵消了输出电压 U_L 的波动。由以上分析可见，流过稳压管的电流 I_Z 犹如一个蓄水库，当外界取用电流增加，而使电压略有下降时，I_Z 显著减小，原先 I_Z 中的一部分补充了负载取用的电流。

(5)图 6. 3. 12 为三极管串联型直流稳压电路。

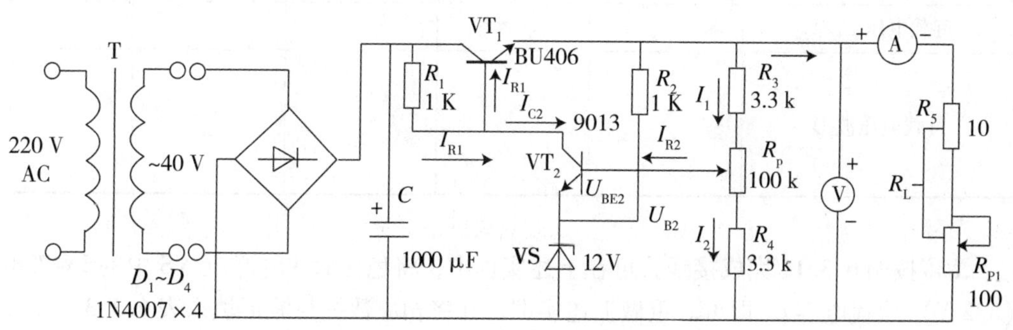

图 6. 3. 12　三极管串联型稳压电路

串联型稳压电路的工作原理如下：

设 $U_i\downarrow$(或 $R_L\downarrow$、$I_L\uparrow$)→负载电压 $U_L\downarrow$→取样电压 $U_{B2}\downarrow$→VT_2 管的 $U_{BE2}\downarrow$→VT_2 集电极电流 $I_{C2}\downarrow$→VT_2 集电极电位 $V_{C2}\uparrow$(即 VT_1 基极 V_{B2})↑→VT_1 管 $U_{BE1}\uparrow$→$I_{C1}\uparrow$→$U_{CE1}\downarrow$→$U_L\uparrow$(从而保持负载电压基本不变)。

由以上稳压过程可见，输出电压的稳定是依靠调整管 VT_1 的管压降改变来进行补偿的。调整管的管压降落差范围愈大，则稳压性能愈好，但调整管的功耗也愈大。

三、实训设备

(1)装置中的交流电源(10 V、14 V)，电压表、电流表、示波器、数字万用表。

(2)单元：AX1、R_{01}、R_{04}、R_{05}、R_{08}、R_{12}、RP_1、RP_{10}、VS_2、VS_3、VT_1、VT_3、L_{02}。

四、实训内容与实训步骤

(1)在 AX1 模块基础上，添加所需单元，按图 6. 3. 9 完成接线。

调节负载电阻 R_L ，(调节可变电阻 R_{P1})，使电流由小到大，(从最小到最大，分 5 挡，取整数)，记录对应的负载电压于表 6. 3. 1 中，并由示波器观察并记电压波形。

表 6. 3. 1　*LC* 滤波对负载电压的影响

负载电流 I_L/mA					
负载电压 U_L/V					
负载电压波形					

(2)按图 6. 3. 10 完成接线。(可在上述实训中将 51Ω 电阻 *R* 取代电感 *L* 即可)。重做上述实训，并将相应数据与波形填入表 6. 3. 2 中。

表 6. 3. 2　*RC* 滤波对负载电压的影响

负载电流 I_L/mA					
负载电压 U_L/V					
负载电压波形					

(3)按图 6. 3. 11 完成接线，可在上述实训中，将稳压管 VS[单元 VS 中的 IN4738A (8. 2 V)]取代电容 C_2 即可。重做上述实训，并将相应数据与波形填入表 6. 3. 3 中。

表 6. 3. 3　采用稳压管稳压加 *RC* 滤波后，负载电流对负载电压的影响

负载电流 I_L/mA					
负载电压 U_L/V					
负载电压波形					

(4)按图 6.3.12 完成接线。可在 AX1 的基础上，增添一些单元即可完成。其中 VT_1 为单元 VT_1 中的 BU406，VT_2 为单元 VT_3 中的 9013，VS 为单元 VS_3 中的 12 V 稳压管，RP 为单元 RP_9，负载可变电阻为单元 RP_1。完成接线后，将交流电源电压调为 14 V，重复上述实训，并将相关数据填入表 6.3.4 中。

表 6.3.4　采用串联型稳压电源、负载电流对负载电压的影响

负载电流 I_L/mA					
负载电压 U_L/V					
负载电压波形					

五、实训注意事项

(1)负载电阻 R_L 中串入 10 Ω 电阻，防止调节时不小心造成短路。

(2)实训时，请注意电阻元件与调整管是否会过热。

六、实训报告要求

(1)完成表 6.3.1 ~ 表 6.3.4 的数据和波形。

(2)分析这四种常用的直流整流滤波和稳压电路的优点与不足。

实训 6.3.2　直流稳压正、负电源电路的研究

一、实训目的

(1)学会 78 系列和 79 系列三端稳压集成电路的应用。

(2)掌握直流稳压正、负电源电路的接线与调试。

二、实训电路与工作原理

(1)三端集成稳压器是将串联型稳压电路中的调整电路，取样电路、基准电路、放大电路、启动及保护电路集成在一块芯片上集成模块。其中有三端固定式的，如 7800 系列(正电源)和 7900 系列(负电源)。后两位数字代表输出电压数，如 7812 代表输出正 12 V，7905 代表输出负 5 V。此外还有三端可调集成稳压器，如 117 和 317(可输出 −1.25 V ~ +37 V 可调)及 137 与 337(可输出 −1.25 V ~ −37 V 可调)。

图 6.3.13 为 7800 系列与 7900 系列集成电路的管脚。

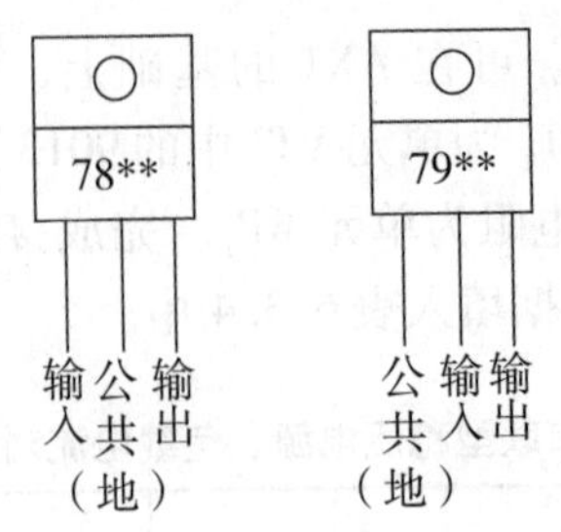

图 6.3.13　78、79 系列管脚图

(2)图 6.3.14 为正、负对称输出两组电源的稳压电路。

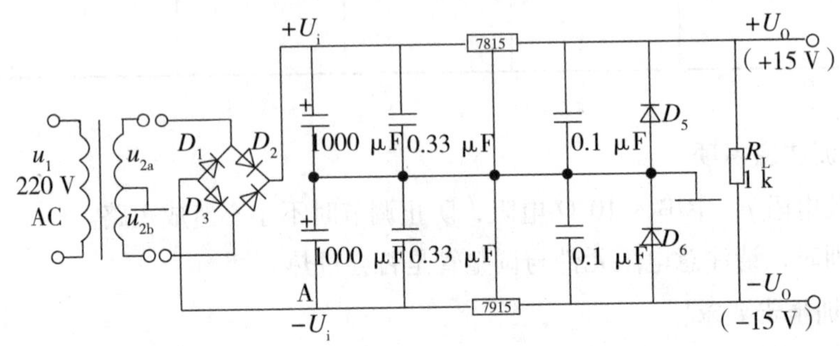

图 6.3.14　正、负对称输出两组电源的稳压电路

用 7800 和 7900 的三端集成稳压管可组成正、负对称输出两组电源的稳压电路。如图 6.3.14 所示。图中二极管 D_5 和 D_6 用于保护稳压管。在输出端接负载情况下，如果其中一路稳压管输入 U_I 断开，如图中 A 点所示，则 $+U_O$ 通过 R_L 作用于 2′ 输出端，使该稳压管输出端对地承受反压而损坏。如今有了 D_6 限幅，反压仅为 0.7V 左右，从而保护了集成稳压管(7915)。D_5 和 D_6 通常为开关二极管 IN4148。

三、实训设备

(1)装置中带中心抽头的正负 17 V 电源(或 220 V/±17 V 带中心抽头的 10 VA 的变压器)。

(2)单元：AX1(利用它上面的桥式整流与熔断器)、AX_{12}、AX_{13}、R_{01}、三端集成稳压器 7815 和 7915，VD2 中的两只 IN4148。

四、实训内容与实训步骤

(1)对照图 6.3.13 识别 7815 与 7915 管脚，将 7815 与 7915 接入 AX12 及 AX13。

(2)按照图 6.3.14 完成接线，并用万用电压表测量输出端间的电压及它们对地间的电压，并作记录。

(3)将负载 R_{L1}(330 Ω/2 W)接在正电源上对地，将负载 R_{L2}(51 Ω/5 W)接在负电源上对地，分别测量负载上的电压 U_{L1} 和 U_{L2}。

五、实训注意事项

(1)正确识别 7815 与 7915 管脚(它们两个并不相同)，并正确插入(请注意 AX_{12} 与

AX_{13}印板上接插件的连接线是不同的）。

（2）稳压源输出端负载不能短路。

六、实训报告要求

在图6.3.14上画出负载R_{L1}和R_{L2}的电流I_{L1}和I_{L2}的通路（完整的路线）。

【习题六】

一、填空题

1. 功率较小的直流电源多数是将交流电经过________、________、________和________后获得。

2. 单相________电路用来将交流电压变换为单相脉动的直流电压。

3. 直流电源中的滤波电路用来滤除整流后单相脉动电压中的__________成分，使之成为平滑的______。

4. 直流电源中的稳压电路作用是当________波动、________变化或________变化时，维持输出直流电压的稳定。

5. 直流电源中，除电容滤波电路外，其他形式的滤波电路包括__________、__________等（写出两种）。

6. 桥式整流电容滤波电路中，滤波电容值增大时，输出直流电压________，负载电阻值增大时，输出直流电压________。

7. 带放大环节的串联型稳压电路由__________、________、________和________等部分组成。

8. 带放大环节的串联型稳压电路中比较放大电路的作用是将____________电压与____________电压的差值进行____________。

二、选择题

1. 已知变压器二次电压$u_2 = 28.28\sin\omega t$V，则桥式整流电容滤波电路接上负载时的输出电压平均值约为(　　)。

A. 28.28 V　　B. 10 V　　C. 21 V　　D. 18 V

2. 已知变压器二次电压为$u_2 = \sqrt{2}U_2\sin\omega t$V，负载电阻为$R_L$，则半波整流电路流过二极管的平均电流为(　　)。

A. $0.45\dfrac{U_2}{RL}$　　B. $0.9\dfrac{U_2}{RL}$　　C. $\dfrac{U_2}{2RL}$　　D. $\dfrac{\sqrt{2}U_2}{2RL}$

3. 已知变压器二次电压为$u_2 = \sqrt{2}U_2\sin\omega t$V，负载电阻为$R_L$，则半波整流电路中二极管承受的反向峰值电压为(　　)。

A. U_2　　B. $0.45U_2$

C. $\dfrac{\sqrt{2}U_2}{2}$　　D. $\sqrt{2}U_2$

4. 已知变压器二次电压为 $u_2=\sqrt{2}U_2\sin\omega t$V，负载电阻为 R_L，则桥式整流电路流过每只二极管的平均电流为(　　)。

A. $0.9\dfrac{U_2}{R_L}$　　B. $\dfrac{U_2}{R_L}$　　C. $0.45\dfrac{U_2}{R_L}$　　D. $\dfrac{\sqrt{2}U_2}{R_L}$

5. 已知变压器二次电压为 $u_2=\sqrt{2}U_2\sin\omega t$V，负载电阻为 R_L，则桥式整流电路中二极管承受的反向峰值电压为(　　)。

A. U_2　　B. $\sqrt{2}U_2$　　C. $0.9U_2$　　D. $\dfrac{\sqrt{2}U_2}{2}$

6. 串联型稳压电路中，用作比较放大器的集成运算放大器工作在(　　)状态。

A. 线性放大　　B. 饱和或截止　　C. 开环　　D. 正反馈

三、计算题

1. 图6.1所示桥式整流电容滤波电路中，已知 $R_L=50\ \Omega$，交流电压有效值 $U_2=15$ V，f = 50 Hz，试决定滤波电容 C 的大小并求输出电压 $U_{O(AV)}$、通过二极管的平均电流 $I_{D(AV)}$ 及二极管所承受的最高反向电压 U_{RM}。

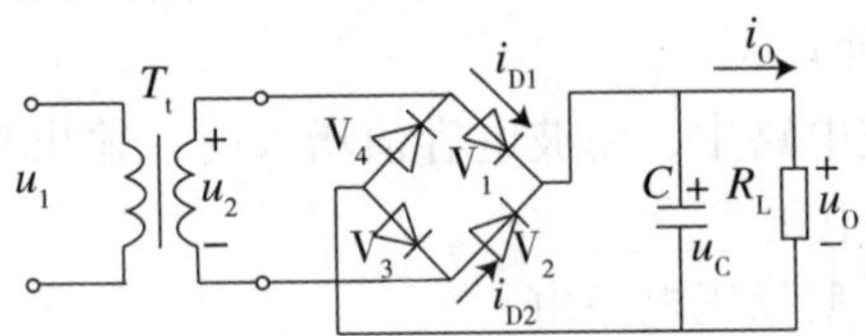

图6.1　题1图

2. 图6.2所示桥式整流电容滤波电路中，已知 $R_L=50\ \Omega$，$C=2200\mu$F，测得交流电压有效值 $U_2=20$ V，如果用直流电压表测得输出电压 U_O 有下列几种情况：(1)28 V；(2)24 V；(3)18 V；(4)9 V。试分析电路工作是否正常并说明故障原因。

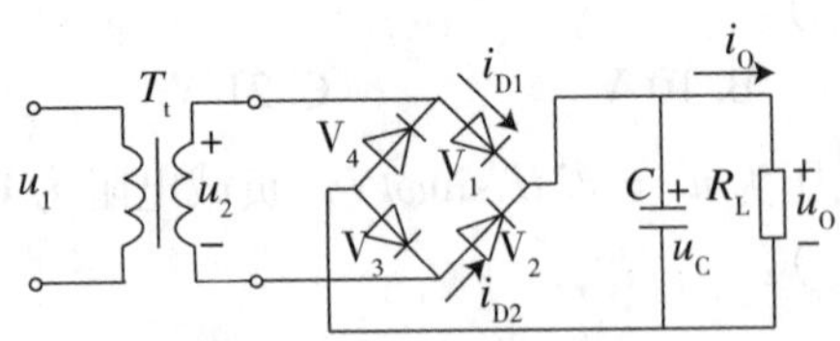

图6.2　题2图

3. 已知桥式整流电容滤波电路中负载电阻 $R_L=20\ \Omega$，交流电源频率为 50 Hz，要求输出电压 $U_O(AV)=12$ V，试求变压器二次电压有效值 U_2，并选择整流二极管和滤波电容。

4. 图6.3为变压器二次线圈有中心抽头的单相整流滤波电路，二次电压有效值为 U_2，试求：(1)标出负载电阻 R_L 上电压 U_O 和滤波电容 C 的极性。

(2)分别画出无滤波电容和有滤波电容两种情况下输出电压 U_O 的波形。说明输出

电压平均值 $U_{O(AV)}$ 与变压器二次电压有效值 U_2 的数值关系。

(3)二极管上所承受的最高反向电压 U_{RM} 为多大?

(4)分析二极管 V_2 脱焊、极性接反、短路时，电路会出现什么问题?

(5)说明变压器二次线圈中心抽头脱焊时是否会有输出电压。

(6)说明在无滤波电容的情况下，如果 V_1、V_2 的极性都接反，U_0 会有什么变化。

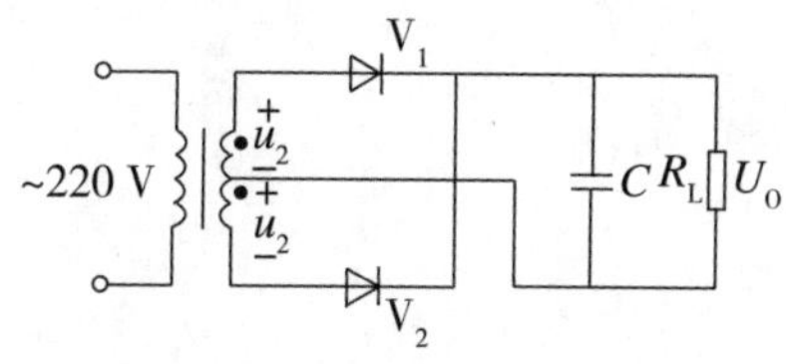

图 6.3

5. 三极管串联型稳压电路如图 6.4 所示。已知 $R_1=1\ \mathrm{k\Omega}$，$R_2=2\ \mathrm{k\Omega}$，$R_p=1\ \mathrm{k\Omega}$，$R_L=100\ \Omega$，$U_Z=6\ \mathrm{V}$，$U_I=15\ \mathrm{V}$，试求输出电压的调节范围以及输出电压为最小时调整管所承受的功耗。

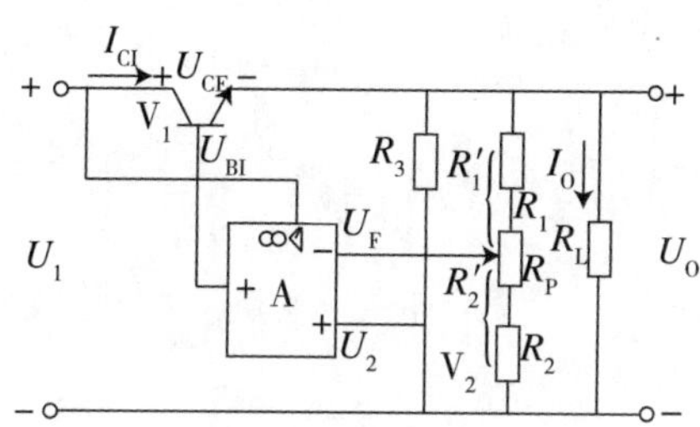

图 6.4

参考文献

[1]胡宴如．模拟电子技术(第5版)[M]．北京：高等教育出版社，2015.

[2]胡宴如．电子实习[M]．北京：中国电力出版社，1996.

[3]胡宴如．模拟电子技术学习指导(第4版)[M]．北京：高等教育出版社，2014.

[4]张志良．模拟电子技术基础[M]．北京：机械工业出版社，2006.

[5]张树江，王成安．模拟电子技术基础(基础篇)(第2版)[M]．大连：大连理工大学出版社，2005.

[6]王成安，张君双，王春．模拟电子技术及应用[M]．大连：大连理工大学出版社，2010.

[7]耿苏燕．模拟电子技术基础学习指导与习题解容(第2版)[M]．北京：高等教育出版社，2011.

[8]孙肖子，张企民．模拟电子技术基础[M]．西安：西安电子科技大学出版社，2001.

[9]杨栓科．模拟电子技术基础[M]．北京：高等教育出版社，2003.

[10]华成英．模拟电子技术基本教程[M]．北京：清华大学出版社，2006.

[11]杨素行．模拟电子技术基础简明教程(第3版)[M]．北京：高等教育出版社，2006.

[12]康华光．电子技术基础．模拟部分(第5版)[M]．北京：高等教育出版社，2006.

[13]谢嘉奎．电子线路．线性部分(第4版)[M]．北京：高等教育出版社，1999.

[14]周良权，博恩锡，李世馨．模拟电子技术基础(第4版)[M]．北京：高等教育出版社，2009.

[15]陈大钦．电子技术基础实验(第2版)[M]．北京：高等教育出版社，2003.

[16]孙肖子．现代电子线路和技术实验简明教程(第2版)[M]．北京：高等教育出版社，2009.

[17]毕满清．电子技术实验与课程设计[M]．北京：机械工业出版社，2000.

[18]周良权等．模拟电子技术基础(第2版)[M]．北京：高等教育出版社，2001.

[19]童诗白，华成英．模拟电子技术基础(第3版)[M]．北京：高等教育出版社，2001.

[20]戴士弘．模拟电子技术实验与习题[M]．北京：电子工业出版社，1998.

参考文献

[1] [illegible]（第 [illegible] 版）[M]. 北京：高等教育出版社，2015.
[2] [illegible] 出版社，1996.
[3] [illegible] [M]. [illegible] 出版社，2014.
[4] [illegible] [M]. 北京：机械工业出版社，2009.
[5] [illegible]（第2版）[M]. 大连：大连理工大学出版社，2015.
[6] [illegible] [M]. [illegible] 大学出版社，2010.
[7] [illegible]（第2版）[M]. [illegible] 出版社，2011.
[8] [illegible] 出版社，2001.
[9] [illegible] [M]. 北京：高等教育出版社，2008.
[10] [illegible] 2009.
[11] [illegible] [M]. [illegible] 出版社，2010.
[12] [illegible] 出版社，2006.
[13] [illegible] [M]. 北京：高等教育出版社，1994.
[14] [illegible] 出版社，2009.
[15] [illegible] [M]. 北京：高等教育出版社，2008.
[16] [illegible]（第2版）[M]. [illegible] 出版社，2009.
[17] [illegible] [M]. 北京：机械工业出版社，2000.
[18] [illegible]（第2版）[M]. [illegible] 出版社，2001.
[19] [illegible] [M]. 北京：高等教育出版社，2001.
[20] [illegible] [M]. 北京：电子工业出版社，1998.